尽善尽美　美　　弗求弗迪

和这个世界讲讲道理

智识分子2020s

万维钢 ◎ 著

中国好书、文津奖得主
科学作家

电子工业出版社
Publishing House of Electronics Industry
北京·BEIJING

内 容 简 介

传统上的社会问题、人生问题、思想问题，现在都可以用科学方法进行研究。本书作者万维钢具有学者深邃的洞察力和科学作家的叙事才能，长期关注当今社会科学领域的最新研究进展和各类社会问题，力求以精练流畅的笔法，将犀利独到的观点传达给读者，并辅以严谨的科学研究证据支持。本书内容深刻、丰富、有趣，具极强的可读性。

未经许可，不得以任何方式复制或抄袭本书之部分或全部内容。
版权所有，侵权必究。

图书在版编目（CIP）数据

和这个世界讲讲道理：智识分子2020s / 万维钢著. —北京：电子工业出版社，2021.11
ISBN 978-7-121-41946-1

Ⅰ.①和⋯ Ⅱ.①万⋯ Ⅲ.①科学研究－通俗读物 Ⅳ.①G30-49

中国版本图书馆CIP数据核字（2021）第183676号

责任编辑：张　毅
印　　刷：三河市兴达印务有限公司
装　　订：三河市兴达印务有限公司
出版发行：电子工业出版社
　　　　　北京市海淀区万寿路173信箱　邮编：100036
开　　本：720×1000　1/16　印张：21.5　字数：320千字
版　　次：2021年11月第1版
印　　次：2025年8月第10次印刷
定　　价：78.00元

凡所购买电子工业出版社图书有缺损问题，请向购买书店调换。若书店售缺，请与本社发行部联系，联系及邮购电话：（010）88254888，88258888。
质量投诉请发邮件至zlts@phei.com.cn，盗版侵权举报请发邮件至dbqq@phei.com.cn。
本书咨询联系方式：（010）57565890，meidipub@phei.com.cn。

序言

献给 21 世纪 20 年代

继 2014 年《万万没想到：用理工科思维理解世界》出版之后，2016 年，我的第二本书《智识分子：做个复杂的现代人》又得以出版。你现在看到的这本书《和这个世界讲讲道理：智识分子 2020s》，其中有近一半的篇幅是《智识分子：做个复杂的现代人》的精华内容，你可以把本书看作《智识分子：做个复杂的现代人》的升级版；当然，我更愿意你把本书当作一本新书来看，因为超过一半的内容是最新的、从未发表过的，并且自成体系。

我希望本书能体现 21 世纪 20 年代智识分子的认识水平。我们这里讲的不是具体的谋生技能，而是现代世界——特别是有关社会的——智慧和见识。比如说下面这些：

团队里的超级明星真的有用吗？"吃苦"是出人头地的必要条件吗？

"道德"到底是怎么回事？如果坏人更容易成功，我们为什么还要做好人？

给孩子上补习班有用吗？既然"素质教育"那么重要，拼死拼活考大学值得吗？

基因、环境和技术进步对社会的影响是怎样的？历史有必然规律吗？

21世纪什么最贵？赚钱的方式变了吗？人怎样获得真正的自由？

对这些问题，每个人都有自己的看法；过去几十年、上百年以来有无数人议论这些问题；现在无数的公众号文章整天讨论这些话题……但是我希望你以本书的答案为准。如果别人讲的不一样，很大可能性是他讲错了。

为什么呢？不是因为我本人如何——就回答这些问题而言，现在个人的才智并不重要——是因为本书在很大程度上代表了"当前科学理解"。现在已经是21世纪20年代，时代早就变了。传统上的社会问题、人生问题、思想问题，现在都可以用科学方法研究，而且都正在被无数的科学家研究。本书最大的自信，就是所有结论——不管听起来有多么离奇——背后都有强硬的科学研究证据支持。

当然科学研究的结果不一定就是对的，科学始终在进步。但是目前而言，科学对这些问题是这么说的。这些是此时此刻，你所能得到的最好的答案。

* * *

五年前我还是一个以研究受控核聚变等离子体为生的物理学家，《智识分子：做个复杂的现代人》出版后不久我就离开物理学界，成了一名全职的科学作家。我的任务不再是自己生产新知识，而是把别人最新发现的知识介绍给读者。

科学家的职业病是，希望什么好东西都是自己第一个发现的，然而我的书中涉及的所有严肃理论大都基于别人的研究。但是我能追求这个：书中有些思想，是我第一个告诉中国读者的。而且我做到了。《智识分子：做个复杂的现代人》出版后被很多书籍、报刊和网络文章引用，有相当的影响力，还在中国台湾出了繁体中文版。比如关于教育的内容，我的书的编辑林飞翔告诉我，每年高考前，都会有杂志或自媒体引用书中的文章。

其实这主要不是我的功劳。那些知识已经有了，是很多个科学家在一线研究出来的，我只是把它们报告给你。科研前线有无数个好故事，你要是不知道就太遗憾了，这就是为什么你需要科学作家。

从 2016 年开始，我在罗振宇的"得到"App 写一个叫作《精英日课》的专栏。本书绝大部分新内容出自这个专栏。我每天的任务就是了解最新的思想，把它们介绍给读者。有时候好素材不好找，我甚至会感慨科学进步的速度太慢了……但是跟五年前相比，我其实是变得更谦卑了。我的一些想法发生了巨变。

比如说人工智能。2010 年至 2020 年是智能手机的年代，最初人工智能并不是热门话题。2012 年，我在《上海书评》发表了一篇介绍人工智能的文章，叫《工作输给机器人以后……》，那可能是中文世界第一次感受到人工智能对人的威胁。那篇文章也收录在《智识分子：做个复杂的现代人》中。

现在我们有充分的理由说，21 世纪 20 年代是人工智能的年代。但我的感受反而是人工智能并没有我们当初想象的那么厉害，它并不会抢走人类的好工作。在本书里我用了很大篇幅详细介绍了人工智能到底是怎么回事，我相信你读了之后会有同样的感受。

再比如说，五年前的我比较迷恋"量化"（quantitative）研究，崇尚一切都用数据说话，对传统的"质性"（qualitative）研究有点轻视，现在我的看法变了。我强烈意识到了用数据和实验方法研究社会问题的局限性。你会在本书中看到更多的定性分析。

科学作家总会"以今日之我打倒昨日之我"，但我觉得这是挺好的体验，希望本书能带给你同样的体验。

* * *

本书不是一本学术著作，不是一本教材，也不是一本完备的行动指南。我能保证的是，书中所有内容都是有趣的。"有趣"其实是个特别高级的标准，为了达到这一点我付出了艰苦的努力。这本书的任务是给读者带来启发。如果现代世界的智识是我们追求的月亮，这本书是指向月亮的手指。

虽是如此，我仍然希望你能从书中体会几个思维视角。全书分为四章。

第一章"社会的规律"，也许能让你适应用学者式的思维考虑社会问题。有些听起来是"常识"的道理，你仔细考察一番，会发现根本不是那么回事儿。普通人思维最大的毛病是分不清"感觉"和"思考"，他以为他在思考，其实他只是在发表自己的感受，甚至是在宣泄情绪。对比之下，学者能用冷静、客观的态度考察社会问题。特别是他能容忍并且能拥抱"复杂"。

第二章"教育的秘密"致力于破解现代教育。可能你是个学生，可能你家里有个孩子是学生，我希望你能理解，现代学校教育，不是，一个"培养人才"的体制。那怎么应对这个体制，我列举了一系列最新的研究结果，希望能带给你一点"player 思维"。其中 player 是能"玩转体制"的人，但我们的目的不是占便宜，而是成为英雄。

第三章"历史的定律"专门研究大问题。我们不妨假装自己是治国安邦的大人物，使用全局的、像鸟俯视大地一样的视角，想想历史如何演变，社会发展有什么大势。我们会先提出几个定律和趋势，再说说怎么运用历史的趋势，再反思，历史真的有不可违抗的趋势吗？

第四章"未来的谜题"关心的不是科幻小说里那种遥远的未来，而是迫在眉睫的、已经开始了的 21 世纪 20 年代。人工智能究竟是什么？现在干什么最赚钱？可能你以前听到的都是"科技永远向前"之类的陈词滥调，我要说的恰恰是，现在科技研发有陷入停滞的危险。预测未来是危险的，但不管对错，这些内容都能让你体验到事物演变的视角。

我小心地给出了所有的原始研究文献。如果你想进一步了解甚至研究这些问题，可以从那些文献入手。

* * *

"智识分子"这个词,大约是民国时代最早出现的,现在已经很少有人用了。原本的意思其实就是我们现在说的"知识分子"。鲁迅先生在一封致萧军、萧红的信中说道:"您的朋友既入大学,必是智识分子。"

这句话相当酷。现在上过大学的人太多了,然而其中大多数人是配不上"智识"这两个字的。事实上"知识分子"——泛指各种脑力工作者——也早就贬值了,按以前的标准现在城市里大多数人都是知识分子。

我想重新启用"智识分子"这个词。我认为

智识 = 智慧 + 见识

新时代的"智识分子"比"知识分子"高级,他们在学问食物链上的地位,大约相当于鲁迅那个时代凤毛麟角的那些上过大学的人。

我在《精英日课》专栏中经常说,当今的智识分子应该效法古人,做一个"士"。春秋战国时代的士是贵族的最下一层和平民的最上一层。士是思想最活跃、行动最自由的人。士是能对自己、对身边的事物、对国家大事负责任的人。智识是负责任的必要条件。

智识分子有想法、有观点、有见解,能提出解决方案,能欣赏复杂事物,能区分理论和实际、想象和现实、情绪和思考,能面对不确定性而不变色。

您既读本书,必是智识分子。

目录 | CONTENTS

第一章 社会的规律

做个复杂的现代人 　3
单纯问题、两难问题和"棘手"问题 　14
别用"常识"理解复杂世界 　21
"苦"没有价值 　28
高效能任性 　33
外部因素、自身因素和"构建因素" 　43
关于明星的"零阶道理" 　50
信号与刷分 　58
最简单经济学的五个智慧 　64
贝叶斯定理的胆识 　82
人的正义思想是从哪里来的？ 　89

第二章 教育的秘密

高中是个把人分类的机器 　101
早教军备竞赛的科学结论 　110
补习班、考试和阶层的因果关系 　115
原生家庭、天生智商、终身学习：到底都有多大用？ 　121
能把穷人变成正常人的教学法 　128
精致的利己主义者和常青藤的绵羊 　138
美国人说的圣贤之道 　149
说英雄，谁是英雄 　161

第三章 历史的定律

大尺度和硬条件：四万年来谁著史	189
社会为何非得是这样的	198
技术左右天下大势	205
放诸古今皆准的权力规则	213
该死就死的市场经济	223
技术、国家、生物和公司的存活率问题	230
到底什么叫"内卷"？	239
暴力在边缘	246
美国社会的主要矛盾	253
突破辉格史观	260

第四章 未来的谜题

我们对人工智能可能有点想多了	269
人工智能祛魅	276
如果想法挖掘越来越贵……	297
排位稀缺：富足时代什么最贵？	311
平价的奢侈品	318
物质极大丰富的时代	324

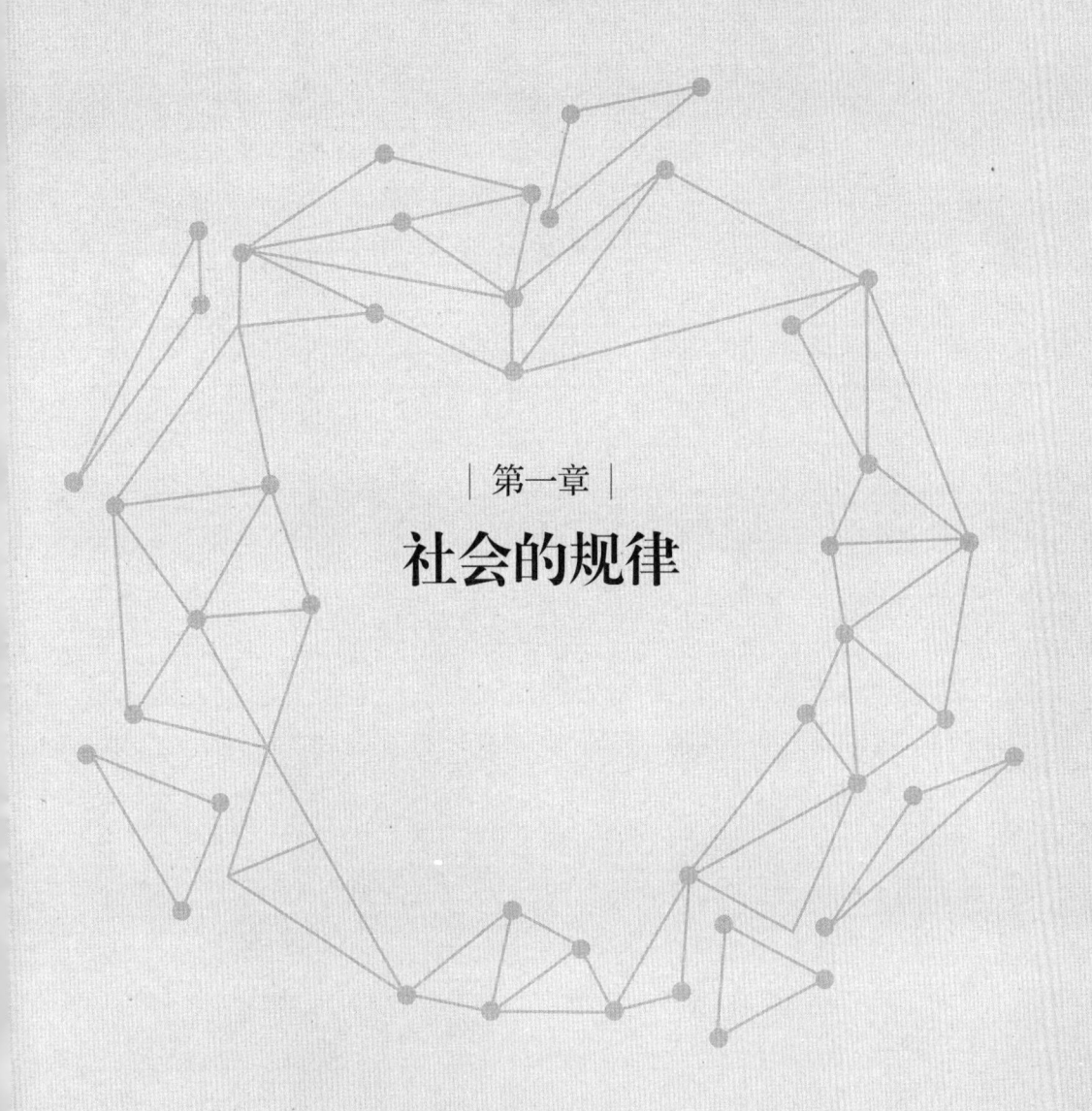

第一章
社会的规律

做个复杂的现代人

这是一本关于现代世界的书。我想在这本书中讲些一个现代人应该有,而且只有现代人才可能有的"智识"——智慧和见识。想要理解这个现代世界,乃至做些决策,就得有这种智识。

从社会变革的大尺度来看,本书要说的思想都相当新,还没有来得及变成成语典故写进我们的文化基因。它们散落在各个学科的最新进展之中,常常不为外行所知。但是这些思想其实并不需要什么专业知识就能被理解和掌握,它们已经在科学家、哲学家、工程师、企业家、创业者、大学师生以及各行各业中对现代世界保持敏感兴趣的人群中传播。

这些人已不仅仅是传统意义上的"知识分子",而是"智识分子"。

我以前本是一个 physicist,以科研为生,成就没达到敢以中文"物理学家"自称的程度。按理说应该专注于物理研究,可我却读了好多非专业的书,写了好多跟物理学没关系的文章。我做这些不务正业的事并不是因为物理学家自由时间多,而实在是因为,这个风起云涌的现代世界,太有意思了——我甚至觉得如果你不去好好了解这个世界的最新思想,仅仅满足于当个特定专业的知识分子的话,简直就是白生在了现代一回。

而且你有可能面临掉队的危险。此时此刻的世界有三个重要趋势,对我们提出了智识上的挑战。

❶ 三个趋势

第一个趋势是世界越来越复杂。

经济学家爱拿铅笔说事。一支铅笔看似简单，但如果你仔细想想，其中的石墨铅芯、木质外壳、笔头的金属皮和橡皮，从最初级的原材料提取到加工组装，中间不知道经过了多少人的手。没有任何一个人掌握制造铅笔的全套"手艺"，每个人所会的只不过是其中一步而已。

这是市场的力量。知识其实是去中心化的，分布在人群之中，是市场把人们组织起来分工协作。所以如果你只会一样知识，没问题，只要你对价格信号做出合理反应就能生活得不错。反过来说如果有人想拥有全部的知识，试图去总揽全局甚至制订计划，那他只能帮倒忙。

但是现代世界比传统铅笔工人面临的局面还要复杂。如果我是一个工资不高，但是有点现代意识的铅笔工人，我就想问问为什么我不能拿高工资，这我就需要了解点经济学知识。我还想建议工厂在铅笔上印些字和花纹来促进销量，这大概涉及心理学。我关心我的工作是否稳定，有人说铅笔行业快不行了，我怎么评估这种言论的可信度？我会不会被机器人取代？我应该怎么跟老板搞"办公室政治"？如果我想让子女将来从事更高端的工作，我应该侧重应试教育还是素质教育？

没有谁只知道盯着价格信号，以上这些才是一个现代人的真实处境：每天面对很多的问题。怎么回答这些问题？大多数人的办法其实是模仿他人，因为自己思考也没用，看《三国演义》《孙子兵法》《厚黑学》也没用——适应传统简单社会的经验和思想越来越不适应现代社会。

第二个趋势是人们的工作方式发生了明显的变化。

前几年有很多人担心人工智能会取代人的简单工作，现在看来没有那么容易，我们会在书中详细讨论。现在看，问题不是简单的工作都没有了，而是简单的工作都不挣钱。制造业流水线上的工作是简单的，但是这样的工作已经从发达国家转移到了发展中国家，并且正在从中国向外国转移。现在赚钱的是服务业——特别是创意类的工作，而这样的工作要求复杂思维。我们已经迎来一个"不换思想就换人"的时代。

第三个趋势是尽管所有人的物质生活都在改善，整个社会阶级分层却正在扩大。

近年有关贫富差距的研究都在强调一个观点：穷人跟富人的最重要差别，并不在于金钱数量多少，甚至不在于得到机会的多少，而在于文化和观念。贫困并不仅仅是一个经济状态，而且还是一个思维模式。这个思维模式的差异并不仅仅是什么《穷爸爸富爸爸》之类投资理财的区别，而且还是一整套的东西。

比如说，对陌生人的信任程度，可能就反映了你的阶层。有人曾深入调查过美国波士顿地区意大利移民工薪阶层社区的社交习俗[1]，发现对这些人来说，家人、亲戚和从小玩到大的熟人远远比任何外人都更值得信任。他们认为一切外面的东西都是神秘甚至是充满敌意的。而英国的另一项研究发现，工薪阶层和穷人更乐意说一些只有身边亲友才能听懂的话，根本不管外人能否理解——而中产阶级人士则尽量向所有人解释他在说什么。

对比中国人热衷的同乡情谊、校友之间的方言黑话，我们大多数国人在思想上是个什么阶层？我们是不是很容易陷入被传统熟人社会乃至从原始社会来的进化心理学所左右的思维模式之中？我们具备现代社会推崇的理性思维吗？

这个世界的定律不是心灵鸡汤，所以我必须得说，落后的思维模式很难被改变。我会在书中介绍几个试图改变贫困思维的研究，其中鲜有成功案例。

加拿大心理学家基思·斯坦诺维奇有本书叫《超越智商：为什么聪明人也会做蠢事》，用大量研究结果说明一个问题：智商跟理性是两码事，二者几乎不相关。理性能力——充分认识当前局面，做好最佳决策的能力——得另外学习。

在优质教育资源稀缺，不同阶层家庭文化的差异巨大的情况下，你猜

---

[1] 这个研究和后面说的英国的研究，都见于 Brink Lindsey 的 *Human Capitalism* 一书。

谁更容易学到理性。

再考虑到前面两个趋势，世界越来越复杂、越来越不容易理解，人工智能又在逼着我们换脑子——在这样一个局面下，贫富差距怎么可能不越来越大呢？

这三个趋势将对我们构成极大的挑战。可以说只有少数人具备了现代社会的智识，大多数人的思想仍然停留在传统社会，有的甚至停留在原始社会。

怎么迎接这思想上的挑战呢？第一步，是听专家的吗？

❷ 如何听取专家的意见

理工科思维可能是最重要的现代化思维，讲究 tradeoff（取舍）、量化和科学方法。我的上一本书就叫《万万没想到：用理工科思维理解世界》。但是别搞错了：如果只满足于自己的一个小领域，那么一个理工科方面的专家，未必就能用理工科思维去理解世界。

其实理工科专家大概都有个烦恼。别人问你个见识方面的问题，如果你不用自己本专业的知识回答，人们就会说你在这个领域根本不是专家；如果你用本专业的知识回答，你其实是个仅供参考的工具。

这话怎么讲呢？复杂世界中很少有哪个实际问题是只用一方面的知识就能解决的。据说[1]，美国某著名科学家，有一次受邀上谈话节目谈环保问题，出了个大洋相。搞与环境相关研究的科学家肯定会强调环保，但这位老兄比较极端，他居然说那些能源巨头公司的 CEO 们"犯了反人类罪"！

像这样的专家，别人没法认真对待你。用能源的是我们，反而要怪能源公司的 CEO？而且还反人类罪？显然这位科学家的知识面太窄，他只知道自己学科里的这么一点点知识，以为就他研究的东西最重要。他根本没有 tradeoff 的思维，也不知道社会中其他方面需求的重要性。正所谓不当家不知柴米贵。

---

[1] 此事见于 Randy Olson 的 *Don't Be Such a Scientist: Talking Substance in an Age of Style* 一书。

我看这种情况相当普遍，在公共问题上有些科学家和工程师的见识并不高明，而且还习惯性地过分强调自己专业的重要性。鼓吹全球变暖的气象学家大言不惭地要求不惜代价减少碳排放，仿佛经济规模变小根本就不是个事儿似的；搞航天的人认为每往航天事业投入一块钱就能带来七块钱的回报；搞生物能源的人说核电特别危险；搞物理的人说正负电子对撞机是20世纪80年代初的中国最急需的科研项目……只有杨振宁先生最公平：作为搞物理的，他说21世纪是生物的世纪。

所以对待理工科专家，最好的办法是把他们的意见当成决策的参考。你可以在你的专业范围内给我提供最好的论点数据，但具体怎么决策，我还得再听听别人的论点和数据。

君子不器。如果仅仅满足于当某一特定小领域的技术型专家，恐怕是往大了说不足以做公共决策，往小了说不足以明白人生。

那么，听文科专家的行吗？

❸ 理念与算数

理工科专家至少知道自己知识的局限性，文科专家经常认为自己无所不知。他们行走江湖不是靠"理性"，而是靠"理念"。

包括经济学、政治学、社会学在内诸多的人文学科仍然处在非常初级的阶段，这体现在学者们对很多重大问题还没有达成共识，他们分成了好多派别，常常冠以"××主义"的名字，有时候就如同武侠世界中的门派一样党同伐异。凯恩斯主义经济学认为消费刺激增长，政府应该出台经济刺激计划；供给派经济学则认为真正的英雄是企业家，所以最好的刺激办法是减税。自由派政治学者认为政府应该在社会生活中扮演重要角色，而保守派政治学者则要求小政府。

高税收高福利的北欧国家瑞典，是大政府的典型代表。作为民主党的美国总统，奥巴马执政期间实行了很多大政府的政策。有人写文章说奥巴马要把美国变得更像瑞典，而与此同时瑞典却在减少税收、去瑞典化，你奥巴马不是逆潮流而动的傻瓜吗？

结果一个数学家[1]说你那叫线性脑袋！我们画张图，横坐标是政策有多像大政府瑞典，纵坐标是经济繁荣程度，那么图上这个曲线不太可能是直线。最大繁荣值不太可能正好在曲线的端点！最大值完全可以在中间某处，两端都不好。奥巴马和瑞典只不过从两个方向都在寻找这个值。

认准一个方向毫不动摇，是理念，是派系斗争，是意识形态，是情怀。知道过犹不及，该左左该右右，时刻为寻找最优值进行调整，才是理性态度。

解决问题的关键往往并不在于你有没有一个高大上的理念，而在于"度"，在于数字。复杂世界中几乎任何东西都有利有弊，用与不用不仅仅要看这个东西好不好，还要看你能承受多大代价。

独立自主、支持国货当然是个特别好的理念，但是洋务运动时期张之洞的湖北枪炮厂耗费巨资搞出来的"汉阳造"质量极差，同样的钱远远不如直接进口外国步枪。在国家急需强兵的时代，一味追求国产化可能就未必是最好的选择。新中国改革开放之初曾经几乎放弃军工研发，甚至让军队养猪经商，后来又放弃国产中国之星进口高铁技术，现在进口核电技术，这些政策都曾经备受批评，但你不知道其省下来的钱对发展经济起到了多大作用，运力和发电的急需能不能等国产技术。

想要学会寻找合适的"度"，你至少需要掌握两个不同的理念。然而我们在现实生活中遇到的很多公共知识分子们，却往往只知道不遗余力地宣传自己的唯一的那一个理念，有时候连事实都不顾了。

我记得一个特别典型的故事。就在本书第一版出版前，微博上有三位名人，几乎同时发表了特别愚蠢的言论。名人 A 为了宣扬破除伪善的鸡汤理念，把一篇网络小说中虚构的光绪皇帝讲话当成真的评论转发；名人 B 为了宣扬爱国理念发表《人类起源于中国的猜想》——一篇被戏称为"分形式错误"的雄文——从小处到大处各种尺度上全错了；名人 C 为了宣扬

---

[1] 这个数学家叫乔丹·艾伦伯格（Jordan Ellenberg），他写的《魔鬼数学：大数据时代，数学思维的力量》一书中提到了此事。

扶持民营制造业的理念犯了统计错误。这已经不仅仅是理念，这是迷信。他们被自己的理念给劫持了。

崇尚自由市场的教授认为所有经济问题都应该用市场解决，鼓吹自由民主的专栏作家把美国政治的缺点都能变成煽情的素材，热爱儒家文化的历史爱好者看宋朝一切都是好的，自诩保守主义者的中国思想家对一战后的国际条约体系的推崇可能连现在的英国人和美国人都比不了。他们用半生之力铸就了一个属于自己的"锤子"，就把一切东西都视为"钉子"。

像这样试图以"一招鲜吃遍天"的学者，美国心理学家飞利浦·泰特洛克（Philip E. Tetlock）对他们有个专门的名词：刺猬。

❹ 狐狸与刺猬

从20世纪80年代开始，泰特洛克搞了一项历时20多年，影响深远的研究：用科学方法评估专家们对政治事件的预测能力。我们常常抱怨专家做出错误的预测，有时候讲得头头是道也只不过是事后诸葛亮。泰特洛克则使用了复杂而严谨的评估方法，一个最明显的效果就是能避免马后炮。比如说，他在苏联尚未解体的时候让专家们预测苏联未来的命运会比当时更好、更差还是保持现状，并且要求专家对各种情况设定一个概率。

20多年后，一切问题水落石出，再回头看当初专家们的预测：专家的预测成绩，总体来说，还不如投个硬币随机选择。

所以在预测未来方面，很多专家的确是"砖家"。其实其他领域的专业也差不多是如此，如果你想知道未来哪个领域最值得投资或者什么专业最好找工作，问专家可能真不如自己猜。

但泰特洛克这个研究最值得称道的发现却是，并非所有专家都这么不堪，有的专家预测得相当准确！这个准确与否，与专家的专业从业时间，是否能接触到机密资料，他是自由派还是保守派、乐观派还是悲观派，都没关系。唯一有关系的是专家的思维方式。

泰特洛克把专家按思维方式分成了两类：刺猬和狐狸。刺猬型专家非常深入地了解自己的小领域，他们都有一个"大主意"。狐狸型专家则对什么知识都了解一点，有无数"小主意"。在总结此研究的《狐狸与刺猬：专家的政治判断》一书[1]中，泰特洛克对这两类专家的思维方式是这么描写的：

> 刺猬式的思维方式是进取的，只知一件大事，在简约的名义下，寻求和扩大此事的解释力，以"掩盖"新的案例；狐狸式的思维方式更加折中，知道很多小事，与瞬息万变的世界保持同步，满足于根据时代找出合适的解决之道。
>
> 狐狸预测的准确度，远远超过了刺猬。

这个事实非常，非常重要。一直到近代，知识分子常以拥有不容置疑的信仰为荣，总想把自己的学说推广到根本不适用的领域，在学霸的路线上越走越远，竖起"主义"的大旗吸引无数徒子徒孙，其实都是刺猬。他以为自己的一个大主意能解释所有问题，当现实不符合他的理论的时候，他忽略现实。当结果不符合他的预测的时候，他不但拒绝承认自己错了，反而还能找个理由说这恰恰说明自己当初是对的！

一棵树可能很简单，但树木组成的森林非常复杂，而刺猬则以为只要他能理解树，他就能解释森林。刺猬眼中的世界是简单的，简单到他用一个理论就能解释一切。他眼光简单，办事方法也简单，把自己蜷缩成一团，试图用浑身的刺去面对外面复杂的世界。

然而真正有见识的，其实是狐狸。

我敢说，现代化的道理千头万绪，唯有此事最为关键：不要被自己心中的"大主意"劫持。

所以我们智识分子的最根本教训，就是要做狐狸，不要做刺猬。泰特洛克用统计问卷的方法发现了狐狸思维相对于刺猬思维的种种特点，值得我们作为美德，甚至作为座右铭列举出来：

● 狐狸乐于接收新的信息；

---

[1] "狐狸与刺猬"这个比喻最早出自哲学家以赛亚·柏林（Isaiah Berlin）。

- 狐狸对自己决策的信心远小于刺猬；
- 即使做过决定之后，狐狸仍然想从不同的视角进行再思考；
- 狐狸总爱不断修正自己的预测；
- 狐狸也许并不像刺猬一样对某个特定领域无比内行，但是他的知识面宽得多，了解很多事；
- 狐狸对很多事情持怀疑态度；
- 当考虑冲突的时候，狐狸能看到双方可能正确的方面；
- 狐狸喜欢与观点不同的人打交道；
- 狐狸在工作中并不追求明确的规则和秩序；
- 狐狸喜欢有多个答案的问题，他们在解决问题的时候常常能发现多个选择……

总而言之，狐狸眼中的世界是复杂的。世界任何时候都需要很多刺猬来提供观点和建议，但是刺猬在科学决策中的真正地位只不过是个吹鼓手和工具。狐狸，才是这个越来越复杂的世界真正宠爱的人。

怎样才能成为狐狸呢？

❺ 十八般武艺

这意味着我们不能满足于当某一方面的"专才"，而应该广泛学习各种知识，掌握"通识"。想要解决社会、经济和生活问题，不能追求掌握一个一劳永逸的"正确"理论，而应该追求掌握一系列不同流派的思维方法，十八般武艺，多多益善。

这其实正是西方所谓"自由技艺"（liberal arts）教育的意义所在。自由技艺起源于古希腊，柏拉图提出"七艺"——有点像中国孔子那时候的"六艺"——被认为是一个自由的城市公民所应该掌握的若干个基本学科。这些学科有文法、修辞、逻辑、历史、天文学等，都是一些不能直接作为一门手艺出去赚钱,但是可以提高一个人思想见识水平的"素质教育"。

我国有些教育家很爱谈素质教育,还特别喜欢文学、音乐、美术这些领域,最主要的教育形式就是让小孩放学以后去上个钢琴班之类。为什么要搞素质教育?他们可能会告诉你,拉小提琴是为了效法爱因斯坦,给科研工作提供灵感,但人们心里想的往往是,素质教育可以把人变得像个"上等人"。

人们幻想自己的孩子接受了素质教育,长大以后就可以跟外国友人聊聊《傲慢与偏见》这种世界文学名著[1],跟商业伙伴打打高尔夫球,彰显贵族气质。

难道素质教育是化妆品吗?

自由技艺的本意其实是有很强的实用性的。这个用处并不在于谈恋爱找对象好找,而是为了学习怎么做决策。

古希腊"自由人"的反义词,不是罪犯,而是奴隶。奴隶只需要听话干活就可以了,其实生活未必有多差——美国南北战争时期南方媒体的一个重要论点就是奴隶生活稳定不用担心失业而且有终生的医保,比北方某些工人强——但奴隶不能对事情做决策。只有自由人,因为要管理奴隶,要为自己的生活做主,要对公共事务发表意见,才需要做决策。

自由技艺,是统治者和"拒绝被人统治"者的学问。

严肃文学可以让人学会体察他人的感受,了解真实世界中不同类型人的生活。逻辑可以让人学会推理和辩论。文法修辞可以让人学会怎么用语言争取别人的支持。历史可以让人学会借鉴前人的经验。数学可以让人学会取舍。天文学可以让人对世界的自然规律产生敬畏。这些学问不是什么用于打扮自己、被别人审美的"教养",这些都是大人物办大事的实用技能。

所以自由技艺训练的不是什么"贵族品位",而是真贵族,是社会的中流砥柱,是精英。

---

[1] 顺便说一句,现在没有哪个外国友人拿"世界文学名著"当谈资,你还不如聊聊科技和政治。

自由技艺并不是告诉我们什么放诸四海而皆准的真理，而是提供一些寓言故事、名人典故和思维套路。你掌握的套路越多，办事的时候可供选择的思路就越多。至于遇到什么事应该用哪个套路去解决，这没有任何程序性固定办法，是一种艺术，只能自己选择。

比如说，如果你把经济学理论模型当成放诸四海而皆准的真理，你什么事儿都不太可能干成。但是如果你把经济学理论当成仅供参考的寓言[1]，你反而可能非常灵活地办成一些事情。

如果拿武侠小说打比方，那就是我们不能学那些只会本门武功——哪怕这个武功很厉害——而且还个性单一的配角。我们得学师从多位名家，招式复杂多变，性格也被女主角认为是捉摸不定的男主角。面对一个问题，你可以把它当成经济学问题，但你也可以把它当成政治问题，甚至物理问题。我们就如同使用武功一样不断尝试各种招法，一招不成再来一招。理论不好使不能怨老师教错了，只能怪自己会的招太少。

简单打不过复杂。只有复杂的人才能打败复杂。

---

1 事实上，经济学家阿里尔·鲁宾斯坦有本书就叫《经济学寓言》，特别强调经济学理论的局限性，认为最好把这些理论当寓言用。

单纯问题、两难问题和"棘手"问题

现在流行一句话叫"成年人的生活里没有'容易'二字"[1],成年人得处理一些非常不容易的事情。而有些"不容易",比一般的"不容易",更不容易。我们来说说什么是真正的不容易。对付这样的事情,你需要的不仅仅是体力和智力,更是智慧和气度。

作为对比,我想把人生在世面对的各种问题分成三类:单纯的问题、两难的问题和棘手的问题。

咱们先看看未成年人的"容易",为什么容易。

❶ 单纯问题

你工作以后有时候想想一天到晚面对的这些事儿,可能会感慨,还是当学生那时候简单啊。其实你想说的是"单纯"。学生日常解决的问题并不简单,需要掌握各种冷门的知识和拐弯抹角的解题技巧。很多人在参加高考那一刻是人生的智力巅峰,从此之后大脑就再也没有过那么高强度的思考。但是学生的问题很单纯。

所谓单纯的问题,就是有明确的方向,有能让人放心的答案,解决了

---

[1] 这是电影《天气预报员》里的一句台词,原话是"Nothing that has meaning is easy. Easy doesn't enter into grown-up life"。

就可以宣布胜利的问题。

比如你想考清华大学，这就是一个单纯的问题。它有明确的方向：你需要提高——而不是降低——自己的考试水平。它有让人放心的答案：考上就可以宣布胜利。

单纯的问题就好像参加爬山比赛一样，你只要向着一个方向努力就行，而你的成败与否是清晰可见的。面对单纯的问题你绝对不会感到迷茫，你永远都知道该干什么。往那个方向前进就是对，往别的方向走就是错。

这种感觉非常励志。你只要"努力！奋斗！"就行。我们看那些高三的学生们，每天早上一边跑步一边喊口号："拼，直到赢！搏，直到成！"真是让人热血沸腾。

当然在这条路上你会遇到阻力。可能是你自己的性格弱点，可能是外界的干扰，甚至可能是敌人在攻击你。但是不要紧！你要做的就是战胜它们。你完全知道什么是你的助力什么是你的阻力，谁是你的朋友谁是你的敌人。

有时候一大群人会共同面对一个单纯的问题。比如我们要修建一项农田水利工程。我们会有分工，但是所有人都是为了共同的目标而走到一起来的，我们"心往一处想劲往一处使"。工程师攻关技术，领导组织管理，剩下的人撸起袖子加油干。这时候团结就是力量，谁要是说怪话瓦解我们的斗志，我们就要"帮助"他。要是有敌人敢阻止我们前进，我们就要打击他。

如果生活中都是单纯的问题，我们的思想也会是单纯的，这种状态多好呢……

以我之见，这个世界最大的危险之一，就是某些人认为一切问题都是单纯的问题。

❷ 两难问题

等你变成成年人就会发现，很多事儿并不是"向着一个方向猛用力"的事儿。

比如你手里有一点积蓄，想要买个房子，你有两个选择。离工作单位近的这个房子比较贵，也比较小，住着不太舒服但是省时间，而且将来也许会升值；远一点的房子比较大，将来有孩子会很方便，但是上下班很累。那你买哪个呢？又或者先租个房子，等等再说？

这才是成年人的世界。这种问题我们可以称之为"两难问题"。这个问题没有唯一正确的方向，这是两难的选择，你必须在两个方向之中做出**取舍**。

其实生活中真正的问题，至少都是两难问题。有明确方向的事儿根本就不叫事儿。如果现在有一处房子，地点又好价格又便宜住着又舒适升值潜力还大，别人早就买走了——均衡的市场就不允许出现这样的房子。

同样道理，如果有挣钱多干活少还特别能提升个人潜能的工作，你早就选了，事实是根本就不存在那样的选项。你通常面对的都是安逸但是钱少，或者钱多但是不稳定这样的人生选项。

这种问题里没有敌人。你谁也怪不着，连自己都怪不着……所以你会很迷茫。这才是让你怀念学生时代的时刻。你会羡慕那些有敌人的人。

所以什么叫"不当家不知柴米贵"呢？就是不得不做取舍的意思。单纯就想买一件东西，其实都是不贵的，只要一门心思攒够钱就行。真正的问题在于买了这个东西你就不能买那个东西——这种必须取舍的感觉会让你觉得它们都很贵。

不过你终将做出选择。你权衡各种利弊，选了一个认为最适合自己的。但是你不会有一种取得胜利的感觉——你没有战胜任何敌人，你是不得已才如此。过段时间你可能会想，如果我当初选的是另一个，现在会怎样呢？不过那都是一闪念而已，选了就选了，成年人得为自己的决定负责。问题还是解决了，以后要往前看，这一篇已经翻过去了。

不过两难还不是最难的。最难的，是你要给别人做主的时候。

❸ 棘手问题

1973 年，加州大学伯克利分校的两个公共政策专家——霍斯特·里特尔（Horst W.J. Rittel）和梅尔文·韦伯（Melvin M. Webber），提出一个新概念[1]，叫"wicked problem"。Wicked 这个词的意思是形容那些邪恶的、怪异的东西，我们称之为"棘手问题"，有时候也被翻译成"抗解问题"。

那些长期存在的公共问题，常常是棘手问题。两难的问题还可以说有解，棘手的问题是无解的。

比如现在美国的贫富差距越来越大，虽然经济在增长、高科技公司在盈利，但是低技能的普通老百姓分享不到这个成果。贫富差距增大导致了很大的社会和政治问题，这就是一个棘手问题。全球变暖——如果你相信气候学家的说法——也是一个棘手问题。这些问题比你买房子的事儿可难多了。

什么叫棘手问题呢？里特尔和韦伯提出，如果一个问题具备下面这十个特征中的几个，就是棘手问题：

1. 这个问题没有清晰的定义。它不像高考数学题那样给你写明白了各种条件。
2. 它没有终极的答案。你永远都别想彻底解决它，它会一直存在。
3. 你的解决方法不分对和错，只有好和坏。而什么是好什么是坏，只能你自己判断。
4. 你采取一个什么应对措施，不会立即看到结果。你也许根本不知道你做的有没有用，也许还出现了意想不到的结果。
5. 没有专门给你做试错练习的地方，你的每一个动作都会有影响，你一

---

1 Horst W. J. Rittel and Melvin M. Webber, Dilemmas in a General Theory of Planning, Policy Sciences Vol. 4, No. 2 (Jun., 1973), pp. 155-169.

上来就是实操。

6. 连有什么选项，都不清楚。

7. 没有先例可循。前人的经验不会对你有太多帮助。

8. 这个问题很可能只是一个更深的问题的症状。但是它背后不只有一个问题，整个局面盘根错节，可能根本就没有根本性根源。

9. 有很多利益相关方对这个问题有自己的看法，他们想要的解决方向各自不一样。

10. 如果你上手，那将来不论是什么结果，你都得负责。

咱们就想想美国贫富差距增大这个问题，如果你是美国总统，请问你怎么办？对高科技公司多收税，然后补贴穷人吗？富人会不乐意，可能会妨碍创新，再说直接发福利不是办法，会养懒人。反对全球化，强行要求制造业回流吗？那不符合技术演变的大趋势，也违反了自由主义的精神。那干脆不管行吗？有人会闹革命。赵本山的小品有句台词是这么说的："……就这个问题，你先杀谁都不好使。"

当初特朗普为什么非得跟中国打贸易战？因为他希望这是一个单纯的问题，他希望能找到一个"敌人"……所以中国就是这个"敌人"。

再比如全球变暖，就是典型的利益相关方的意见不一致。都说要节能减排，发达国家现在不搞工业了可以减排，某些国家全靠工业挣钱呢，能减排吗？这公平吗？更何况，全球变暖对某些国家来说也许还是个好事儿，现在很多传统沙漠地区的气候都变湿润了，也许就跟全球变暖有关系。

所以当一个瑞典女中学生指责世界各国政府对全球变暖的应对不力的时候，当围观群众笑话大国领袖的时候，那些人其实都有点站着说话不腰疼。

不是我们不够努力，也不是敌人太坏，而是这个问题本身太棘手。

那怎么解决棘手问题呢？首先你就不应该指望**解决**棘手问题，你最多只能**应对**——你得做好跟它长期相处的准备。这就如同当代医学对癌症的治疗：全部杀死癌细胞是不太可能的，但是医学手段可以在相当的程度上控制病情不让它扩大，你可以追求**管理**这个问题。

匹兹堡大学的约翰·卡米勒斯（John C. Camillus）教授，曾经提出过几个应对棘手问题的建议[1]。

一个建议是让利益相关的各方充分互相理解。最好大家坐下来开诚布公地把观点和要求给谈透——不为达成共识，只为互相理解。这样我们最起码可以消除一些偏见，别都只顾自己，也听听别人想要的，也许就能采取一些最基本的行动。

如果你是一个公司的领导人的话，卡米勒斯的一个建议是举棋不定的时候应该反思一下公司的认同感和意义。意义能帮助我们做出选择。我们到底是一家什么公司？我们的价值观是什么？我们擅长什么？我们渴望什么？有时候你这么做不是因为会算计——因为算计已经给不了你答案——而是因为你有个性。

还有个建议是一定要行动。可以摸着石头过河，每次的决策都是小行动，慢慢试探，看看效果再决定下一步，但是不能不动。动，才叫应对；不动，你就是鸵鸟。

你就这么应对着，跟着它演化。那你说棘手问题怎样才能被解决呢？解决不了。一个棘手问题后来之所以不再是问题了，通常并不是因为它被解决了，而是因为局面变了，它被别的、可能是更棘手的问题给取代了。

* * *

中国有句话叫"皇帝做不得快意事"，其实说的就是真实的、复杂的决策往往都不是单纯的问题。然而我发现有太多的人，包括很多领导者，都是单纯问题的思维模式。如果他对当前局面不满意，他就认为要么就是我们不够拼，要么就是敌人太坏了。

1　John C. Camillus, Strategy as a Wicked Problem, Harvard Business Review, May 2008.

其实真不是。大家都是成年人，难道会有谁明知道那么做一定对而不那么做吗？难道那么简单的道理别人不懂吗？都是不得已的取舍而已。有敌人的问题都是单纯问题，把敌人干掉不就完了吗？大多数问题真不是敌人的事儿。

单纯的人总希望能一劳永逸地解决一个问题。这种理想主义者一旦受挫，又会心灰意冷，成了一个愤世嫉俗的人。他以为别人都自私就他真想解决问题，可是他又解决不了。

殊不知，那些顶着骂名，从来没做过一件快意事，小心翼翼永远不敢用力过猛，明知根本就没有什么胜利的彼岸等着他，还在那吭哧吭哧地维持着局面的人，才是真正值得尊敬的。

别用"常识"理解复杂世界

如果一个物理学家谈物理，哪怕他只是用大家都能听懂的语言做科普，外行一般也不太敢提出质疑。人们知道物理学是一个非常专业的尖端科学，没经过多年训练的人胡乱说话只能闹笑话。可是当一个社会学家谈论社会问题的时候，哪怕他旁征博引了好多东西方先贤的经典理论，别人还是可以毫无压力地批评他。不管专家怎么说，每一个出租车司机都认为自己知道汽油涨价是怎么回事儿，每一个网友都认为反腐败的出路是明摆着的，每一个球迷都认为如果从来没搞过足球的人能当足协主席，那么我也能当。

这也许怪不得大众。实践表明，像政治学这样的软科学，其"专家"的实用程度很可能并不显著高于"砖家"。

1984年，美国心理学家飞利浦·泰特洛克（Philip Tetlock）做了一个影响深远的研究[1]。他调查了284个专门以预测政治经济趋势为职业的政治学家、智囊和外交官，向他们提出各种预测问题，比如戈尔巴乔夫有没有可能被政变搞下台。

泰特洛克要求专家们对其中大多数问题，比如某个国家未来的政治自由状况，提供出现三种可能性（保持现状、加强或者减弱）的大致概率。这个研究做了20年，一直等到当年预测的事情全部水落石出。到2003

---

[1] 我们已经在本书引言中提到过这项研究。

年，泰特洛克总结了这些专家给的答案，发现他们的总成绩还不如索性把每个问题的三种可能性都均等地设为33%。也就是说，专家的预测水平还比不上直接抛硬币。更有讽刺意味的是，这些专家对自己专业领域的预测得分居然比对自己专业外领域的更差。

所以《纽约人》杂志在评论泰特洛克描写自己此项研究的《狐狸与刺猬：专家的政治判断》这本书的时候对专家相当悲观，最后得出的结论居然是我们还是自己思考算了——尽管泰特洛克的研究显示专家的得分其实还是比普通人略高一点。

但社会科学并非无路可走，它可能正处在一个大发展的前夜。哥伦比亚大学邓肯·瓦茨（Duncan Watts）的新书《一切显而易见》提出，社会科学的发展方向应该像硬科学一样，依靠实验和数据。传统专家的预测之所以不行，是因为他们依赖的很多直观"常识"，其实是一厢情愿的想当然。事实上，哪怕一个最简陋的统计模型，也能比专家预测得更好。

瓦茨的这个说法当然并不新鲜，已经有越来越多的人呼吁把数理方法作为社会科学研究的主要方法，而且这个方法也的确正在成为主流，现在大概已经很少有人在论文里拿100年前的所谓经典说事了。此书的最大新意在于，因为瓦茨同时在雅虎研究院研究社交网络，他在书中描述了几个其本人参与的有趣研究。

谈起社交网络，中国读者会立即想到格拉德威尔（Malcolm Gladwell）的《引爆点》。这本书提出，一件东西要想在人群中流行开来，需要某些特别有影响力的关键人物在其中推波助澜。这些关键人物是社交网络中的节点，是普罗大众中的意见领袖。正是因为他们的存在，我们才可能实现把地球上任意两个人用不多于六个人的社交关系网相互联系起来，也就是所谓"六度分隔"。

根据这个理论，扩大知名度的最好办法是找名人做广告。名人在微博上说一句话，应该比普通人的"口碑"重要得多。有传闻说[1]，现在中国

---

[1] 光明日报：《"微博粉丝"可买卖 名人为钱可转发》2011-08-11，http://politics.rmlt.com.cn/2011/0811/23934.shtml。

有百万粉丝的名人发一条营销微博可以获得1000元，其实这个数字还算是少的。美国女星金·卡戴珊（Kim Kardashian）一条tweet（用户发到Twitter上的信息）的价格是1万美元[1]。

"关键人物"理论完美符合人们的思维常识。我们总是强调伟人对历史的推动，强调"一小撮"坏分子对社会秩序的破坏，强调明星对时尚潮流的引领。问题是，这个理论没有获得大规模统计实验的支持。

在现实生活中统计影响力非常困难，因为我们很难测量一个人是被谁影响的。现在微博客Twitter的出现给这种测量提供了可能。

Twitter的一个特别有利于研究的特点是，如果用户分享一个网址，这个网址的URL会被缩短，自动形成一个唯一的代码。通过跟踪这些短代码，瓦茨与合作者就可以分析信息如何在Twitter上扩散传播。具体来说，就是如果有人发布了这么一条代码，而他的一个"粉丝"如果转发这条代码的话，那么这次转发就可以被视为一次可观测的影响。广告商的愿望，是希望信息能够这样被一层接一层地转发传播开来，形成所谓"Twitter瀑布"。

然而通过分析2009年两个月之内160万用户的7400万条信息链，研究人员发现98%的信息根本就没有被推广传播。在这千万条信息中只有几十条被转发超过千次，而转发次数达到万次以上的只有一两条！我们平时看到的那些被反复转发的消息其实是特例中的特例。由此可见，想要通过发一两条热门微博成名，就好像买彩票中头奖一样困难。

那么名人的影响力到底怎么样呢？瓦茨等人使用了一个巧妙办法。他们使用统计模型，根据第一个月的数据把那些粉丝众多，并且成功引发了Twitter瀑布的"关键人物"挑出来，然后看他们在第二个月中的表现。结果相当出人意料：这些人在第二个月再次引发瀑布的可能性相当的随机。平均而言，"名人"的确比一般人更容易导致一条消息被广泛传播，但这个能力的实际效果起伏极大，一点都不可靠。也许最好的营销方式不是拿

---

[1] 参见http://www.contactmusic.com/kim-kardashian/news/kardashians-10000-tweets_1127026。

大价钱请少数名人，而是批量雇用有一般影响力的人。

如果一个东西突然流行开来，我们的常识思维总是以为这个东西一定有特别出类拔萃之处，或者就是其幕后一定有推手。但Twitter上的研究表明，所谓幕后推手其实并没有那么厉害。那么为什么某些书能够畅销，某些电影能够卖座，某些音乐能够上榜呢？完全是因为它们出类拔萃吗？瓦茨参与的另一项研究表明，成功很可能主要是因为……运气。

这是一个相当有名的实验。实验者创办了一个叫作Music Lab的网站，在几周之内招募到14 000名受试者来给48首歌曲评分，如果他们愿意，也可以下载其中的歌曲。有些受试者的评分是完全独立的，他们只能看到歌曲的名字。而其余受试者则被分为八个组，他们可以看到每首歌被自己所在组的其他受试者下载的次数——他们可能会设想被下载次数越多的歌曲越好听，这样一来他们打分就会受到社会影响的左右。

实验表明那些好歌，也就是在独立组获得高分的歌曲，在社会影响组也是好歌，而且其流行程度比在独立组更高；而坏歌在社会影响组的表现也更差。所以当听众能够被彼此的选择影响的时候，流行的东西就会变得更加流行，出现胜者通吃的局面。

然而这个实验最重要的结果是，具体哪首歌能够登上排行榜的最前列，则是非常偶然的事件。有些歌曲可能会因为实验初期纯粹因为运气好获得更多下载次数，后来的受试者受这个影响就会**以为**这首歌好听，以至于给予它更多的关注，形成正反馈。最初的运气很大程度上决定了最后谁能脱颖而出。在独立组仅获得第26名的一首歌，在一个社会影响组居然排第一，而在另一个社会影响组则排第14名。尽管特别不好的歌肯定不能流行，但好歌想要流行还是需要很大的运气成分。总体来说，独立组排名前五的歌曲只有50%的可能性在社会影响组也进前五。

对能够互相影响的一群人，不能以常理度之。撒切尔夫人曾经说："根本就没有社会这种东西。只有作为个人的男人和女人，以及他们的家庭。"可是你不能用研究一个人的办法来研究一群人。就算你能理解这群人中的每个人，你也未必能理解把这群人放在一起会发生什么。他们之间的社交网络结构，会导致一些非常偶然的事情发生，这些事情无法用任何常识去预测。一般人的历史观总是有意无意地把一个"集团"，比如说清廷，想象成一个有思想有行动的个人，好像辛亥革命就是清廷、孙中山和袁世凯三个人之间的事一样。这样的理论无法解释为什么孙黄数次起义数次失败，最后居然在一个完全想不到的时机成功了。

我们生活在一个彼此互相影响的社会。我们想起来去听一首歌，也许只不过因为朋友的推荐。我们想起来去看某个电影，也许只不过因为我们恰好在微博上"粉"了某人。旭日阳刚可能的确唱得不错，但在某个平行宇宙里他们将不会登上春晚舞台。如果历史重演一遍，芙蓉姐姐未必能成名，《哈利·波特》的第一部未必能获得出版[1]，蒙娜丽莎[2]不会是全世界有史以来最有名的画作。我们总是习惯于把事情的成败归结为人的素质，归结为领袖人物，甚至归结为阴谋论，好像什么都是注定的一样，而事实却是很多事情只不过是偶然而已。

常识只是特别善于在事后"解释"事件，这种解释根本谈不上真正的理解。中国女篮以三分优势击败韩国队取得2012年的奥运会参赛权，赛后总结自然全是成功经验，可是如果中国队最后两个球偶然没投进，媒体上必然又全是失败的反思。我们看这些事后的经验总结或者反思，总是觉得它们说的都挺有道理，简直是常识。专家们也正是根据这些道理去预测未来。可是事先你怎么能知道这些完全相反的道理哪个会起作用呢？

再比如，如果有人说来自农村的士兵会比城市士兵更适合部队生活，读者很可能会认为这是显然的——农村本来条件就比较艰苦，需要更多的体力劳动，所以农村士兵肯定更能适应部队生活。然而据社会学家保

---

1 事实上，《哈利·波特》第一部被不同出版社拒稿12次才得以面世，一般人肯定放弃了。等到终于出版了，首印也只有500册。
2 《蒙娜丽莎》当然是一幅很好的画，但在100年以前并不被人认为是世界最好的画作，包括达·芬奇本人都不认为此画特别出类拔萃。是一系列发生在它身上的故事，包括被盗又被找回的经历，使得此画出名了，以至于世人煞有其事地研究蒙娜丽莎"神秘的微笑"。当人们列举《蒙娜丽莎》的一系列特点来说明这个画为什么好的时候，他们实际上是在说《蒙娜丽莎》为什么更像《蒙娜丽莎》。

罗·拉扎斯菲尔德（Paul Lazarsfeld）对二战期间美军的调查，事实恰恰相反。其实是城市士兵更适应部队生活，因为他们更习惯于拥挤、合作、命令、严格的衣着规定和社会礼仪。这两方面的常识看上去都有道理，在没有统计的情况下我们根本不知道哪个更重要。这就是为什么不做调查研究就没有发言权。

要想从复杂的随机事件中看到真正的规律，最好的办法是像搞自然科学一样进行大规模的重复实验。如果中国女篮跟韩国队在同样的条件下打100次能赢95次，我们就可以确信中国队强于韩国队。如果一首歌能在每一个社会影响组都进前五名，我们就可以确信这首歌的确出众。然而历史不能重复，我们不知道最后发生的结局是不是一个小概率事件，但我们却总能用"常识"给这个结局一个解释！像这样的解释如果用于预测未来，甚至制订计划，怎么可能不失败呢？

一个更实用的历史观是放弃"一切都是注定的"这个思想，把历史事件当成众多可能性中的一种，把未来当成一个概率分布，然后尽可能地使用统计方法，通过历史数据去计算未来事件的概率。与其追求用各种想当然的常识指导未来，不如把历史当作一个数据库，从中发掘统计规律。

搞自然科学的科学家经常认为社会科学更简单。如果你看那些社会科学的论文，会发现其中逻辑通俗易懂，结论往往也是显然的。物理学经常能得出一些违反直觉而又绝对正确的结论，然而社会科学中常识却总能大行其道。现在这种局面正在改观，自然科学的方法正在被引进到社会科学中去。但这个过程并不容易。亨廷顿曾经在某项研究中颇有科学精神地写道"62个国家的社会挫折和不稳定之间的相关系数是0.5"，然后一个数学教授跳出来说这纯属胡扯，"亨廷顿是怎么测量社会挫折的？难道他有一个社会挫折表吗？"其实像这样的批评也许只不过说明社会科学比自然科学更难做[1]。

在没有互联网的年代想要找几万人做歌曲评分实验，或者分析成百上

---

[1] 请参考这篇文章：Soft sciences are often harder than hard sciences，Discover (1987, August) by Jared Diamond。http://bama.ua.edu/~sprentic/607%20Diamond%201987.htm。

千万的社交网络和信息传播,都是根本不可能的事情。现在有了互联网,社会科学终于可以带给我们一些"不显然"的研究结果了。所以社会学家已经在使用新方法搞科研,遗憾的是实用专家们仍然停留在过去的理论上。一个原因也许是统计方法还没有来得及做出更多有实用价值的判断。但不论如何,正如瓦茨所说,现在社会科学已经有了自己的天文望远镜,就等开普勒出来总结行星运动三大定律了。

* * *

两点补充说明:

1. 我曾经在《分析Facebook上的两场捐款战》[1]一文中使用过"关键人物理论",并且以此对比中国用户的捐款数据,得出结论是中国用户对网络的使用习惯还停留在论坛时代。而当时数据的确显示有些人是有一定的影响力的。现在看来这两篇文章似乎有点矛盾,但数据也许并不矛盾。"影响力"肯定是存在的,但也许并没有人们事先设想的那么强。另一方面,这个捐款"实验"也可以作为对本文提到的URL转发统计的一个很好的补充。

2. 我觉得新浪微博可能比Twitter更容易用来进行社交网络研究。首先转发次数是明摆着的,其次也许用户量更大,另外新浪这种明星体制也许会导致整个网络结构跟Twitter很不同。不论如何,希望能看到有人对新浪微博进行类似的大规模统计分析。

---

1 参见http://www.geekonomics10000.com/362。

"苦"没有价值

有人说俄罗斯的民族精神是"苦难",据我理解关于咱们中国人的民族精神到底是什么,学者并没有共识,但是我们中国也有很多人崇尚"吃苦"。我们崇尚孟子说的"生于忧患死于安乐""天降大任于斯人也,必先苦其心志,劳其筋骨……",尼采说的"杀不死我的必使我更强大",老百姓爱说"吃得苦中苦,方为人上人",还有什么"要想人前显贵,就得背后受罪",我看最近还出了本励志书叫《别在该吃苦的年纪,选择安逸》。

孟子和尼采有他们的道理。可是我看老百姓心目中,似乎把"苦"当成了某种"内力"资源,认为吃苦才能长本事。这就好像你积累的每一滴"苦"都会转化为能量,"苦"要是吃的不够就会内力不足。这是一个错误的思维模型。

我们说说什么叫吃苦。

人要想长本事,的确必须接收真实世界的反馈。但是反馈不等于是负面反馈,负面反馈也不等于就得吃苦。

小张是个研究生,有一次做实验,自己产生一个大胆的想法,结果操作错误,导致失败。导师一看,就给他示范了正确的操作方法,小张记住了。小张长本事了吗?长了。小张吃苦了吗?没有。

老王的妻子脾气不好,总骂他没本事。老王在家里动辄得咎,敢怒不敢言唯唯诺诺,结婚才十年,已经未老先衰。老王吃苦了吗?吃了。老王长本事了吗？没有。

* * *

什么是"苦"呢？我们可以把它定义为，当你身处一段不愉快的经历，或者做一件本身没有愉悦感的事儿的时候，体会到的那个被迫感，那种心理压力。

"苦"只是某些事情的副产品，"苦"本身并没有价值。

人们把成长归结于吃苦是一种归因谬误。比如说"苦练功夫"，"苦"只是"练习"的副产品。真正让人提高技艺的是练习，而不是伴随着练习的那个苦感。如果现在有个方法能在不降低练习效果的情况下让练习充满趣味性，我们应该使用那个方法。"良药苦口利于病"，真正利于病的是药物的有效成分，而不是苦感——把药装到胶囊里再吃并不会降低疗效。

压力——特别是长期的、慢性的压力——不但对人没好处，而且严重危害健康。有人专门研究过那些有个生病的孩子，需要长期照顾孩子的妈妈，发现她们照顾孩子的时间越长，她们身体中细胞的线粒体的端粒就越短，她们的健康状况就越差[1]。贫困或者受虐待的童年对人的成长毫无好处，逆境压力只会让孩子的糖皮质激素水平偏高、多巴胺系统混乱，他们长大之后会更难控制自己的情绪，会更容易参与暴力，会更容易对一些事物上瘾[2]。

是，我们看到有很多人的确能历经苦难而保持乐观积极的精神，但那不是苦难的作用。他们不是**因为**（because of）苦难而成长，是**尽管**（in spite of）有苦难，仍然成长了。没有苦难他们可能成就更大。有些人在特殊年代中被剥夺了正常受教育的机会，在本该快乐上学的时候只能从事非

---

[1] 参见伊丽莎白·布莱克本、伊丽莎·艾波的《端粒效应》（中文版，2017）一书。另见《精英日课》第一季，《压力的一念之间》。

[2] 参见 Robert M. Sapolsky, Behave (2017)。另见《精英日课》第三季，《行为》6：童年的阶级。

常辛苦而且没什么价值的体力劳动，后来他有所成就，说，啊，特殊年代磨炼了我——这是错误的归因。他只是不愿意承认自己白白浪费了那么多年的青春。

那你说不对啊，压力确实能锻炼人啊，如果一个人不会面对压力，又怎么能有所成就呢？没错。人必须学会面对压力。最好的办法是把压力视为挑战，积极应对，而不能把压力视为威胁，被动躲避。但是别忘了生活中本来就有各种压力。一个外科医生哪怕工作再顺利，也必须面对复杂的、长时间的手术的压力。一个学生再聪明也得面对考试压力。运动员的练习方法再科学也得吃苦。

吃苦是不可避免的，但是正常生活中已经有足够多的苦了，我们没必要自找苦吃。

* * *

特别是，也许我们根本就不应该让**孩子**吃苦。

2020 年，悉尼大学政治哲学系讲师卢拉·费拉乔利（Luara Ferracioli）提出一个论点[1]，说无忧无虑，对孩子来说，是美好生活的内在要求。

这个说法跟老百姓想的可能很不一样，我们必须小心地分析。首先什么叫"孩子"呢？孩子跟成年人的区别是什么呢？

成年人之所以能应对有忧有虑的生活，是因为我们能够合理评估各种压力的价值，我们愿意为了实现某个目标而宁可面对压力。比如你是一个医生，你之所以能坚持长达 8 小时的手术，并不是因为你就喜欢做这么长时间的手术，而是因为你考虑到病人的性命在你手上，你出于医生的责任感，要求自己必须坚持下来而且必须做好。可能大学里有一门课程你完全不感兴趣，可是为了能顺利毕业，你宁可逼着自己学习这门课程。

---

[1] Luara Ferracioli, For a child, being carefree is intrinsic to a well-lived life, aeon.co, 8 May 2020. 论文在 Ferracioli, L. (2020), Carefreeness and Children's Wellbeing. J Appl Philos, 37: 103-117.

而成年人之所以能做这样的取舍，是因为我们有成熟的价值观。

但是孩子没有。孩子是活在当下的人。你跟一个孩子说，这个作业虽然很没意思，但是你也要写，你现在写作业，将来才能考上大学，考上大学才能找个好工作，找个好工作才能挣钱养家……你说的这些他体会不到。他体会到的就是写这个作业太没意思了。

成年人的取舍不会那么苦，因为大人懂道理；但是孩子是真苦。

费拉乔利举了个例子。比如家里有一位得了重病的亲戚，比如说舅舅吧，需要人照顾。正好家中有一个 10 岁的孩子，你让她每天放学后去照顾舅舅 3 小时，请问这好吗？费拉乔利说不好。

成年人面对这个局面能做出合理取舍。你会考虑自己的道德责任，想到跟舅舅的亲情，可能还会考虑效率和经济因素。你能说服你自己这是你应该做的事，你的选择比较主动。而且你还可能会把这个压力事件视为机会：也许你可以利用每天这 3 小时跟舅舅好好聊聊，学点人生道理，也许你可以锻炼自己的体贴能力，把自己变成更好的人。

但是孩子没有这个评估能力。孩子不知道这个时候每天拿出 3 小时来意味着什么。她不会评估失去 3 小时的学习和玩的时间到底值不值得，她不懂道德责任。当然她也做出了取舍，但那不是合理评估之后的取舍：也许她去照顾舅舅仅仅是因为害怕你不高兴，她是在无限度地取悦你。

成年人能在做一件明明没意思的事儿的时候也感到很有意思。你明明是在搬砖，可是你可以说服自己这是在盖教堂。孩子没有这个能力。如果孩子本来就不会照顾人、不喜欢这个舅舅，再加上舅舅脾气还不好，这个事儿不快乐就是不快乐。

那么这件事儿对孩子来说，就是一个单纯的打击。成年人面对打击能调节情绪，孩子不会。她的心理空间只有这么大，负面情绪越多，正面情绪就越少。

这对孩子是一个绝对意义上的不好的事情。她不快乐。她的身心健康会受到负面影响。

吃这个苦，会伤害孩子的成长。

* * *

当然费拉乔利说的这个例子你可能不赞同，我们中国人的观念是晚辈理所当然要照顾长辈。但费拉乔利并不是说孩子就绝对不应该照顾病人，如果确实没有别的办法了，那也只能如此。人生中本来就有各种不得已，没有哪个孩子有权利说我就必须健康地长大。

但是不得已归不得已，没办法是没办法——你不应该说什么**这对孩子的成长有好处**，因为没好处。

"苦"不是将来能换取"乐"的债权，不是修行资源，不是好东西——对心智不成熟的人更不是好东西。苦是对人的伤害。

我们应该尽可能别让人吃苦，特别是尽可能不要让孩子吃苦。你不能说你伤害了别人还让人感谢你，说什么你是为了锻炼人家，那个道理不成立。世间不得已的压力已经够多了，我们应该尽可能让孩子有个快乐的童年，让包括自己在内的每个人都过得愉快一点。

在这个人人"996"、公司"拼多多"的时代，吃苦可能更是难以避免的了。如果你正面对一个不得不吃的苦，我这篇文章的建议是先别想什么反脆弱、什么杀不死我让我更强大那些——先尽快让自己的心智成熟起来。

高效能任性

如果成功者都是坏人，我们为什么还要做好人？

这句话不是反问，而是真诚的疑问。我们每个人都希望好人会有好报，但这并没有什么科学根据。不仅如此，心理学家们搞了一系列最新的研究表明，得了"好报"的人，大多不是"好人"。

我们有时候会在决策中面临两个方向：对自己有利的方向，和对得起自己良心的方向。如果你是一个理性的人，你应该怎么选呢？

❶ 高效能人士的一个习惯

我最近看网上流传一篇文章《一道思考题》[1]，其中讲了一个很有意思的困境：假设你发现自己的上司贪污腐败，你应该怎么做？

作者曹莉莉说，如果你是一个普通员工根本没有机会接触贪污这个动作，你大概唯一能做的就是明哲保身佯装不知，因为你就算想举报都没证据。

而如果你是秘书或者助理这种核心人员，首先你千万别跟着一起贪，否则将来东窗事发你就是第一个背黑锅的人；其次你也别立即举报，否则别的领导就不敢再用你。你应该"想方设法私下劝阻领导，让他悬崖勒马。如果他一意孤行，再辞职。"

---

[1] 参见http://www.ledu365.com/a/shehui/37211.html。

这个答案既对得起自己的工作本分，又保全了自己的道德，非常完美。

可是予尝求古仁人之心，或异二者之为——曹莉莉说的是如果你想继续当个普通人，你应该这么办。可是如果你不满足于当个普通人，想要当领导呢？

我们看看现在某些身居高位的人，他们在成长的过程中难免会遇到贪污腐败的上司。第一，他们既然能混到高位，就不可能永远接触不到核心证据。第二，他们当初的上司不可能愚蠢到本来想贪污听他们劝几句就悬崖勒马的程度。第三，他们既然今天还在干，显然当初就没有辞职！

所以最合理的推断是，这些人认为水至清则无鱼，选择明明手里有证据也不举报，甚至可能跟着一起贪。

我们不得不在各种风险和利益计算中患得患失，一点都不潇洒。有多少正义之士一看社会是这么个局面，索性懒得再算，退出江湖不玩了。

我上大学的时候经常租古龙小说看。有一次在一本《圆月弯刀》中看到一句话，不知激起了哪位少年心中的热血，被重重地画了下划线："他一定要从正途中出人头地"。到底要怎么做，才能从正途中出人头地呢？

像这样的问题读古龙没用……得读一本更畅销的书——史蒂芬·柯维的《高效能人士的七个习惯》。书中的一个最关键思想，也是"高效能人士"的第二个习惯，是以原则为重心去做事。

柯维说你得有一种使命感，给自己的人生找个愿景和方向。这种愿景不是什么成功了之后去找个岛退休之类，而是个人的最终期许和价值观这种比较高级的东西，比如改变世界——或者说，将来盖棺论定时你希望获得什么评价。你应该根据这个使命感给自己设定一套宪法般的原则，时刻谨记在心，一举一动都是为了这个愿景。

以金钱为重心、以享乐为重心、以名利为重心，或者以工作为重心、以家庭为重心，这些都不如以"原则"为重心。

柯维举了个例子。比如你跟老婆约好了晚上去看演出，老板突然打电话让你回公司加班。以工作为重心的人会选择加班,以家庭为重心的人会选择继续陪老婆。而以原则为重心的人则会通盘考虑,不受任何冲动的影响,不管做出什么选择都是从使命感——或者说义务——出发的主动决定。一个以工作为重心的人决定回去加班可能是为了自己升职或者为了把同事中的竞争对手比下去,而一个以原则为重心的人如果决定回去加班,则是真心为公司着想。他也许可以这么决定:如果这次加班对公司的确非常重要,我就回去加班;如果这次加班其实对公司没有那么大的意义,我就好好陪老婆。

一个以原则为重心的人遇到上司贪污这样的事应该怎么办?他的出发点肯定跟我们之前那些算计完全不同:他也许会为公司甚至为国家着想,而不会纯粹研究怎么办才对自己有利。

如此说来,高效能人士做事跟一般蝇营狗苟的小人物完全不同,前者光明磊落,充满道德责任感,真是令人仰慕。

唯一的问题是,《高效能人士的七个习惯》这本1989年出版的书虽然说得头头是道,却缺少学术研究的支持。今天的人写任何一本类似的书如果不带点科研证据是绝对说不过去的。

那么现在30多年过去了,有没有任何科学证据说按照高效能人士的这个习惯,从正途去做事,就能出人头地呢?

没有。

❷ 谁更自私?

"儒商"冯仑曾经去香港跟李嘉诚吃了一顿饭,被对方平易近人的态度所倾倒,回来特意写了一篇文章[1]。冯仑说李嘉诚居然在电梯口等着迎接众人,吃饭、照相都用抽签排序,这样"尊重在场的每一个人",连中间演讲的题目都是"建立自我,追求无我",充分体现了他"钱以外的软

---

[1] 冯仑:李嘉诚如何请人吃饭。参见http://finance.sina.com.cn/leadership/crz/20140603/082819312234.shtml。

实力"。

　　这个故事并不令人震惊。人们普遍相信真正的精英都是这样和蔼可亲甚至仙风道骨的，他们的成功根本不是靠投机钻营，而是靠正大光明的软实力。人们甚至认为精英的思维方式都跟普通人有本质区别，比如我们经常看到诸如"穷人宽容自己，富人宽容别人"[1]这样的正能量故事。

　　可是光听故事不行，还得看研究。在 2012 年发表的一篇论文[2]中，心理学家保罗·匹福（Paul K. Piff）和合作者一共做了七项研究。这些研究都表明，富人和所谓上流社会的道德水准不但不比普通人高，而且比普通人低。

　　在头两项研究中，研究者在旧金山湾区的一条马路的人行道边上和一个十字路口观察了过往的数百辆车。在这两个没有红绿灯只有交通标志的地方，加州法律规定车必须让行人，十字路口上后到的车必须让先到的车。那么哪些车会老老实实停下来礼让，哪些车会能抢就抢呢？研究者把车按豪华程度分为五等，结果是最低等的车在两项研究中都是最遵守规则的，而最高等的车在两项研究中都是最不守规则的。排除驾车者的年龄和性别等因素，结论仍然非常明显：开好车的人表现得更差。

　　第三项研究招募了 100 多个加州大学伯克利分校的本科生做受试者，先调查他们的社会经济背景，给他们讲述了八种日常生活中的不道德表现，然后问他们，你有没有可能做出同样的事情。这八件事并非专门针对富人设计，在我看来普通人更容易遇到：比如在餐馆打工偷吃东西、把学校的打印纸拿回家、买咖啡被多找了钱不还等。结果，社会经济地位高的人更容易做这些不道德的事。

　　剩下的几项研究发现，越是"上层社会"的受试者，越认为贪婪和自

---

[1] 参见 http://www.heliangshui.com/gushi/952.html。
[2] 这个研究的论文是 Paul K. Piff et al., Higher social class predicts increased unethical behavior, Proc Natl Acad Sci U S A. 2012 Mar 13; 109(11): 4086–4091。一个报道见 http://news.sciencemag.org/2012/02/shame-rich。

私是好的，认为在工作面试时说谎是可以接受的，而且他们真的在实验中为了赢得奖品而作弊。不但如此，哪怕仅仅被研究者进行心理影响而"觉得自己属于上层社会"，受试者都变得更容易偷东西。

怎么理解这些研究？一个解读是富人之所以道德水准低，是因为他们根本不在乎别人怎么看他们。普通人资源有限，必须彼此依赖才能更好地生存，所以特别看重自己的形象，不敢做不道德的事。而富人有充分的资源可以保持独立性，他们不需要别人关心也没有必要关心别人。比如有研究发现[1]在与陌生人的交往实验中，越是富人，表现出的对对方的关注和互动就越少。

这等于说，富有会导致不道德。2015年的一项最新研究[2]有类似的发现，实验表明：社会经济地位更高的人群如果作弊，主要是为了自己，而普通人如果作弊，很多是为了别人。更进一步，仅仅在实验中赋予受试者某种权力，他们也会立即变成自私的人，开始为自己而作弊。

另一个可能性则是正因为他们不道德，他们才成为富人。前面说过匹福等人的研究发现富人对贪婪的态度跟普通人有本质区别。普通人认为贪婪是个很不好的情感，而富人认为贪婪是成功的动力，他们做事更多地以自利为驱动。一个贪婪的人也许就比一个不贪婪的人更能赚钱。匹福在论文中甚至认为这种越不道德的人越容易获得更多财富的机制是自我延续的，并且可能导致社会贫富差距进一步增大。

不管怎么解读，研究者们公认一个事实：社会经济地位高的人群往往比普通人更自私。

国内有些富人踊跃给国外大学捐款，在国人中都引起过激烈批评。你们有钱为什么不捐给中国的大学？为什么不捐给希望工程？

---

[1] 参见Rich People Just Care Less By Daniel Goleman, October 5, 2013 http://opinionator.blogs.nytimes.com/2013/10/05/rich-people-just-care-less/。

[2] 报道在 http://arstechnica.com/science/2015/02/the-powerful-cheat-for-themselves-the-powerless-cheat-for-others/。论文在 http://psycnet.apa.org/?&fa=main.doiLanding&doi=10.1037/pspi0000008。

《大西洋月刊》报道[1]，2011年美国收入最低的这20%的人群总共捐出了自己财产的3.2%；而收入最高的20%的人群则只捐了1.3%。在2012年前50笔最大的捐款中，没有一项是为了用于社会服务或解决贫困问题的。富人的捐款都去哪了？最大的赢家是精英大学和博物馆。

富人往往更自私。往更深一层解读，那就是普通人捐款大多是因为他们产生了同情心，而富人捐款一般有很强的自利目的。普通人更容易从老吾老以及人之老、幼吾幼以及人之幼的角度出发采取行动，而西方上层社会一般更习惯赤裸裸的利益计算。

❸ 公平世界假设

我看遍这些研究，没有找到一篇论文说执行了"以原则为重心"这种高效能习惯对人们升职、加薪或者取得任何世俗意义上的成功有好处。我也没有发现任何研究能证明"做个有道德的人"对取得这些成功有好处。

一个整天坑蒙拐骗一点都不靠谱的人当然不可能取得成功。但是一个只知道无私奉献的人也未必能混好。最终更容易成功的也许是那些表面上很能与人合作，实则非常自私，甚至偶尔欺骗的人。

这非常违反常识。难道说好人没好报吗？我赞成做好人，但是好人需要正确的世界观。

作为好人，就算不信什么宗教意义上的因果报应，我们也通常认为在这个世界上做了好事有很大可能性会得到回报，别人做了坏事也有很大可能性会受到惩罚——换句话说，我们认为世界是公平的。但这恰恰是个错误的世界观。事实上，心理学家甚至对这个错误有个专有名词，叫作"公平世界假设"（just-world hypothesis，也叫just-world fallacy）。

世界其实并不公平。公平只是小说和电影给我们的幻觉，那些剧情的结局公平只不过是因为我们喜欢看公平结局。

---

1 参见http://www.theatlantic.com/magazine/archive/2013/04/why-the-rich-dont-give/309254/。

在斯坦福大学商学院教授杰弗瑞·菲佛（Jeffrey Pfeffer）的《权力：为什么只为某些人所拥有》一书中，作者提出，相信公平世界假设对你有三个害处：

1. 你不能从别人的成功中学到东西。有人靠不择手段成功了，你很不喜欢，所以你就不愿意跟他学，你就学不到更多经验。其实这个人值不值得学习，跟你喜不喜欢他一点关系都没有。

2. 你以为做好自己的事情就行了，你会低估世界上发生的坏事。你会发现你想做成一点事非常难，感觉别人整天跟你作对。

3. 更有甚者，你会认为取得成就的人必有长处，失败的人必有可恨之处。而这完全错误！人们错误地看成功者身上什么都是优点，看失败者身上什么都是缺点。

那么，到底怎么才能在这个世界成功？菲佛的这本书可不像《高效能人士的七个习惯》，他的书中引用了大量的实证研究。菲佛在书中第一章就列举了他在美国做的研究，研究结果告诉我们两件事。

第一，一个人能不能获得权力，能不能得到升职，他的工作业绩是一个不重要的因素。

第二，决定你升职的最重要因素，是你跟上级的关系。

做好人感觉很好，但是做好人是普通人思维。其实从经济学角度，你应该做一个"理性的人"——这意味着你应该从自利的角度出发做事，而不是"好人"。

那么好人当何以自处呢？如果我非得做个好人，难道我就应该被世界淘汰？

那不至于！因为也没有证据表明做好人有什么坏处。

❹ 康德式任性

现在，在有了正确世界观的情况下，我们来分析一下做好人，做一个有道德的人，有什么好处。

以原则为重心是柯维说的第二个习惯，而高效能人士的第一个习惯，叫作"积极主动"。这个习惯，其实是道德的关键。

如果因为领导宣布"谁今晚加班就给谁发奖金"，你为了拿这个奖金而选择加班，你就不是积极主动，而是消极被动——外界怎么刺激，你就怎么反应。这是一种比较低级的行动，显得没有自由意志，跟奴隶或者细菌没区别。

如果你做得更高级一点，在根本没有奖金政策的情况下"主动"加班，以期获得老板的好感，你是不是就算积极主动了呢？也不算。因为你加班的终极目的仍然是为了自身利益，你仍然是在对物质刺激做出反应。

真正的积极主动，是你的行为完全取决于自身，而不被外界刺激所左右。你的自由意志独立于外界限制，在刺激和回应之间，你有选择和回应的自由和能力。

柯维没有明说，但他说的这一套积极主动，其实就是康德哲学的道德观。

康德说如果因为什么利益上的好处，或者是为了避免受到惩罚，甚至是为了满足自己的同情心而去做一件事，这都不是真正的道德，你都不是真正自由的。只有当你纯粹是出于责任和义务去做这件事，你才是真正自由的，这才是真正的道德。

康德哲学博大精深，我们很难完全领会，但单就这一点已经足够说服我们为什么要做个好人了。

我可以再重复一遍：我调研了很多研究论文，而没有发现任何论文说做一个有道德的人对取得世俗成功有好处。事实上我看到不止一篇文章直接说道德对世俗成功没啥好处[1]。

为什么要做个有道德的人？因为我不做任何人、任何东西，或者任何感情的奴隶，我想做一个主人。

除了对世界投其所好、曲意逢迎，还有另外一种成功方式。这就是你凭借自己的智慧和胆量，冒了别人不敢冒的风险，承担别人不敢承担的责任和代价，去做一件事。你敢做这件事并不是因为你精心计算过成功概率，而是出于自己所信奉的某种原则和责任感，认为这件事应该做。

换句话说，你做这件事纯粹是出于任性。而康德认为，只有出于任性——也就是自由意志——而去做一件事，才是真正的自由选择。

所以"任性"其实是个好词。小孩的任性不是真任性，因为他不是自由的，他只是自己欲望的"奴隶"。像康德和柯维说的这样高效能任性，才是真任性。

这么做没啥好处。而根据康德学说，没好处就对了，真有好处就不叫任性了。

为了给本文找点正能量，我们还是能发现这么做其实有一个好处：自己会感到非常骄傲。如果你看见一个年轻人卑躬屈膝地跟他的上级说话，你心中就会有一种强烈的优越感。你感觉你不仅比这个年轻人优越，而且比他的上级优越。

现在回到本文开头那个问题：如果领导贪污腐败，你应该怎么办？现实世界中遇到类似情况只能根据具体局面的细节做出具体选择，我们无法就一个抽象问题给出标准答案，但是我们可以给一个答题的角度：奴隶还是主人。

康德是个非常死板的人，他认为不能把任何人当工具，所以不能欺骗任何人，所以他面临这样局面的话可能没有更多选择。不过我道德修养没那么高，我认为如果一个人自己选择做奴隶，那他就只配被当作工具。所以我建议，不管你是选择做奴隶还是做主人，都可能根据情况决定暂时同

---

[1] 比如这篇经济学论文：Mark D. White, Can homo economicus follow Kant's categorical imperative? Journal of Socio-Economics 33 (2004) 89–106。

流合污，或者忍不了直接反戈一击——当然遭遇的结果都可能成功也可能失败。

但这两种角度的内心骄傲程度完全不同[1]。

---

[1] 而在康德看来，如果一个人是为了这种所谓的道德优越感而做事，仍然是不自由，也是不道德的。

外部因素、自身因素和"构建因素"

民间流行的谚语有时候能反映时代精神。以前的人比较相信自我奋斗，遇到困境首先想着提高自己，有句话叫"性格决定命运"；现在有些人更加注意"命运""运气""历史的行程"之类的客观因素，有句话叫"选择大于努力"。

那你从统计学角度综合判断，到底是性格决定命运，还是选择大于努力呢？如果你从事一项专业怎么都不顺心，到底是这个专业不适合你，还是你自身需要改变呢？如果你在一个公司总干不好，到底是这个公司不行，还是你这个人不行呢？

我要给你提供一个高级的答案。咱们先看一个2020年的新研究。

* * *

比如你现在正处于一个爱情关系之中，有一位恋人或者配偶。你感觉你们的关系不太好。那请问，这是因为对方不行，你不行，还是别的原因呢？当然每个人的故事都是不一样的，但是研究者对此有话可说。

这是一门刚刚兴起的学问，叫"关系学"，专门研究人与人之间的关系。这可不是微信公众号流行的那种民间关系学，而是用科学方法搞研究。研究者认为他们在过去20年来积累了足够多过硬的研究和知识，现在终于可以叫"关系科学"（relationship science）了[1]。我们要说的这个研究是关系科学的一个里程碑，论文[2]发表在了《美国国家科学院院刊》（PNAS）上——这基本上是社会科学论文的最高规格。这篇论文的厉害之处就在于它荟萃分析了43项研究，总共调查了11 196对恋人和夫妇，有将近100位研究者共同署名，想要回答一个人们总在问自己的问题——

决定浪漫关系好坏的，到底什么因素最重要？

研究者使用问卷调查的方式，统计了大约60多个因素，包括像激情、互相支持、冲突、年龄、收入、受教育程度、权力等，基本上一般人能想到的都统计到了。为了确保数据可信，其中43%的被研究对象还被在间隔了一段不短的时间后重新访问了一次。

所有这些因素被分成了两类，一类是描写个人的因素，一类是在这个关系中的行为模式。比如像性格特点、年龄、收入、受教育程度这些，就是个人因素，说的是这个人是个什么人；而像是否支持对方、是否信任对方、有没有爱，这些则是关系中的行为模式。

能专门把"关系中的行为模式"这个因素给列出来，这是科学家的高明之处。老百姓选择相亲对象一般都是看个人因素，通常是设定若干个硬指标，什么学历以上什么年龄以下，有时候写得好的征婚广告还会描写一下自己的性格特征和对对方性格的期待。其实这些都是在选"人"，而不是选"关系"。

其实已经有很多人意识到，一个好人在一个特定关系中不一定有好的行为模式。可能一个人自身的各项指标都不怎么样，但是对自己的恋人特别好。可能一个人在所有人面前的性格都很好，唯独对自己的妻子非常冷漠。

不过统计上来说，好人似乎也更容易有好的行为模式。那这个关联度到底是怎样的呢？你说到底是个人因素重要，还是关系行为模式重要呢？

---

1 Emma Betuel, LANDMARK STUDY ON 11,196 COUPLES PINPOINTS WHAT DATING APPS GET SO WRONG, inverse.com 7.27.2020.

2 Samantha Joel et al. Machine learning uncovers the most robust self-report predictors of relationship quality across 43 longitudinal couples studies, PNAS first published July 27, 2020.

* * *

研究者使用的评价指标叫"预测强度"。比如说，如果一个高收入者一定让他的配偶感到幸福、低收入者一定让配偶不幸福，收入跟幸福度直接挂钩，我们就可以说"收入"这个因素对关系幸福度的预测强度是100%。反过来说如果收入不怎么影响幸福度，我们就说收入这个因素的预测强度很弱。

"幸福"其实是个笼统的词，研究者把对关系的评价分解成了两个维度，一个是"满意度"，一个是"忠诚度"。对婚姻很满意的人不一定忠诚，对婚姻很忠诚的人不一定满意。

你看这么一分析是不是就很有意思。比如说，这个研究的结果显示，对满意度影响最大的因素是配偶的"响应性"，也就是说你一叫他他就马上响应，你就会对这个关系很满意；如果你叫他他总不理你，你就很不满意。对忠诚度影响最大的因素则是亲密感：两人关系越亲密，就越没必要再去跟别人发展什么关系。响应性对满意度影响极大，对忠诚度却影响不大，这个事实可能也值得某些人深思……

各项因素汇总分析，研究者得出了跟民间的认识——特别是那些没有经历过爱情关系的人的认识——非常不一样的结论。

你的另一半的个人素质，对你们关系好坏的预测强度，只有5%。人们征婚看的那些指标，不管是硬的也好软的也好，其实都没啥用。当然这里面可能有幸存者偏差，毕竟研究调查的都是确定了关系的恋人和夫妇，不是随机配对，指标太差的没有被统计进来——但是这个结果仍然足以告诉我们，指标那些东西差不多就行了，根本不重要。

你自己的个人素质，强度则有19%。这个结果告诉我们关系是个主观的判断。你眼中这个关系好不好，其实更多地是取决于你自己，而不是取决于对方。

决定关系好坏最重要的前十项个人素质是：

1. 对生活的满意度
2. 抑郁和无助感
3. 负面情绪因素，是否容易发怒、感到痛苦之类
4. 是否过分担心这个关系，比如说总在评估关系好不好
5. 是否不愿意总跟对方在一起
6. 年龄
7. 焦虑感
8. 自尊心
9. 为人是否随和
10. 有没有正能量

而我们常见的那些"硬"指标，像收入水平和受教育程度，预测强度都很弱。注意这些研究主要针对的是西方国家的人，不一定能代表中国的情况。像咱们中国人比较关心的"妈宝男"这个现象，对应到跟父母的关系这个指标，在所有指标里被排到了倒数第二，可以说完全不重要。

而这些个人素质指标远远不如两人在关系中的行为模式重要。关系因素的预测强度高达45%。最重要的前十项关系因素是：

1. 感受到的，对方的忠诚度
2. 亲密
3. 感激，也就是能跟对方在一起感觉很幸运
4. 爱
5. 性的满意度
6. 感受到的，对方的满意度
7. 冲突
8. 感受到的，对方的响应度
9. 信任

10. 投资

这些因素的意义值得我们体会。比如忠诚度、满意度和响应度，这里强调的是让另一半"感受到的"强度，而不是实际的强度——能让对方感受到，才是关系因素。

我更想说的是这其中更大的那个结论：对关系成功与否的影响因素中：

对方的因素＜你自己的因素＜你们在关系中的行为模式

特定关系中的行为模式比个人因素重要得多，这个洞见，你值得思考。

* * *

好关系不是匹配出来的，是构建出来的。《纽约时报》专栏作家戴维·布鲁克斯有个说法叫"浪漫体制"，说美满的婚姻既不是精心挑选的结果，也不是命运的安排，而是一种"契约体制"。婚姻不是你和你的另一半这**两方**的事情，而是你、你的另一半、你们的关系，这**三方**的事情。

而且你们还应该把关系放到两个人之前：关系排第一位，对方的需求排第二位，而你自己的需求只能排第三位。

好人不一定对你好。比如你跟一个人相处了很久，后来分开了，当你思念这个人的时候，你恐怕不会想念他有多么优秀，他的什么身高、学历、收入之类的指标，而是你们在一起时的那些点点滴滴。你们一起做的事情，一起去过的地方，你们共同养成的习惯，你们的默契，只有你们二人懂的笑话，这些都不是每个人自带的，而是两个人构建出来的。

所以你看"关系"是不是就好像是生孩子一样，并不是简单的1+1：哪怕你非常熟悉这两个人，你也无法预测他们将来生出来的孩子是什么样的。关系是一种复杂的化学反应。行为模式是在相处的过程中，通过每一次互动，涌现出来的东西。

而这个机制显然不只适用于浪漫关系。

* * *

并不是把一群优秀的人放在一起就能组成一个好的团队。好团队需要一个好的组织文化，代表这个团队的日常行为模式，而同样的人在不同的组织文化里的表现会非常不一样。

以前的人可能一生都在同样的情境里做事，人们看到他的行为模式，因为那就是他的本质，据此发明了"性格"这个说法。现在的人会经常出于不同的情境之中，科学家意识到"性格"其实不是一个固定的标签：人在不同的情境中有不同的行为模式。

所以性格的确决定不了命运，因为你根本就没有固定的性格。但是这里的新研究告诉我们，选择也未必大于努力，因为即便给定了你是谁，给定了你所处的情境，你还是需要去主动构建那个关系，才能得到好关系。你是一个跟环境相关的、可以随时变动的、可以改造环境的人。

如果我们把你自身的素质叫作"自身因素"，把你所处的环境叫作"外部因素"，那么这个道理是外部因素没有你自身因素重要，而最重要的则是你在这个环境里能构建出来什么东西，是"构建"因素。

你不仅仅是适应环境，你的行为可以改变环境。一件事的好坏绝不是由一开始的设定决定的，而更多地是由你每一天的努力决定的，是你把自身因素和外部因素结合起来，和人一起构建出来的。

人们的认识误区在于总以为"选对"是最重要的，殊不知构建更重要。有的人永远都在挑选，这个工作没做几天又想去做别的工作，不断地跳槽；有的人随便找个工作就能一做好多年。那你说跳槽好还是深耕好？以前有个研究说[1]，那些刚入职场的时候频繁跳槽、一定要选个"对的"工

---

1 《精英日课》第一季，《破除成功学的迷信》：蜘蛛侠套装。

作的人，最后收入的确比那些找个公司就一直干下去的人高出了 20%——但是后者的幸福度却高于前者。跳槽者总是觉得自己还可以找到更好的，那种心态并不愉快。

当然这可不是说选择不重要。选择很重要，但是在你反思选择之前，应该先问问自己，是不是已经为关系的构建做出了充分的努力。

关于明星的"零阶道理"

世界上有些道理因为太过明显了，反而不会被人提及。比如说"有钱的生活更好"，因为人人都明白，所以谁也不可能专门写篇文章说它。咱们可以把这样的道理称为"零阶"道理。我们更喜欢说的是"一阶"，甚至"高阶"的道理，比如"没钱的生活也可以很好"就是一个一阶道理：它承认零阶道理的一般正确性，但是提出一个特殊的或者更细致的修正，就好像数学上的"一阶小量"。

可是如果我们平时听到的都是一阶道理，就有可能低估零阶道理。所有的小说和励志鸡汤都爱描写贫困者的正能量和有钱人的愚昧，读多了的人就可能会说"金钱不能让人幸福"。可是如果你真的去做一个一本正经的统计研究，考察人的收入状况和幸福感的相关性，你会发现，钱多的人真的更幸福。

同样地，不管你听过多少一阶道理，我还是可以负责任地说，美貌的人真的更受欢迎，聪明的人真的学习成绩更好，强壮的人真的更能在比武中取胜。不过这些零阶道理没啥用，不能给人以希望。这里我要说的是一个有用的零阶道理——

明星真的很有用。

* * *

2019年男篮世界杯，中国队表现糟糕没有获得直通奥运会的资格，最终是几十年来第一次无缘参加奥运会；而美国队则输给了法国队，未能进入四强。这两件事都是关于球星的故事。

中国男篮没进奥运会，我们非常惋惜——但是平心而论，也许中国男篮"配不上"奥运会。2012年伦敦奥运会、2016年里约奥运会，中国队都是小组赛五场全败——中国队上一次在奥运会上赢球还是2008年的北京。像这样的球队凭什么非得要一届不落地参加奥运会呢？

2008年为什么能赢球呢？因为有姚明。足篮排男队女队全算上，姚明，是唯一一个在全世界范围内都有球迷的中国球星。而姚明在2011年退役了。没有巨星的中国队需要奥运会，奥运会不需要没有巨星的中国队。姚明在的时候我们以为中国篮球的春天刚刚到来，我们以为未来只会更好……殊不知那已经是巅峰。

2019那届男篮世界杯美国队为什么输给法国队？美国队来的是NBA球员，法国队来的也是NBA球员——现在有NBA球员已经不能保证进四强了，你得有NBA巨星才行。美国的NBA巨星，像詹姆斯和杜兰特，没有参加那届美国队。

美国队最大牌的明星是……主教练波波维奇。波波维奇已经被历史证明是最能提升球队实力的主教练，有时候他甚至能把普通球员给练成普通球星。但是现在历史证明，如果球队里没有**巨星**，波波维奇也不能给你变出巨星水平来。

* * *

球星很有用，这是一个零阶道理。因为实在太明显了，以至于我们更愿意谈论一些一阶的道理，比如什么团队配合很重要啊、球星要服从集体啊、队伍里球星太多也不好啊之类的道理——那些道理也都对，但是你不能忘了这个零阶道理：球星真的、真的很有用。

数据研究表明，每一支英超球队都至少有一位当家球星[1]，每一个能拿好成绩的 NBA 和 NFL（美国国家橄榄球联盟）球队都基本上得依赖一位巨星[2]。这些球星的工资远远超过队友，而且远远超过主教练——但是事实告诉我们那是他们应得的：如果他们受伤，球队下一场比赛就打不好；如果他们受伤太严重，球队这个赛季就没指望。

难道球星比主教练还重要吗？是的。主教练能协调战术打法，但是主教练不可能告诉每个球员该怎么做每一个动作，全靠个人发挥。匪夷所思的射门、神来之笔的组织、碾压式的速度和对抗，不是主教练能安排出来的。在最理想的情况下，主教练的安排能把球星发挥提高 10%～15%[3]，但是仅此而已。主教练最多是个厨师，他手艺再好也不能把香菇炒成海参。点一盘香菇青菜，你买的可能主要是饭店的装修和厨师的手艺；点一盘葱烧海参，你花的很大一部分是海参的钱。

有些领域可以用人海战术，劳动力便宜可以是优势，但是体育比赛里你只能上这么多人。如果双方各上五个，你这边要是有个能一个顶俩的球星，你的战斗力绝不是仅仅提高 20%——你会打赢每一次局部对抗，你掌握绝对的优势。

那为啥球星就能一个顶俩呢？不都是人吗？人的身高和智商都是正态分布的，由先天的随机性决定，不可积累，的确是谁比谁强也强不了多少——但是人的能力，却是可以积累的。你可以一直学习和打磨技能，你可以把好运气变成正反馈，你可以把最初的天赋优势不断放大。能力的可积累性把球星送入了人才分布曲线的长尾，让他们照亮整个天空。

1　Tom Gott, One-Man Teams? Ranking the Importance of the Star Player at Every Premier League Club, 90min.com, 15 AUG 2018.

2　Travis Armideo, Next Man Up: How Important Is Your Team's Star Player? gladiatorguards.com December 3, 2015.

3　RYAN BAILEY, Star Players vs. Star Coach: Which Is More Important for Success? bleacherreport.com APRIL 8, 2014.

* * *

我听说数学家欧拉活着的时候，全世界三分之二的数学论文是他写的。所以数学水平不强的国家真不用太自责，你们只不过是没有欧拉而已。明星效应并不仅限于体育，凡是要依靠人的高水平发挥的地方，就要依靠明星。

这就是为什么明星的这个零阶道理对我们普通人也有用。团队里有个明星，不仅仅是多了一个强大的战斗力，而且明星还有个带动效应，能让队友也变得更厉害。有个研究发现，高科技公司里的一个明星员工，能把他的办公地点周围 25 英尺（7.6 米）范围内的其他员工的工作产出提高 15%[1]。人们挨着明星干活会被感染，会见贤思齐。

物理学家艾伯特－拉斯洛·巴拉巴西在《巴拉巴西成功定律》（2019）这本书里提到一项研究说，一个大学如果能请到一位超级学术明星，就能把自己整个一个系的科研产量提高 54%！不过这个成绩可不都是学术明星自己干出来的，他本人平均只提供了总增量的四分之一，剩下的是他的带动效应。只要你这个系里有超级学术明星，你就能吸引到很多高手一起过来加盟，现有的教授们也会加倍努力，他们互相之间的横向合作也会大大加强。

这个研究还发现，如果这位超级学术明星突然死亡，他那些合作者的生产率就会立即下降 5%～8% ——而且这个效应是永久性的。但有意思的是，对整个领域来说，超级学术明星的死亡可能还是个好事儿：因为领域内其他机构的研究者的生产率，会因此而提高 8%！这是因为明星活着的时候有个对外压制效应：人们不敢探索被他质疑的方向，现在他死了，别人终于可以随便发言了。

其实球星和科学家的明星效应可能还不是最明显的。还有研究统计了程序员社区 GitHub 上的项目合作情况，发现越是多人合作的编程项目，

---

[1] Michael Meier, Sitting Near a High-Performer Can Make You Better at Your Job, insight.kellogg.northwestern.edu MAY 8, 2017.

就呈现"定于一人"的局面：总是有一个人做了绝大部分工作，其他人只是起到辅助作用。

* * *

1968年，有人在美国加州搞了一次编程比赛。参赛选手都是刚入行的见习程序员。他们每人得到一个小信封，里面装着一系列编程和纠错任务，他们有两个小时的工作时间。这个比赛其实是一个实验，研究者想知道最厉害的程序员到底能有多厉害。

人们之前设想，优秀程序员的工作效率大概是普通程序员的2~3倍。比赛结果不是这样的。

结果是最好程序员的编写代码速度是最差程序员的20倍，他排除错误（debug）的速度是25倍，他写出来的程序的运行速度是10倍。

请注意这里的"最差"可不是偶尔遇到一位这么差的：是除了最好的，一般人都很差。硅谷的业内一般认识是10倍：如果你有幸能请到一位最厉害的程序员，他一个人能干的事儿相当于十个普通程序员。这个效应叫"摇滚明星原则"（rock-star principle），程序员跟程序员之间的差距，就如同明星摇滚歌手和普通摇滚歌手之间的差距。

美国奈飞公司（Netflix）CEO里德·哈斯廷斯（Reed Hastings）专门写文章[1]谈论了这个事儿，他是这么说的：

> 以前我认为，给定一个项目和固定的工资预算，我与其雇用10~25个普通工程师，宁可请一位明星。这么多年过去，我认识到我错了。最好的程序员的价值不是10倍，而是100倍。

其实哈斯廷斯说的还算是保守的，比尔·盖茨的说法是10 000倍。当

---

[1] Reed Hastings, Netflix CEO on paying sky-high salaries: 'The best are easily 10 times better than average', cnbc.com Sep 8, 2020.

然他们说的不是做同样工作的程序员，高级程序员要负责像系统架构设计这样更重要的任务，他跟普通程序员的差距是难以量化的。不过我还是想给你提供几个量化的例子，给你加深一点印象。

有一个很流行的网页设计框架程序叫 Bootstrap，它是由数十位程序员共同创造完成的，下面这张图表现了 2017 年这一年，各个程序员向这个编程项目提交代码的次数，代表他们各自的贡献——

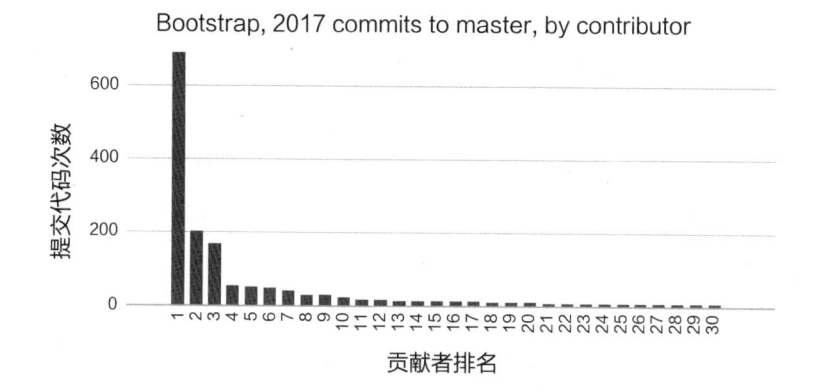

Bootstrap, 2017 commits to master, by contributor

排名第一的人贡献了将近 700 次，第二名 200 次，第三名大概 180 次，这三个人的贡献占全部工作的 73%，其余几十人，有的只提交了一两次代码。

这不是特例。有人对 GitHub 上 275 个项目统计的结果表明，所有参与者之中，有一半人只提交过一次代码，他们加起来的总贡献还不到 2%。另有一个研究发现 GitHub 上绝大多数（超过 85%）开源项目中，不到 5% 的开发者贡献了超过 95% 的代码。

这不是二八定律。这是 1 个人干 19 个人的活儿，剩下 19 个人干 1 个人的活的局面。程序员是这样，一切复杂工作都是这样。这不是人多力量大的事儿，这是你这个团队里有没有明星的事儿。

* * *

如果苹果当初没有乔布斯会怎样？如果特斯拉没有马斯克会怎

样？所谓"21世纪最贵的是人才"，其实很大程度上是说"最贵的是明星"。

如果你跟明星竞争，他会压制你；但如果你**跟着**明星竞争，他会带动你。

我上大学时的一位数学老师，早年出国访问遇到了杨振宁，杨振宁还亲自开车送他。我老师一看机会难得，就赶紧问杨振宁做研究有没有什么诀窍。杨振宁没有说什么你要多读论文、要勤奋之类的话，他只说了一条——

你就盯住领域里最牛的那几个人，看他们正在干什么，你就跟着干就行。

这就解释了为什么科学家都喜欢跟风。明星决定领域的方向，方向对了，你才能获得同行的注意力。那些不跟风的人大多不是因为要独树一帜，而是因为没能力跟风。

如果发现一个明星，你绝对希望他跟你是一伙儿的。

当前给中国足球培养了最多人才的人是徐根宝，而徐根宝非常明白巨星的重要性，他说[1]：

> 如果真的这样去搞的话，我想会感动老天的，老天爷看中国足球，真的你们花大力气了，好，给你们一个梅西吧，那个时候中国足球来戏了。

现在中国足球引进了一些"归化球员"，他们出生在外国，有的根本就没有中国血统，只是因为是足球明星而加入中国国籍，进而代表中国队比赛。有些人反对这么干，认为竞技体育应该"展示本民族体能和智力"，我看这个话不太对。中华民族的体能和智力藏是藏不住的，根本无须展示。竞技体育是展示你这个国家有没有明星、吸引不吸引明星、能不能容得下明星的地方。

有人说中国反正什么都好，就算足球不行也没关系，我看这也不对。事实是，中国没有多少全世界范围的明星。

---

[1] 徐根宝做客《杨澜访谈录》，网易体育，2013。

中国需要明星。现在中国各行各业面临的问题，都是怎么才能从香菇青菜，变成葱烧海参。这时候你最应该关心的不是怎么管理香菇、青菜和葱，而是去哪找海参。

信号与刷分

咱们来思考这么一个问题。假设你是一所顶尖大学的校长,你打算明年在某省录取 100 个能力出众的好学生。你打算把他们培养成第一流的科学家、工程师和管理者。而与一般大学校长不同的是,你有一个特权。

你有权给这一届学生来个突然袭击:不等到高三毕业参加高考,而让他们在刚刚上完高二的时候,就参加一次高考水平的考试。

这是一次计划外的特别录取,不跟上一届学生抢录取名额,所以仍然是公平竞争——只不过提前了。其实一般的高中这时候都已经把高中三年的知识都学得差不多了,高三一整年都在准备高考。而你这个突然袭击的作用,就是在全省考生都不经过专门的高考训练的情况下,让他们考试。

那请问你会这么做吗?

* * *

我们来想想这意味着什么。为此我们先思考另一个问题。假设你是一家"不作恶"的网络搜索引擎公司的老板。你们公司希望通过给用户提供诚实服务赚钱,所以你要求这个搜索引擎提供的网页排名,符合用户的实际需求。

但是你知道，现在有一种叫作"搜索引擎优化"的技术。有很多网站会根据搜索引擎给网页排名的算法，主动改造自己的内容，比如加入一些热门的关键词。更有甚者，有的网站还专门弄一些指向自己的外部链接，让搜索引擎以为自己是个热门网站。

那请问，你会鼓励网站搞搜索引擎优化吗？

当然不会。如果有网站付钱给你买广告关键词，那是另一回事，你会把广告单独列出来让用户知道。而除了广告，你跟用户对网页排序的要求是一致的：你希望把优秀的、有用的、重要的网页排在前面。如果用户搜索"土耳其签证"，你希望把土耳其大使馆签证处——而不是某个诈骗网站放在第一位。

你会非常反感搜索引擎优化。你希望把网页按照内容的真实质量排名。这就如同诚实的相亲一样，用户想看素颜照，而不是美颜照。

而在某种程度上，学生用一年的时间刷题准备高考，就如同搞搜索引擎优化。大学想录取的是那些聪明的、能学以致用的、真正的人才，而不是那些专门研究考试的"做题家"。

* * *

在经济学家眼中，学生参加高考，是一个"发信号"（signaling）行为。如果大学知道哪些学生是好学生，它直接录取就行，根本没必要搞什么高考。高考是因为好学生没别的办法让大学知道自己是好学生，所以必须发一个信号。

如果信号系统好使，那就越是好学生，高考成绩就越好。但我们都知道真实情况是什么样的——高考成绩往往只表现了这个学生参加高考的水平，而不一定是日后实际工作，比如说搞科研的水平。所以高考是个不完美的信号系统。

我看到最近芝加哥大学和哥伦比亚大学的两位经济学家，亚历克斯·弗兰克尔（Alex Frankel）和纳文·卡蒂克（Navin Kartik），发表了一篇论文[1]，专门研究这种不完美的信号系统。

研究者把这种带有刷题或者搞搜索引擎优化成分的信号，称之为"混杂信息"（Muddled Information）。

然后他们把混杂信息分解成两个部分。一部分称为"自然行动"（natural action），代表自然能力；一部分则是"比赛能力"（gaming ability），代表刷分的水平。

比如你想录取一些未来的物理学家，那你看中的肯定是学生的自然能力，包括研究能力、数学能力、抽象思维能力等。自然能力强的学生不一定比赛能力也强，他们可能不喜欢刷题，不喜欢死记硬背的知识，可能偏科，甚至还可能一考试就紧张——而你根本不在乎那些。

你想要的是自然能力，但你收到的信号是个混杂信息。

再比如说，现代社会人们一般都有一个"信用分数"。银行会根据你的信用分数决定你能申请到多少贷款，以及你的信用卡的透支额度。理想情况下，信用分数应该反映一个人的自然能力，比如收入水平如何、以往的贷款是不是都能按时还清之类。可是如果人们知道信用分数的计算方法，就有可能会使用一些办法去"刷"这个分数——比如故意借一些小钱然后马上还清。而作为银行，你不希望人们刷分。

应该怎么理解刷分这种行为呢？

* * *

弗兰克尔和卡蒂克这项研究使用纯数学理论分析的方法，推导了刷分行为的一些性质。这些性质都很直观，我们一想就明白。

如果一个项目的竞争水平很低，并不激烈，人们表现出来的就是自然能力。比如让一个从来没受过系统乐器训练的孩子弹琴，如果他一上手很快就弹得不错，你只能承认这是天赋。再比如几十年前刚刚恢复高考的时

---

[1] Alex Frankel and Navin Kartik, "Muddled Information," Journal of Political Economy, vol. 127, no. 4, 2019.

候,根本就没有什么"模拟真题"可以刷,考生们就没经历过什么专门的考试训练,那么考出来的成绩就很接近自然能力。

随着竞争越来越激烈,人们越来越意识到这个考核指标的重要性,就开始刷分了。这时候的信号就变成了混杂信息,而且其中刷分水平所占的比重越来越大。这就是现代社会几乎所有热门考核指标都面临的局面。

如果所有人的刷分水平都一样,那无非就是个囚徒困境,现在大家都多费点劲,但是信号质量还是一样的。这就如同在体育场看比赛,原本大家都坐着看得也很清楚,有的人非得站起来看,结果大家不得不都站着,可是视野范围还是那么大。

但问题就在于刷分常常是不公平的。有的人其实水平一般但是特别善于考试,有的人钱多可以请最好的老师专门帮他准备考试,有的边远地区的孩子看不到那么多考试资料,有的网站没钱搞搜索引擎优化。

怎么对付刷分呢?

* * *

对于比较成熟的考核,考核指标的设计者一般都知道刷分现象的存在,并且采取了一些措施。最直接的办法,就是对指标的算法保密。

Google 的网页排名算法就是保密的,而且总在变动。搞搜索引擎优化的人只能猜测 Google 根据什么东西决定网页排名,而 Google 也知道他们的猜测,双方一直都在斗智斗勇。排名算法不是体育比赛的规则,而是高考的试题!

类似地,我们知道《美国新闻与世界报道》杂志每年推出的全美大学排名,各个大学都非常重视,因为排名高低直接影响生源质量和收到的捐款。而且大学搞了有针对性的刷分——比如排名算法中有一项是录取率越低,排名分就越高,所以大学就会大肆鼓励那些原本没希望被录取的学生也来申请,以此刷低自己的录取率。有感于此,《美国新闻与世界报道》杂志现在改成了每年先公布大学排名,再公布当年的排名算法。

考试就更是如此。一直到20世纪80年代末，"美国高考"——也就是SAT考试——的历届考试"真题"都是保密的，让学生刷无可刷。后来实在保不住了，SAT又主动在网上放出一些免费的真题，以期帮助那些没钱买训练题的学生，让考试更公平。

不过道高一尺，魔高一丈。GRE考试的历届真题也都是保密的，但是我听说中国有些培训机构的老师会以考生的身份报名参加考试，目的就是拿到真题。

GRE有一项考英文词汇量，目的其实是通过词汇量判断考生平时的阅读水平——可是中国考生因为刷题，明明阅读量不行，反而都掌握了那些常考的偏僻词汇。这公平吗？这跟搜索引擎优化和拍照开美颜有区别吗？

中国高考如果出一些不按套路出牌的新题型，师生们常常会抱怨——可是这就对了。新题型就是要让刷题无效。

让搜索引擎优化无效的排名算法才是好算法。让刷题无效的考试才是好考试。

弱化刷分行为的另一方面是不要滥用考核指标。比如信用分数原本就是申请信用卡和贷款用的，人们如果不借钱这个分数就没啥用，也就不至于专门去刷分。可是后来连租房、买汽车保险都要看信用分数，信用分数越来越重要，人们就开始刷分了。

而刷分的结果是，信用分数作为申请贷款的指标，就不像以前那么好使了。

这真是一个悖论！这个现象被称为"坎贝尔定律"（Campbell's law），最早是社会和心理学家唐纳德·坎贝尔（Donald T. Campbell）有关社会指标用于社会决策的说法。坎贝尔定律是说——

一个指标越有用，它就越受重视；可是它越受重视，它就越没用。

我们相信，社会生活中的很多事情都是如此。

* * *

当然对录取这样的事情来说，刷分也能在一定程度上反映能力，有时候人们其实想看刷分能力。比如找工作，如果这个公司说我们要求求职者上过某某课程、拥有某某证书，这就给了求职者一个刷分的机会。求职者可以纯粹为了进这个公司而去上那个课。那你说公司会喜欢这样的求职者吗？

研究者说，会的！我要啥，你就能拿到啥，这不就是执行力吗？这难道不是好员工的特征吗？

还有，严格来说，高考刷题在某种意义上也能促进公平。如果不让刷题，大学靠平时水平选拔，那就对那些重点高中的学生最有利，而对边远地区的学生不利。而只要所有人都有充分的刷题条件，那么边远地区至少在刷题这个项目上跟重点高中是平等的……如果竞争无比激烈，所有人都在刷题，那么最终比的还是真实素质。

可是何苦呢？归根结底，刷题毕竟是囚徒困境。高中生不得不把大好青春用在刷题上，全都是内耗，岂不是可悲吗？

教育是个棘手问题，这本书会专门讨论。这里我想先给你讲个笑话。以前我在魔兽世界游戏的论坛看到一个人的签名档很有意思，是改编自游戏中的一个英雄——佛丁——和一位青年的对话。

佛丁："种族并不代表荣誉。我见过最高尚的兽人，也见过最卑鄙的人类。"

青年："那怎么才能得到荣誉[1]呢，佛丁爷爷？"

佛丁："刷。"

---

[1] 更深层的梗是魔兽荣誉系统的确是积分制，是可以刷的。

最简单经济学的五个智慧

如果要在中国开办一所"贵族"学校，专门培养未来的精英人才——不是把高尔夫球和红酒当标志性技能的那种伪精英，而是能作为现代社会中流砥柱的真正的精英——这所学校应该有什么特色课程呢？经济学大概应该是其中最重要的一门。

我说的经济学，并不是股票、汇率这种"投资理财"的学问，也不是供求关系曲线、金融危机这种专业的学问，而是一套能够直接影响我们观察现代世界的眼光，左右我们做事方法的见识和思想。理解这些思想并不需要掌握什么抽象概念和数学模型，可以说是最简单的经济学。而恰恰是这最简单的经济学，却是一般经济学教科书没有讲明白的。有知识未必有智慧，大约就是如此吧。

本文介绍最简单经济学的五个智慧。它们的出发点简单而平淡，结论却可能令你吃惊。

有句谚语说，如果一个人20岁的时候不是左派，那他就是没有良心；而如果他到了30岁还是左派，那他就是没脑子。这句话当然是有点偏颇，事实上很多有脑子的人一辈子都是左派……但这句话说的趋势是对的：当一个人阅历越来越多，慢慢变成熟，他的思想可能会更加右倾保守。

所以坏消息是了解了本文要说的这些最简单的经济学智慧之后，我们的思想会变得更保守，我们对世界的期望值会变低。

但好消息是保守的人不容易犯错，尤其是不容易犯特别愚蠢的大错误。我们也许会变得更聪明一点——或者，至少不会自作聪明——我们做事会更靠谱！

在物理教科书中的神作《费曼物理学讲义》的开头，理查德·费曼说如果由于某种大灾难导致所有科学知识都要消失，只有一句话传给下一代，这句话应该是"所有物体都是由原子构成的"——因为你只要稍微想一下就会发现这句话包含了大量的有关世界的信息。我曾经在什么地方读到，有人提出，如果宏观经济学也只能留下一句话，这句话应该是"国家不是家庭"。

仔细想想，这句话简直是一切经济学理论的出发点。

❶ 国家不是家庭

经济学是关于现代社会怎么运行的学问。现代社会区别于传统社会的最根本一点，在于它是一个"陌生人社会"。人们上学、工作、交易、生活，无处不在跟陌生人打交道。

直到我上小学的时候，大约是20世纪80年代中期，谁家要买个电视机之类的大件商品，首先想到的仍然是先找熟人托个商店的关系。其实有熟人的这个商店里卖的电视质量未必好，价格未必低，但是如果不这么办，直接拿钱到一个商店里扛上电视就走，总感觉会吃亏上当。这种心态可能一直到今天都没有完全消失，人们办什么比较大的事总想找个内部的熟人，不然就不太放心。

在传统社会中，人们惧怕和排斥陌生人，"人生地不熟"是很可怕的局面。而在现代社会中陌生人之间却可以很好地协作。我的书的编辑林飞翔，有一次问我知不知道为什么北京这么拥堵，年轻人还是愿意到北京发展。我说这可能是因为大城市促进人的交流，创新能力更强、机会更多，但他说这只是一部分原因。更重要的原因是在北京你不需要拉关系找熟人就能办成很多事，而在小地方就不太行！

这就是陌生人社会的优点。表面上人与人之间感情没那么深了，其实这样反而是最有效率的。熟人讲情义，陌生人讲利益。熟人讲身份，陌生人讲契约。熟人讲人品，陌生人讲信用。当人们不讲情义讲利益的时候，人们的整体利益提高得最快。

小家庭内部都是"各尽所能，按需分配"的。父母对小孩的各种支出都是无偿和不设上限的。扩大到大家族，亲戚之间，虽然在经济上不再完全共享财富，但仍然不怎么算利益。比如有一个亲戚生病，我们都能无偿地照顾他，甚至不惜牺牲自己的经济利益。再扩大到朋友、同事和熟人之间，亲密程度可能更低一点，但也不是金钱关系。比如发起个什么同学聚会，活动怎么搞，往往大家商量着办，并不举办竞价投标，更没人试图从中盈利。

传统社会本来没有"国家"这个概念，人们都是按照由近及远，优先"老吾老"，然后才"以及人之老"，这种费孝通所说的差序格局行事[1]。每个人不是效忠于国家，而是效忠于自己的直接长辈和上级，完全按照关系远近来决定对谁更好。直到近代，社会流动增大，人与人之间交流增多，人们需要经常跟陌生人打交道，才慢慢有了人人平等的观念，和"国家"的概念。

"平等"是一个非常现代化的观念。家里面大人无偿为小孩服务其实是不平等的，年轻人孝顺长辈也是不平等的。人们在家庭中接受这种不平等是出于爱和关怀，而这对陌生人不适用。在陌生人之间，双方除了诚实守信互不侵犯没有更多的义务和感情，才讲平等。所以家庭讲感情，国家应该讲利益和效率。

每一次跟陌生人打交道，我们都可能是在参与公共事务。但是我们经常在公共事务中讲感情，尤其是针对某一特定群体的感情。经济学家认为这是一个错误。比如说，经济学家对各种形式的捐款都不以为然。

---

[1] 参见费孝通的《乡土中国》一书。

捐款只是把钱从一个人身上转移到另一个人身上，这个动作本身并不创造财富。捐款本质上就不是一个高效率地解决问题的办法，经常仅仅是为了让自己感受更好一点。为什么非得捐给这个人而不是世界上，或者说本国内，其他更苦的人？仅仅是因为这个人给我们的印象更深，这个人恰好距离我们更近，这个人的故事恰好更打动我们。给乞丐施舍？你等于是在鼓励乞讨。今天心情好，吃完饭给服务员一大笔小费？如果人人都这么做的话餐馆老板就会降低服务员工资，最终受益的其实是餐馆老板。

所以当你搞慈善的时候你应该想想，你到底是真想让世界变好一点，还是仅仅想让自己感觉更好一点。想通过慈善让世界变好，如果还是出于传统社会的关爱感情的话，非常困难。

我看过报道，有个馒头店主因为可怜环卫工人和流浪者吃不上饭，决定每天给这些人免费送三个馒头——结果是其中有些人说今天我不要馒头了，请你"退"给我三个馒头的钱！店主实在无法理解这帮人到底怎么想的？等到这活动搞不下去了被迫取消，人们居然围攻她的馒头店！

什么叫"升米恩，斗米仇"？关键不是什么心理学，而是事情的性质变了。遇到饥饿的人随手请他吃顿饭，这是个人的友善行为；长期、成体系或者大规模地发放馒头，这就成了公共事务和经济行为了。像这样的事都是从传统熟人社会向现代化陌生人社会演变过程中的插曲，施惠者和受惠者都不太适应新的社会规范。

人们都说美国人亲情淡漠，其实美国家长对未成年子女也都是要啥给啥，只是对成年子女的确不像大多数中国人那样，什么都给。中国青年啃老比较普遍，而美国青年通常上大学得自己还贷款，买房买车更是全靠自己，如果长大了还住在父母家，得交房租。中国父母跟子女因为经济问题发生纠纷的很常见，对比之下，美国人这种"习俗"，实在不能叫亲情淡漠，而应该叫更现代化的社会。

最大的问题还不是慈善。经济学家认为，凡是在市场中过度保护某一群体，都是错误的。比如说贸易保护。假设现在某国某行业生产的产品技术落后，价格高、质量差。有外国同类产品价格更低、质量更好，那么是否应该出于保护本国企业的原因对外国产品征收高额关税？

世界上绝大多数经济学家，甚至可以说几乎所有经济学家，都认为不应该这么做。原因非常简单：保护这个落后行业的生产者，就等于伤害这个产品的全体消费者。消费者跟生产者非亲非故，凭什么要做这个牺牲？

也就是说，哪怕单方面实行自由贸易，也是好的政策[1]！所以在经济学家们的理想世界中，根本就不会有什么自由贸易区谈判，各国应该争先恐后直接宣布开放本国市场。

那为什么各国都把开放自己的市场当成吃亏的事情呢？这其实是因为被保护的这个小群体的疼痛感很强，他们能发出声音、找到代理人来左右政治决策，而被牺牲的广大消费者对贸易保护的坏处没有强烈感受。这个原理跟我们给灾难画面最感人的地区捐款最多一样，等同于会哭的孩子有奶吃。

福利制度也是如此。当人们要求给某一群体更多福利的时候，往往不计较这个代价是谁付的——好像国家的钱都是白给的一样。其实高福利等于高税收。给这一部分人增加福利，就是给另一部分人减少收入。给贫困儿童免除一切上学费用不但能解决初级教育问题而且有助于减少犯罪，对所有人都有好处，只要条件允许肯定没问题——但是是否应该给大学生免学费，就值得好好讨论了。

要求对富人持续性地加税，乃至产生均贫富的思想，这都是用家庭的眼光去看国家。考虑此类问题的正确出发点不应该是"都是一个国家的人，贫富差距这么大是否道德"，而应该是"什么样的税收制度有利于经济增长"。

---

[1] 至于说发展中国家暂时保护本国落后产业是否能让本国企业慢慢做大做强，这个问题超出了"最简单经济学"的范围！

❷ 没有免费的午餐

对智识分子来说,"心灵鸡汤"是个最严重的贬义词,是低等文艺青年和微信朋友圈里大妈们喜爱的东西。如果你不慎转发一条被认为是鸡汤的文字,他们会认为你暴露了自己智商的硬伤。什么东西是鸡汤呢?我认为,心灵鸡汤有两大论点:

1. 不管你面对什么条件,只要你努力,甚至只要你愿意做个好人,就一切皆有可能。

2. 哪怕你不努力不做好人也没关系,反正"世界上最美好的东西都是免费的"。

所以心灵鸡汤要求我们关注自己而不必关注外部条件,暗示我们享受已有的而不要去追求别的东西。

这真是高格调的姿态,但真实世界并不是这样。真实世界里每个人都想要点自己没有的东西。想要在真实世界里办成一点事儿往往非常困难,而且有些事儿你怎么努力都办不成。不过即使存在一个天堂般美好的鸡汤世界,我们也未必愿意投生过去——打游戏使用过作弊码的人都知道这个道理,要啥有啥其实很没意思。

很庆幸,我们生活在一个受限制的世界。这个世界有很多好东西,是人人都想要,但是未必能得到的。想要得到这样的东西,你必须付出代价。

而经济学家的智慧在于问一句值不值得。哪怕这个东西再好,如果它要求的代价太高,那我们就应该不要。反过来说,哪怕要付出一个代价,只要换来的东西价值更大,那就可以付出。

人们常常错误地以为有些东西可以不计代价。比如生命无价,我们要不惜一切代价保证安全——至少要不惜一切代价保证自己的安全,对吧?其实根本没有任何人不惜一切代价保证自己的安全。每次出门上街我们都冒交通事故的危险，但是我们该过马路过马路，该坐飞机坐飞机。你必须待在家里哪儿都不去，才能避免一切交通事故，这个代价太高了。

有些极端环保主义者认为地球就应该保留绿水青山的本来面目，最好把一切人类痕迹都抹掉，而经济学家明白这个代价太高了。经济学家甚至认为一定程度的污染是可以接受的！比如我的家乡哈尔滨有个美丽的松花江，因为有企业排污，江水一点都不清澈。作为一个站着说话不腰疼的人，我希望最好把所有污染企业都给关停。如果无法关停，我除了抱怨也只能睁一只眼闭一只眼。经济学家的办法则是先计算一下松花江可以"承受"多少污染，然后把排污的份额卖给污染企业——我不禁止，我要价。这样那些出得起最高价格购买污染权的企业，也是最能赚钱对社会贡献最大的企业，我确保污染的代价花得最有效率。

全球变暖是个争议话题。我们姑且认为全球变暖真的是人类行为引起的，而想要制止全球变暖，就必须大规模地减少二氧化碳排放。可是要制止全球变暖，你需要的减排总数是个天文数字，这是个巨大的代价，尤其对很多发展中国家来说可能根本不能承受。最好的办法是力所能及地减排，但是**允许一定程度的变暖**。其实说到底，就算真的发生了最严重的全球变暖，也未必就是个不可接受的结果[1]，对某些地区来说可能反而是个好事。

只要你开车，你就加剧了空气污染，加剧了交通拥堵，加剧了全球变暖。有些道德高尚的人为此专门骑车上下班，但你未必也应该如此。我们要考虑到，我们自己的方便，也是有价值的！只要因为开车而给自己带来的这个方便比污染和拥堵的价值高，开车就是对的。

所以一切都有个度，得算账。这个账怎么算呢？经济学家有个常用的办法，叫作"边际分析"。边际分析是指你不用考虑总的效果，你只要考虑做下一步的临界效果就行了。比如你要生产某个产品，它有价格收益和成本，这两个数字都在随着市场变化。你不必管已经生产了多少这个产

---

[1] 《金融时报》有篇文章 Bogus prophecies of doom will not fix the climate By Richard Tol, 3/31/2014，对全球变暖的最差结果有充满经济学味道的分析。

品，只要你生产的下一个这个产品的收益大于成本，你就可以继续生产。如果下一个产品的成本正好等于收益，你就应该停止生产。

边际分析可以帮我们看清楚很多问题。我曾经听说，据说是美国人计算的结果，"航天领域每投入 1 元钱，将会产生 7 元至 12 元的回报"[1]。那么根据这个结果，我们是否就应该拼命往航天领域投钱呢？正确的做法是使用边际分析：现在已经有了这么多航天成果的情况下，我再往航天里**多**投入 1 元钱，能产生多少回报。

经济学家的经验是边际效应常常递减。可能你投入的钱越来越多，但是效果却越来越不明显。

我认为爱美的女人应该研究一下这个边际分析。她们每天花 2 小时化妆，每月花数千元购买化妆品，但是这个效果是否比每天花 20 分钟化妆，购买几百元的化妆品好很多呢？如果投入的下一笔钱和时间已经不值其增加的效用，也许就应该停止化妆了。

❸ 人会对激励做出反应

让别人按照你的意愿做一件事，最文明的办法当然是晓之以理动之以情，说服。不过这招很难有效。不信你试试，怎么说服一个习惯了尿布的 3 岁小孩控制自己的大小便，改用马桶？养成新习惯需要先做不习惯的事，而小孩未必能理解你的道理。真正有效的办法大概有两种：一种是威逼，一种是利诱。经济学家喜欢用利诱的办法。

《魔鬼经济学》的作者之一史蒂芬·列维特（Steven Levitt），就用经济学家的办法让自己 3 岁的女儿养成用马桶的习惯[2]。他告诉女儿，只要你使用马桶尿尿，就可以吃一袋巧克力糖豆，而且每次都可以。结果女儿为了用马桶故意多尿尿，而且连着去好几次——列维特言而有信，每次都给了

---

[1] 一个引用了这个数字的报道见科学网：《我国载人航天工程花费350亿 回报可达10倍》http://news.sciencenet.cn/htmlnews/2011/11/254943.shtm。

[2] 此事Youtube上有段视频，请搜索 "Economist Potty Training: Freakonomics Movie"。

糖豆。三天之后，女儿完全学会了自己控制大小便，而且养成了用马桶的好习惯。

这种利诱的办法，英文叫"incentive"。这个词通常翻译成激励、刺激、诱因，但我觉得这些词都没有抓住 incentive 的普遍含义，容易让中国读者产生误解。"激励"更像是一种精神上的鼓动，刺激和诱因则仿佛是针对一种拿不上台面的、略含贬义的金钱上的需求。其实 incentive 不见得是金钱刺激，但通常是一种你实在想要的，有利的东西，可以指任何一种能让人出于自利目的进行理性反应的机制。中国有君子不言利的传统，不太容易以平常心对待 incentive。不论如何，我们采用通常的译法，叫"激励"。

对激励做出反应，这个动作看着有点原始低级。但经济学家最爱说的一句话就是，人会对激励做出反应。

行为经济学家和心理学家常说人是非理性的，可是如果你仔细考察那些非理性实验，你会发现那都是一个人面对不熟悉事物的局面。当我们做熟悉的事的时候，我们通常是非常理性的。什么叫理性？理性就是我们知道怎么做对自己有利，然后就去这么做。地铁票价上涨，坐地铁的人就会减少；苹果今天特价，人们就多买点苹果；高考不考英语了，中学生就不会再那么重视英语学习。不一定每个人都这么做，但整体来说人群的行为非常合理，都是对激励做出反应。用中文来说，这叫"无利不起早"。

激励这个方法的好处在于，只要你的激励制度设计得好，人们就会心甘情愿地做你想让他们做的事。我儿子非常爱看动画片和打游戏，整天捧着屏幕，有时候跟他说话都听不见，很难管教。有一次开家长会，他的幼儿园老师告诉我们一个办法：所有屏幕时间必须得是挣来的——写好作业、好好吃饭、做个家务等，每做一件这样的事奖励 15 分钟屏幕时间，打游戏看电视干什么都行，但不挣就没有。我们真的执行了这个政策，后来把 15 分钟改成 5 分钟，而且用手机严格计时，效果良好，一直至今。我有时候看儿子就好像"奸商看贪官"一样，心说我不怕你不听话，就怕你没爱好。

所以改变人的行为，最好的办法是改变激励。经济学家们津津乐道的一个激励例子，是捕鱼权配额[1]。世界上很多海域因为过度捕捞，渔业资源面临枯竭的危险。最早各国政府的办法是设立休渔期，每年只在规定的时间内可以捕捞。我国现在就在各海域实行"伏季休渔"的制度。但是在捕捞强度特别大的地区，休渔也解决不了问题，因为人们会购买更先进的渔船和设备，抓紧时间猛捞。美国阿拉斯加海域曾经把允许捕捞的时间限定为每年只有三天，结果这三天时间内鱼就被一捞而空，根本不解决问题。渔民也难受，花钱买来最先进的设备就为每年用三天，而且这三天哪怕天气再差也必须出海。

后来有经济学家提出了捕鱼权配额的办法，冰岛等国率先采纳。这个制度是政府先算算每年可以捕捞多少鱼，然后把这个配额分配给所有渔民。你什么时候捕，用什么船都可以，但是每年不能超过你的配额。这样渔民之间不用恶性竞争，也乐于让鱼休养生息。更好的是，捕鱼权可以交易！如果你的船不行，赶上天气不好的日子不能出海，你可以把捕鱼权卖给拥有好船的人，大家都能受益。这个激励制度要想运行大概要求政府有更强的干预能力，得能监督每条船捕了多少鱼，但效果似乎很不错。

不过激励如果设计得不好，有可能适得其反。如果幼儿园放学的时候家长还没来接孩子，老师就得用自己的时间跟孩子一起等，对老师很不公平。以色列的某几个幼儿园[2]推出一项新政策：凡是家长迟到的，每迟到10分钟给相当于3美元的罚款。结果怎么样呢？迟到的反而增多了！

没有罚款制度的时候，家长们认为迟到是给老师添麻烦，所以想方设法到点就接。家长最担心的是老师会不高兴——但是不知道老师能有多不高兴。规定迟到10分钟罚款3美元之后，家长发现迟到从人情账变成购

---

[1] 详细情况见 https://en.wikipedia.org/wiki/Individual_fishing_quota。
[2] 这件事最早是尤里·格尼茨等人的研究，详细见于《隐性动机》一书，作者尤里·格尼茨和约翰·李斯。《魔鬼经济学》一书也提到此事。

买服务了。原来老师的不高兴就值 3 美元，而我们不值得为了 3 美元紧赶慢赶。研究者在以色列找了 20 个幼儿园，选择其中 6 个实验罚款政策，结果这 6 个幼儿园的迟到率全部显著增加。即使后来取消这个规定，这些幼儿园的迟到率仍然高于其他幼儿园。

其实我认为迟到罚款这个政策还是有可能好使的，只不过这个激励制度需要微调一下。我家孩子上的幼儿园就是迟到罚款，我总是避免迟到——因为费率是每 1 分钟 5 美元。

给个自上而下的单方面外部激励政策，是经济学家解决问题最爱用的两个办法之一。另一个办法是市场化。

❹ 市场是一种激励信号的传递方式

我曾经干过一件有点经济学精神的事。10 多年前，想通过网络看个中文电影或电视剧并不像现在这么方便，不用说上视频网站直接看，连 BT 之类的下载工具都不怎么流行。当时有个面向海外中国人的网站[1]做得不错，提供中文影视资源的付费下载——你购买它的"影币"，然后用影币买下载权限。所谓资源当然都是盗版，但那时候没有人在乎，而且这个网站的服务相当稳定，下一个资源大概才 10 美分，我是它的用户。

某一天，网站宣布推出"付费寻片"服务：你想看任何这个网站上现在没有的电影，可以一次性付给网站相当于 6 美元的影币，然后网站工作人员将想方设法找到这个资源上传给你。但是用户对此反应有点冷淡，几乎没人愿意以 60 倍的价格看一个视频。

然后我给那网站的管理员出了个主意。我建议用市场的办法解决这个问题。反正管理员只想找一个资源赚 6 美元，他根本不在乎这 6 美元是谁出的。我建议每个人不必一次性出足 6 美元，你可以只出一部分钱，把这个资源上榜，然后等着其他人跟着出。只有当一个资源的资金凑足了 6 美元，管理员才去找它。

---

[1] 记得那网站叫 Chinesemovie.net，我写此文的时候又找它，好像已经不存在了。

管理员回信对这个主意大加赞赏，而且他立即执行了。网站专门建立了一个"寻片板块"，用户积极反应，很多资源是以1美元上榜，然后慢慢凑到6美元。网站赚到了钱，用户看视频的愿望也得到了满足。

更重要的是，"到底哪个资源值得找"这个问题，既不用网站回答，也不必须让某个用户来回答，而可以让几个用户一起回答。有强烈愿望的用户可以自己一次性出够6美元，没有强烈愿望的用户可以几个人一起出，而市场对少数人强烈和多数人不强烈的愿望都能满足！知识分布在所有用户之中，信号得到了高效的表达。

这就是市场的好处。通过价格信号，市场可以让最该办的事儿优先办，而且可以让做这件事做得最好的人去做这件事。如果不用市场机制，什么事儿应该办，让谁去办，这两个问题都非常难以回答。这样说来，市场最大的好处是解决了**信号**的问题，能把资源合理地配置给企业。

如果某个好东西暂时是稀缺的，但是只要人们愿意生产就能大量生产出来，市场就可能是解决这个问题的最佳手段。比如当初手机还被称为"大哥大"的时候，就是一种难得但是本质上可以大量生产的东西。在市场经济情况下，稀缺就意味着价格高，而价格高就意味着人们愿意生产它。各个企业自发地冒出来，拼命研发和生产手机，既不是为了填补国家技术空白，也不是为了为人民服务，而纯粹是因为手机价格高能赚钱。结果就使手机价格变得越来越便宜。

市场是一个道理非常非常简单但是结果非常非常厉害的机制，这让迷恋市场的经济学家认为市场无所不能。但是我们看生活中市场化的例子，有的不太成功，比如教育和医疗市场化就常常不成功，这又是为什么呢？这可能是因为我们并没有充分理解市场。

在经济学家眼中，价格并不仅仅是钱，而是一个激励的信号。在我国，一般人谈起市场往往第一反应是私有产权，而对价格信号的作用认识不足。人们常常把市场化等同于私有化，仿佛一旦私有化了就能解决问题。为什么私有化好使？难道是因为给自己干活更卖力气？其实在市场经济里大部分人也都是给别人的公司干活，大公司里一样有官僚主义和混饭吃的。私有化产权仅仅是一个基础条件。有价格这个激励信号，才是市场的关键[1]。如果产权私有但是信号并不畅通，市场就会失灵。

比如，中国足球早在20多年前就进行了市场化改革，现在是中国市场化较全面的体育运动，为什么成绩仍然这么差？人们喜爱足球，足球现在市场化了，所以联赛很精彩，所以优秀球员都能赚很多钱，到这一步市场都运行良好。中国足球的根本问题出在青训[2]。在一个中国籍足球运动员的身价常常超过亚洲对手整个球队之和的情况下，中国居然没有多少小孩踢足球，以至于2013年的U17国家队居然只能从全国51个小球员中选人[3]！

独生子女政策、家长怕受伤不爱让孩子踢球、踢球不成就业难，其实都解释不了这个现象。要知道另外一种职业——野模，也就是"不属于任何正规模特公司，自己也没有经纪人，就靠自己一个身体打拼的那些模特"，也是只有年轻人能干，比踢足球更不靠谱，而且生活水平很低，都有大量的人在干。

当野模的人过剩，踢足球的人不足，根本原因在于，市场的价格信号在足球领域更难传递。野模是个门槛很低的行业，经过很少的训练就可以干；而足球的门槛要高得多，你可能训练好几年光交钱不赚钱。在最合理的市场中成年球员的天价信号可以传递到青训去：成年球星转会费高，他的青年队就跟着赚钱，他的小球员就值钱，他的少年队教练就涨工资。但是在当今中国，青少年教练很难直接从"球星高价"中受益。

对比之下，10多年前的业余体校时代反而培养了更多青年球员。而且

---

[1] 市场的另一个关键是去中心化的决策机制，那大概不属于"最简单"的范畴，我们将在本书第四部分的《该死就死的市场经济》一文中讨论。

[2] 有很有说服力的研究表明，外援决定联赛水平，青训决定国家队水平。参见worldsoccertalk.com上Scott Alexander的文章 Why Making Premier League More English Is Not England's Answer，2010年6月。

[3] 北京晚报：《中国足球再退已无后备力量 U17国少选材仅剩51人》，2013年6月18日。

按徐根宝的话说，体校对球员个人技术比现在俱乐部抠得更细！体校是公立的，但是体校为了四年一度的全运会非常乐意搞青训，因为全运会成绩可以决定它的经费和奖金。对体校来说，全运会成绩是比成年俱乐部转会市场的价格更直接、更有用的信号！也许体校不算市场经济，但体校制度用另一种方式解决了**激励信号的传递**问题。

为什么教育和医疗市场化都不太成功？因为这两个领域内价格信号根本不能反映产品的质量和需求。学费越贵的学校并不见得质量更好，学校的声望和生源都是比学费重要得多的信号。在我国，私立医院的服务虽然比一些公立医院好，但是人们还是更相信公立医院。即便在欧洲，人们也是更相信公立而不是私立医院。类似地，科学家搞科研通常都在公立的大学和研究所里，他们大都从政府拿科研经费而不是等着企业给专利费，因为对绝大多数领域来说，从应用到基础研究的价格信号传递之路太过漫长，几乎走不通。

所以市场化绝不仅仅是产权改革这么简单的事。你必须有足够好的基础设施能确保信号有效传递，才叫真正的市场经济。

❺ 结果可能出乎意料

单田芳评书里经常说某某是"看大书的人"，大概意为此人琢磨的都是治国安邦的大学问，而不是女生喜爱的《琅琊榜》之类。喜欢经济学的人，就是看大书的人。大书看多了人难免会有一种指点江山的冲动，认为有些事儿听我的早就解决了。经济学的确研究了不少经邦济世的技术，不过经济学家应该有小心谨慎的美德。

这是因为世界是个复杂系统。"复杂"对应的英文单词有两个：complicated 和 complex。一般英国人、美国人也说不太清楚这两个词有什么差别，但从学术角度，差别可大了。Complicated 是说这个东西很繁杂，难以描述清楚，乱糟糟的头绪和数量众多。Complex 则是说这个东西内部各个部分之间有各种联系和反馈关系，牵一发而动全身，不能简单地用各个部分加在一起来解释它的整体。所以 complex 是比 complicated 更高级的复杂。科学家说的"复杂性理论",就是指 complex,这也是我们说的这个复杂。

复杂系统的行为往往难以预料。你让蝴蝶在这里扇动一下翅膀,虽然非常不可能,但也许就可能,在千里之外的某个地方造成一场飓风。你发布一个什么政策,造成的影响可能一波推一波,最后结果也许完全出乎你的意料。

前面我们说过的幼儿园迟到罚款实验,结果跟一般人预期的相反,但是实验之前我们知道答案的范围就在好使与不好使之间。那么什么是出乎意料的结果呢?我知道一个很好的例子。

经济学家很想知道如果政府给低收入人群直接发钱会是一种什么结果。本来低收入者已经享受食品券之类的各种福利,现在我们能不能像对高收入者收所得税一样,给低收入和无收入者发一种"负的所得税"?不管你年龄够不够老,有没有病残,有没有孩子,只要你收入低就给钱。这似乎是一个亲民政府应该做的事,但人们担心,这么做有没有可能养懒汉,让穷人丧失找工作的积极性呢?

光分析没用,最好的办法是做实验。1966 年,美国一个叫 Heather Ross 的经济学研究生获得了做这种公共政策实验的机会[1]。他的实验经费高达 500 万美元!他的做法是在某地随机选取一些贫困家庭,以政府的名义给这些家庭按月发钱。等过了若干个月之后,比较这些享受到这项福利的幸运家庭跟那些条件相似,但是没有被选中享受福利的家庭。

实验结果是,直接给钱并没有对穷人的就业率造成什么大的影响——至少在实验期间是如此——但是那些拿了这笔福利的穷人家庭的**离婚率**大增!这就是出乎意料的结果。没有人事先想到拿福利跟离婚率有什么关系。中国人爱说贫贱夫妻百事哀,而美国穷人有钱了反而离婚了?我觉得这个结果似乎可以解释为什么欧洲高福利国家的婴儿出生率越来越低,但

---

[1] 此事见《超级数字天才》一书,作者伊恩・艾瑞斯(Ian Ayres)。

是没有听说更进一步的研究。

事实上，类似这种政府出手，采取单个措施的社会改革实验，设计得不好的就容易出意外效应，设计得好的……就几乎没什么效应。社会学家 Peter Rossi 在考察了从 20 世纪 60 年代到 20 世纪 80 年代众多社会项目的效果之后，发表了一篇无比经典的综述论文[1]，在这篇论文里他总结了一条铁律：

The Iron law: "The expected value of any net impact assessment of any large scale social program is zero."（任何大型社会项目的任何效果评估的预期值等于 0）

改了也没啥大用，不改有时候还好点。所以除了那些"公共知识分子"，严肃学者对主动的社会改革都是相当悲观的，不太敢提出什么激烈的措施。

公共知识分子还只是敢想敢说，而官员敢干。作为本系列最后一个例子，请允许我再次谈谈中国足球。中国足球是体育市场化改革的先行者，而中国足协则是市场这个手段之外，拿中国足球做各种创造性激励手段实验的大师。据总结[2]，足协推出过以下激励手段：

- 为培养本土守门员，禁止引进外籍门将；
- 为 2008 年奥运会培养人才，规定联赛 20 岁以下球员上场人数不得少于两人；
- 为让国家队队员安心备战世界杯，禁止球员留洋；
- 联赛上座率如果不足，对俱乐部罚款；
- 为培养头球能力，头球进一个算 2 分……

---

1 "The Iron Law Of Evaluation And Other Metallic Rules", Rossi; Research in Social Problems and Public Policy, volume 4 (1987), pages 3-20.

2 来自网易图片新闻 http://sports.163.com/photoview/0B6P0005/113186.html。

这些手段都非常直观，你猜有几项取得了良好效果——答案是除了禁止使用外籍门将这一条仍在坚持，其他的都被实践证明错误而被废除了。而中国足协用过的最奇葩的手段，是在2001年和2004年两次取消了联赛升降级！

当时的足协负责人的想法是这样的：如果联赛的激烈程度能降低一点，国家队队员就可以把更多精力投入到国家队比赛了。事实证明这个"休克式"疗法不仅仅是因噎废食，而且是饮鸩止渴，引发了出乎意料的惨重后果。整个是个连锁反应：没有了升降级→联赛变得不再激烈→观众减少→赞助商退出→俱乐部资金困难甚至发不出工资→球员开始打假球→观众进一步减少，整个社会厌恶中国足球→没人送孩子踢球→遗祸至今。

所以不到不得已，最好别轻易按你自己凭空想出来的什么史无前例的大招去扰动复杂系统，你根本不知道最后会导致什么！你很可能是小孩玩火！这就叫"皇帝做不得快意事"。

这也说明阴谋论根本不靠谱，各种停留在纸面上的假想实验更不靠谱。我们生活的是一个太过复杂的世界，没有人能控制得了这个世界。

* * *

了解了这些最简单的经济学以后，我们的思想可能产生如下一些变化：同情心减少了，不像以前那样热衷慈善、福利和环境了，不怎么相信强势政府的力量了，认为最好让市场自由运行。这显然是更加保守的症状，不过严格地说这叫作"libertarianism"，我们实际上变成了自由派和保守派之外的第三个派别[1]：自由论者。

很多，也可能是绝大多数经济学家，持自由论者的立场。

一个智识分子也许不应该在社会科学上有什么强硬的立场，而且如果

---

1 关于这三个派别，本书中《人的正义思想是从哪里来的？》一文有更详细介绍。

你不看具体情况一上来就直接来个市场化改革,你可能就会犯错误——但是从**理论**上讲,如果你认为世界的问题就是经济问题,自由论者的立场很可能是对的。想要反驳这个立场,相当困难。

不过别忘了这里说的是最简单的经济学。也许更复杂的经济学会有不同的结论,能够超越这些原理?那就不是本文所应该讨论的了。

贝叶斯定理的胆识

你相信上帝吗？你相信中医吗？你相信全球变暖是人为造成的，而且问题非常严重吗？你相信转基因食品的安全性吗？你相信大年初一去雍和宫祈福能带来好运吗？

本文不研究这些问题。我想说的是，当你说"我相信"或者"我不相信"的时候，你到底是个什么意思。

如果我们把"相信"仅仅当成一个表态，那它的意义其实相当有限。也许我们可以在跟朋友闲聊的时候吹吹，也许我们可以在网上参与评论，也许我们还能写篇文章说明自己的立场。但是这又能怎样？空谈误国。我们的观点完全不左右真理，而且通常很难左右别人。

"相信不相信"的真正意义，在于给我们**自己的决策**提供依据。如果我相信大年初一去雍和宫祈福能带来好运，那么第一，我想方设法去；第二，别人信与不信与我关系不大，事实上我可能希望信的人少，这样我去更方便。如此说来"信不信"是个非常主观的判断，我们完全可以容忍别人的判断跟自己不同。

更进一步，"信或不信"有点生硬，最好我们能把它量化一下，用一个数字来描述，比如说用概率。比如如果我说"雍和宫好使的可能性是15%"，那我就是不怎么相信；如果我说"雍和宫好使的可能性是100%"，那我就是深信不疑。严格地说，这个概率数字当然是所谓"主观概率"，就好像天气预报说明天下雨的概率是 30% 一样，其实"明天"只发生一次，并不是说在 100 个平行宇宙的明天中有 30 个会下雨[1]。

这个量化了的信念可以让我们的决策更科学。如果我对雍和宫的信念值只有 15%，但是我大年初一那天正好从雍和宫路过，那我就完全可以进去上个香，有枣没枣打一竿子再说——可是专程跑一趟就没必要了。如果我对雍和宫的信念值高达 95%，那我就值得坐火车去北京上香。

真正的深信不疑和彻底不信都是很少的，甚至可能是虚张声势自欺欺人。一般情况下对一般有争议的问题我们都是抱着将信将疑的态度，信念值在 0.01% ~ 99.99%。而且，我们对大多数事物的信念值都在动态变化。比如有什么特别突兀的新东西出来，我们一开始可能是不信的，随着证据增多，慢慢加强信念。

一个智识分子应该拥有这种复杂的信念体系，时刻调整自己对各种事物的看法。也可以说，这是不断地变动自己的世界观。

想要科学合理地做到这一点，我们需要用到贝叶斯定理。这个定理的数学形式和思想都非常简单，早在 200 多年前就被人发现和使用了，但是一直争议极大，因为它的用法恰恰是计算主观概率[2]。很多统计学家认为主观概率根本不科学，个人的信念毫无意义，只有客观概率才值得严肃对待。但是在过去这五六十年内，实用主义者们没理会统计学家的争论，使用贝叶斯定理做了很多很多事：破解了二战时德军密码、预测了俄罗斯潜艇的位置、判断申请贷款者的信用……我们不妨直接引用《金融时报》中文版何帆的一篇科普文章：[3]

---

[1] 所有概率书谈到主观概率的时候都用明天天气举例子，本书不能免俗。但真实天气预报说的这个概率是"在与明天条件类似的日子里，有30%下了雨"，并不怎么主观。

[2] 关于贝叶斯定理的历史，请参考Sharon Bertsch McGrayne, 2011, *The Theory That Would Not Die: How Bayes' Rule Cracked the Enigma Code, Hunted Down Russian Submarines, and Emerged Triumphant from Two Centuries of Controversy* 一书。此书故事精彩，但不知为何作者一直到结尾处才列出了贝叶斯定理的数学公式，我很难想象，不看公式怎么理解那些故事。

[3] 参见《〈联邦党人文集〉背后的统计学幽灵》一文，发表于2014年11月10日。

生命科学家用它研究基因是如何被控制的；教育学家突然意识到，学生的学习过程其实就是贝叶斯法则的运用；基金经理用贝叶斯法则找到投资策略；Google用贝叶斯法则改进搜索功能，帮助用户过滤垃圾邮件；无人驾驶汽车接收车顶传感器搜集到的路况和交通数据，运用贝叶斯法则更新从地图上获得的信息。人工智能、机器翻译中大量用到贝叶斯法则。

所有这些应用的原理都是一样的。如果我掌握这个东西的全部信息，那我当然能计算一个客观概率——可是生活中绝大多数决策面临的信息是不全的，我们手里只有非常有限的几个证据。而贝叶斯定理的精神在于，既然无法得到全面的信息，我们就在证据有限的情况下，尽可能地做一个更好的判断。

先来看看贝叶斯定理是什么样的：

$$p(A|B) = \frac{p(B|A)}{p(B)} \times p(A)$$

A 代表我们感兴趣的事件，比如"雍和宫祈福有用"，$p(A)$ 表示它发生的概率。B 代表一个与之有关的事件，比如"我朋友，某甲，去年去了雍和宫祈福，结果他很快就升职了"，$p(A|B)$ 则代表在 B 发生的情况下，A 发生的概率。类似地，$p(B)$ 表示 B 发生的概率，$p(B|A)$ 表示在 A 发生的情况下，B 发生的概率。

这是一个"定理"，因为它不是哪个门派掌门人拍脑袋决定的思路，而是数学推导出来的[1]。并不是你"选择"使用这个公式，而是只要你认同概率论的基本法则，你就必须用这个公式。统计学家的分歧在于走这一步到底好不好，而不在于这一步应该怎么走。

如果你没怎么看懂上面说的技术细节，也请坚持往下读——最关键思想是：当 B 发生以后，有了这个新的证据，我们对 A 的信念就需要做一个

---

[1] 推导过程非常容易，$p(A|B) \cdot p(B)$ 和 $p(B|A) \cdot p(A)$ 都等于"A和B都发生的概率"，所以二者相等。贝叶斯方法还有更复杂的形式，这里不讨论。

调整，从 $p(A)$ 变成 $p(A|B)$ 了。你可以把 A 当成你对一般情况的理论预言，把 B 当成一次实验结果。有了新的实验结果，你就调整自己的理论预言。

现在我们就拿雍和宫祈福这个例子，来看看一个贝叶斯主义者是怎么更新自己的信念的。首先我们用基本的概率公式，把 $p(B)$ 展开成 $p(B)=p(B|A)\cdot p(A)+p(B|\underline{A})\cdot p(\underline{A})$，其中 $\underline{A}$ 表示 A 的相反事件，也就是"雍和宫不好使"，$p(\underline{A})=1-p(A)$。这么做可以更精确地估算 $p(B)$。这样贝叶斯定理要求我们先自行估计三个值：

- 你事先认为雍和宫有多好使，也就是 $p(A)$；
- 如果雍和宫好使，某甲因为祈福加持而升职的可能性，也就是 $p(B|A)$；
- 如果雍和宫不好使，某甲不借助这个力量而升职的可能性，也就是 $p(B|\underline{A})$。

一个比较合理的估计差不多是这样的。某甲既然能升职，必然有过人之处，那么我们可以认为他在没有雍和宫加持的情况下也有 50% 的升职可能，所以 $p(B|\underline{A})=0.5$。雍和宫就算再灵验也不能有求必应，否则人人出来都成亿万富翁了。我们姑且假设，所谓"灵验"就是能让某甲升职的概率大大提升，这样我们可以估计 $p(B|A)=0.8$。如果你事先对雍和宫的信念值是 15%，那么 $p(A)=0.15$。

这样根据贝叶斯定理计算，现在你的信念值应该是 $p(A|B)=0.22$。

玩这种数字有什么意义呢？这比听风就是雨可高级多了。如果我的信念值从 15% 变成 22%，那就说明第一，我这个人**听劝**，有利证据进来了，我的确调高了我的信念值；第二，我这个人**稳重**，没有听到一个证据就立即发生世界观的彻底改变，过去不怎么信，现在还是不怎么信。听劝又稳重，既做到了开张圣听，也没有妄自菲薄，古代对贤人的要求也不过如此吧？

而且你可以继续调整信念。假设过了一年你听说另一个朋友某乙，水平与某甲相当，也去了雍和宫祈福升职，结果未能升职！这一次，

$p(A)$=0.22。现在 B 表示"未能升职",所以 $p(B|A)$ 不再是 0.8,而应该是 0.2。$p(B|\underline{A})$ 仍然是 0.5。我们计算出,$p(A|B)$=0.1。

所以因为这一次不灵的事件,你应该把你对雍和宫的信念值从 22% 调低到 10%。在数学上很容易证明,**只要 $p(B|A) > p(B|\underline{A})$,$B$ 事件就会使我们对 A 事件的信念值提升,反之则会降低**。这样有时候往上调有时候往下调,当你听说了很多证据之后,就有可能形成一个比较稳定的看法。对雍和宫这样的例子来说,经过几次祈福不好使的打击,很快你就应该不信了。

而如果我们对某件事的信念值非常非常低,那么即使强有力的证据也很难扭转我们的信念。现在我们来说一个贝叶斯定理的极端例子,这个例子堪称典故[1]!

艾滋病毒(HIV)检测技术的准确度相当惊人。如果一个人真是 HIV 阳性,血液检测的手段有 99.9% 的把握把他这个阳性给检查出来而不漏网。如果一个人不携带 HIV,那么检测手段的精度更高,达到 99.99%——也就是说只有 0.01% 的可能性会冤枉他。

已知一般人群中 HIV 携带者的比例是 0.01%。现在假设我们随便在街头找一个人给他做检查,发现检测结果是 HIV 阳性,那么请问,这个人真的携带 HIV 的可能性是多大呢?

在你回答之前,我先提供一点背景资料。德国马普研究所的心理学家曾经拿这道题考了好几百人,包括学生、数学家和医生。结果 95% 的大学生和 40% 的医生都给出了错误的答案。

我们使用贝叶斯定理。A 表示"这个人真的携带 HIV",B 表示"检测出 HIV",那么根据现有条件,$p(A)$ = 0.01%,$p(B|A)$=99.9%,$p(B|\underline{A})$=0.01%,带入公式,计算得到 $p(A|B)$=50%!答案是即使在这么高的检测准确度之下,哪怕这个人真的被检测到 HIV 阳性,他真有 HIV 的可能性也只有 50%。

---

[1] 这个例子来自《隐藏的逻辑》一书,作者马克·布坎南(Mark Buchanan)。此例子中使用的数据未必符合现在真实的病毒检测,这仅仅是一个例子。

如果你脑子还没转过弯来，我们还有个直观的解释。假设我们随机地找一万个人来做实验。根据 HIV 的分布，这一万人中应该只有一个人是真的携带 HIV 的。而由于我们的检测手段很强，这个人会被检测出来。但剩下的 9999 人都没有携带 HIV，可是我们对没有携带 HIV 的人的检测精度是 99.99%，也就是说有万分之一的可能性会冤枉一人。这样一来，我们的检测手段还会在 9999 人中冤枉一个人。

本来只有一人携带 HIV，可是我们却检测出来两人。所以如果一个人被检测出 HIV 来，他真的携带 HIV 的可能性其实只有 50%。

从根本上说，造成这种局面的原因在于 HIV 尽管名声很大，但其实是一种罕见的病毒，人群中只有万分之一的人感染。在这种情况下即使你的检测手段再高，也很有可能会冤枉人。

如果一个疾病比较罕见，那么你就不应该对阳性诊断太有信心。

由此我联想到中国历史特殊时期的"抓特务"行动。"特务"这个工作的要求，其实贵在精而不在多，再说国民党也没那么多钱养，真正的特务其实是很少的。如果我们看到一个人长得像特务，说话走路也像特务，我们有多大把握说他就是特务呢？上面这个例子告诉我们，"误诊率"可能相当高。"抓特务"，最好的办法是冒出来一个抓一个，最可怕的办法是搞"人人过关"。如果你搞"人人过关"，必然是一大堆冤假错案！

这就是冤假错案产生的数学原理，这也是为什么卡尔·萨根说"超乎寻常的论断需要超乎寻常的证据"。

我自己最近的一次信念改变的经历是关于自动驾驶汽车的。2010 年第一次听说 Google 正在试验一个相当完善的自动驾驶汽车系统，我不太相信。那时候很多人还在把驾驶当成一个人工智能非常难以做到的例子来说事儿——计算机别说驾驶汽车，连在停车场停车都停不好。别的公司试验自动驾驶，都是非常初级的技术：或者需要特殊的公路，或者需要一个人做司机在前面引路，后面无人驾驶车队必须一辆紧挨着一辆不能有别的车插队，模仿着往前走，根本谈不上应对复杂的交通路况。所以我当时判断可能记者没听懂专家的介绍，或者记者被忽悠了。

然而此后陆续看到很多关于 Google 这个项目的报道，越来越多细节被透露出来。这时候，虽然其他公司的自动驾驶项目仍然很初级，虽然家用吸尘机器人的行动路线仍然很愚蠢，但我已经非常相信 Google 的自动驾驶系统了。鉴于这个系统从未有过商业应用，我目前对它的相信程度大概是 95%。这个信念值已经足以让我在写文章的时候假定这个自动驾驶系统真实存在。

据说中国曾经在历史特殊时期禁止教授贝叶斯统计学[1]，可能因为那时候的人认为信念不容更改吧。至今有很多人是坚持信念不看证据的，甚至有了与自己信念相反的证据出来，他直接忽略这个证据，或者干脆说这是个阴谋，反而证明我的信念更正确了。还有一种情况是像雍正对年羹尧那样，要说信任就好得如胶似漆，要说不信就不听辩解直接赐死！像这样的"二愣子"性格，实在不太适合求知。正确的态度是不断根据新的事实来调整自己的观点。

观点随事实改变，有胆有识，这就是贝叶斯定理的伟大原则。

1　Solidot：哥伦比亚大学统计学图书在中国被禁，http://www.solidot.org/story?sid =21958。

人的正义思想是从哪里来的？

人的正义思想是从哪里来的？是从天上掉下来的吗？是。是自己头脑里固有的吗？是。

道德问题的正义不正义，往往比一件事具体做法的正确不正确更容易引起争论。过去的人思想大都简单，拾金不昧很道德，损人利己很不道德，只有能不能做到，没有正义不正义的争论。而今天人们可以公开谈论政治议题，我们上网一看，各种针锋相对的思想都出来了。有人认为爱国天经地义，有人则认为爱国其实是一种愚昧的从众心理，有多余爱心还不如去爱流浪狗。有人认为个人应该服从集体利益，有人则认为个人自由比任何东西都重要。有时候我看微博上各派人马的激烈争论，感觉这简直是敌我矛盾，他们就好像是彼此完全不同的几类人。

而纽约大学的社会心理学家乔纳森·海特（Jonathan Haidt）的《正义之心》这本书说，有不同政治意识形态的人，可能的确是不同类型的人。人的道德思想并不是后天习得，更不是自己临时理性计算的结果，而是头脑中固有，甚至在一定程度上由基因决定的。最重要的是，海特通过自己的研究，给我们还原了各种政治意识形态背后的道德根基。

在研究爱国主义之前，我们先来做三道道德测试题。请你判断以下这三件事是否不道德：

1. 有一家人养了一条狗，有一天狗出车祸被撞死了。他们家人听说狗肉很好吃，就把狗做了吃了。

2. 一个男人从超市买了只活鸡回家，跟鸡发生了性关系，然后把鸡煮了吃了。整个过程没有被任何人看到，也没有伤害任何人。

3. 一个女人家里有个很旧的国旗，她不想要了，可是也不想浪费，就把国旗撕成了条，在家里当抹布用，没有被任何人看到。

这些题目都是由海特本人设计的，它们跟很多其他题目一起，被用于调查不同人群的道德观。它们没有正确答案。

大部分美国人认为这些行为谈不上不道德，因为没有人受到伤害。这些事儿当然都不是什么好事儿，尤其美国人还爱狗，可是似乎没必要上升到"不道德"这样的高度。毕竟你自己在家里干啥，别人谁也管不着。可是在印度做这个调查发现，大部分印度人认为这些行为是不道德的，应该受到谴责。

美国社会是一个个人主义社会，以确保个人自由为优先，然后才是集体。在这种社会中很多人没有那么多道德信条，只有伤害别人或者不公平才是不道德的。而印度社会则是一个家庭和集体主义社会，强调人与人的群体合作关系。这样的社会中人们非常反感失礼和不敬，那么把国旗撕了就是不道德的，吃自己家的狗违反传统习俗也不对。我们可以想见中国社会应该更接近于印度这种集体主义，但印度社会还有另外一种道德观，是现代中国所没有的，这就是"神性"。这种道德观把事物从上到下垂直排序。认为越往上的东西越高级，越是纯净的，属于神；越往下的东西越肮脏，恶心，属于低贱者。神性道德观要求人每时每刻注意自己的身体修炼，要做高尚的事，不要做低贱的事。跟鸡发生性关系虽然不伤害任何人，但是是恶心的，不符合神性，所以不道德。

有意思的是，如果你问一个人他为什么认为测试题中的事儿不道德，他往往并不是从个人道德观角度去解释，而总爱找一个实用主义的理由。比如他可能会说吃狗的家庭其实伤害了他们自己，因为吃狗肉可能会让人生病！有时候理由实在难找，人们干脆就说"我知道这是错的，我只是还没想到理由。"

所以判断一件事是否道德很容易，而为自己的判断找到理由则需要思考时间。科学家相信人的道德判断是直觉式的、感性的快速判断，并非来自理性计算。人的理性，只不过是为自己的感情服务而已，是先有了答案再去想办法找证据。书中介绍了两个实验，可以证明这一点。

一个实验是在受试者做道德判断题的时候给他增加认知负担，比如要求他同时记住一个很大的数字。如果受试者是靠理性计算判断的，这个认知负担就应该减慢他的判断速度。但事实不是这样。即使增加了认知负担，他还是能很快做出判断。

在另一个更巧妙的实验中，实验人员先把受试者催眠，然后要求他每当看到某个特定的词，比如说"take"，或者"often"，就会产生恶心的感觉。我不了解这种催眠是怎么做的，总之植入效果很好，受试者醒来后的确一看到这个词就恶心，而且还不知道自己为什么感到恶心。现在把受试者唤醒，给他们看道德判断题。结果，果然是在题目的说明文字里加入这个特定的词的话，他就会因为产生恶心感而认定这个事是不道德的；如果没有这个词，他就可能认为这并不违反道德。最令实验者感到震惊的是受试者对下面这道题的反应：

Dan 负责组织一场有学生和老师参加的讨论会。会前，他找了几个师生都可能感兴趣的话题用于讨论。

这件事还能有什么不道德的？可是如果让他感到恶心的关键词出现在上面这段话中，受试者就会说 Dan 做这件事是不道德的，他必定有个不可告人的目的！

所以道德判断的确是从天上掉下来的。如果有人非说一件事不道德，他一定能找到各种理由，他可能根本不知道他做这个判断的真正原因只是自己的一种微妙直觉。

那么人的直觉判断又是根据什么呢？是模式识别。我们的大脑中安装了各种模块，一旦识别到符合某个模式的东西就会立即做出反应。比如你正在路上走，突然有人向你跑过来，马上要撞到你了，你自然就会感到紧张。紧张感就是你对面前出现的这个情境模式的反应。类似的模块还包括害怕蛇。人脑中有这么一个针对蛇的探测器模块，一旦看到蛇或者类似于蛇的东西就会自动识别并启动害怕的感情机制。

这些模式识别能力并非后天被人撞过或者被蛇咬过之后才习得，而是写在基因之中，一出生就有，是进化带给我们的本能。事实上，神经科学家的最新解释是我们一出生大脑就相当于是一本书，这本书的每一章都不是空白的，都已经写了一个草稿，或者至少列了提纲。我们长大的过程中可能会因为自己的经历去修改和完善这本书，但是那草稿仍然非常重要。

海特通过对大量受试者的道德测试题进行统计的办法，提出一个关于道德观的基础理论。他认为人脑中有六个最基本的道德模块，能够对生活中出现的各种事件进行模式识别，来自动做出道德判断。

这真是一个非常漂亮的理论，在我看来这简直就如同先发现了各种化学元素，再给食物分析化学成分。而且我还发现这个模块理论与中国儒家的"五常"——仁、义、礼、智、信，有不谋而合的对应关系。现在仔细想来"智"并不是一种道德，不算，而剩下的仁、义、礼、信都各自对应一个海特的道德模块。你不能不佩服孔子、孟子和董仲舒还真抓住了一些特别基本的东西，也不知道海特是否了解过中国文化。

现在我们解说一下这六个道德模块。

1. 关爱 / 伤害 对应中国人说的"仁"。我们看到小孩受苦就会想要帮助他，这是哺乳动物的本能。爬行动物很少有这样的感情冲动，母鳄鱼下了蛋有了小鳄鱼就基本不管了。而我们不但保护自己的孩子，还能幼吾幼以及人之幼，保护其他人的孩子，还保护小动物甚至玩具。更进一步，我们可以用关爱的精神去对待所有亲人乃至整个社会。

2. 公平 / 作弊 对应中国人说的"信"。这是与他人合作中的一种互惠机制，人们自然地认为合作产生的共同利益应该公平分配，如果有人作弊多占，我们就会愤怒。因为关爱而产生的利他行为属于恻隐之心人皆有之，不计回报，而这里出于公平合作而产生的利他行为是有回报要求的。如果一方不断付出而另一方不付出，那就是不公平。

3. 忠诚 / 背叛 对应中国人说的"义"，或者至少相当于江湖的"义气"。有多个实验证明，人有一种天生的群体归属意识。把一群男孩随意分成两组，给每组起个名字，最好再有个标志物。这些男孩自然而然地就对自己所在的组产生了忠诚感，同组的人都是好兄弟，联合起来对付外组的人。这可能是爱国主义的起源。忠诚感带来的凝聚力对团队竞争很有帮助，而且对外来威胁非常敏感。

4. 权威 / 服从 对应中国人说的"礼"。这个道德模块的表现是对长辈和地位高的人的尊敬。在一个有深厚传统的社会中，人们之所以讲礼，不仅仅是因为敬畏权威的地位，更是对现有社会秩序的敬意。

5. 圣洁 / 堕落 这是一个有点宗教味道的道德模块，中国传统道德对此强调不多，但我们也都有这个模块。它对应的感觉就是"恶心"，是一种厌恶不洁之物的进化本能。有个德国人招募志愿者来"被他吃"，居然真有人应征，而且他真的从中选了一个人杀死吃了。俩人都是自愿，不伤害任何其他人。但我们仍然坚决反对这种行为，这就是出于恶心。

6. 自由 / 压迫 中国儒家对此似乎不太看中，但是道家很讲自由。不论如何，每个人都认为自由很好，压迫不好，不管是对自己还是对别人。

每个人的头脑中都有这六个模块。有谁会以伤害别人为乐？有谁会喜欢作弊的人？有谁会认为背叛比忠诚可爱？单说某一方面，谁都知道好坏。但是这些道德模块在每个人心中的相对分量的大小是不一样的。比如有人可能认为在现代社会中对组织忠诚和对权威的尊敬并不是特别重要的道德。尤其是当面对同一件事，如果不同的道德模块对我们有不同的指引的时候，各人的取舍可能很不一样。有人可能因为感到同性恋很恶心而反对它，也有人可能认为自由更重要而支持它。

爱狗人士为了救狗不惜跟人作对，他们头脑中的关爱模块显然特别发达，毕竟狗像小孩一样可爱。而在一个公平模块和权威模块更强的人看来过分爱狗就是不对的：你这么对狗好，对人公平吗？狗毕竟比人低级吧？忠诚感强烈的人往往特别爱国，而对那些自由感更强的人来说，人权显然大于主权。如果每个人都仅仅听从自己心中道德模块的召唤，坚决用感性做判断，完全不愿意使用理性思考，把这帮人放一起吵翻天也没用。有句俏皮话说"性别不同怎么谈恋爱"，这里我们也可以说道德模块优先级不一样还能不能一起玩耍了。

每一种政治意识形态，都对应着这六个道德模块的一种组合。在2011年的一项研究中，海特等研究者搞了一个道德测试网站（YourMorals.org），对超过13万人进行了道德模块测试，再把测试结果跟这些人的政治意识形态相比较，就得到了每种意识形态所对应的道德模块组合。

下面这张图[1]来自网站测试结果的统计。图中横坐标是受试者的政治立场，从左边的非常自由到右边的非常保守；纵坐标是受试者对不同道德的

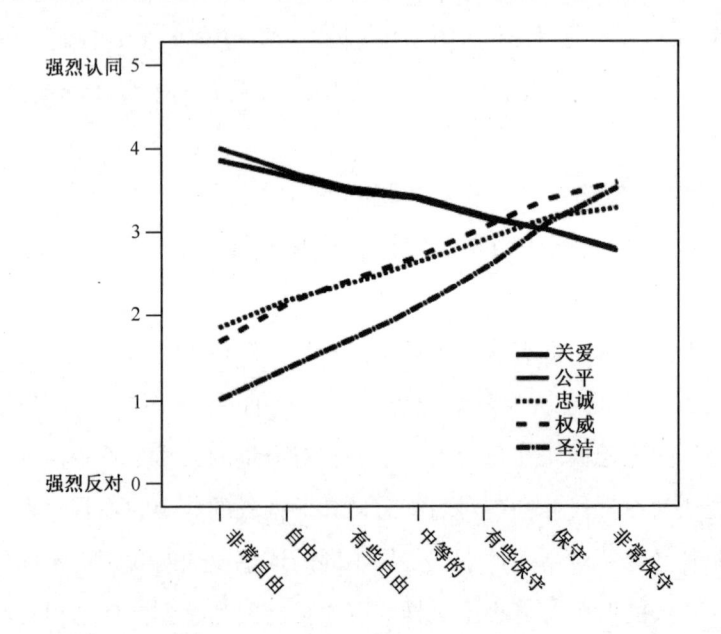

---

1 数据摘自 YourMorals.org。

认同程度，从下边的强烈反对到上边的强烈认同。这里测试的五个道德模块是关爱、公平、忠诚、权威、圣洁，"自由/压迫"模块并未出现在这个调查之中，是海特后来加进去的。

这项研究结果相当过硬，甚至得到了脑神经科学的支持。现在研究者可以在道德测试过程中使用功能性磁共振成像（fMRI）随时监测受试者的大脑。他们给受试者念一段有政治色彩的话，受试者如果对这段话中的词汇敏感，其大脑就会产生可见的反应，让研究者能看出来他是反感还是认同。把这个结果再对比受试者的政治立场，发现其听到相应道德模块敏感词时大脑的反应，与前面网站调查的结果非常一致。

美国最重要的两个政治派别是以民主党为代表的自由主义者（liberals）和以共和党为代表的保守主义者（conservatives）。这两种意识形态的区别，可以很好地用其对应的道德模块组合来说明。

自由主义者特别强调关爱、自由和公平——其中尤其看重的是关爱——而对忠诚、权威和圣洁完全不在意。自由主义者心目中的社会是由一个个独立个体组成的，认为社会要想好好运行，第一要关爱每一个人，不能伤害人，第二要公平。自由主义者对弱势群体有一种非常强烈的同情心，宁可牺牲一点自由和公平也要去保护他们，这就是为什么民主党人总是支持高福利和高税收。自由主义者对"自由/压迫"这个道德模块的侧重点在于不要压迫别人，对"公平/作弊"的侧重点在于结果公平，认为最好给每个人分配同样的好处。

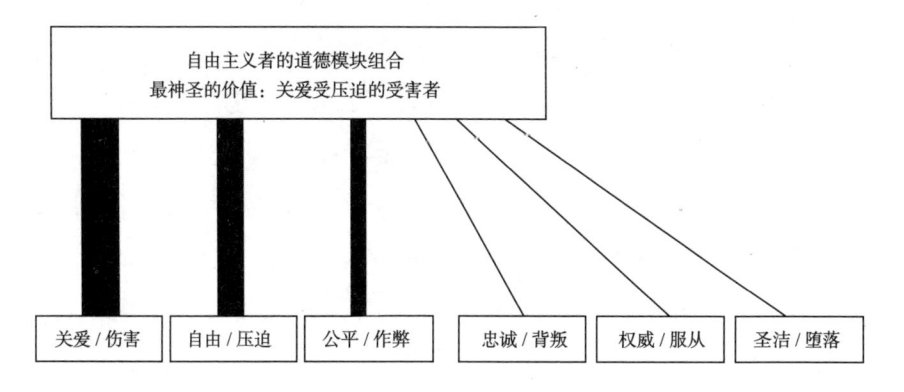

自由主义者的道德模块组合
最神圣的价值：关爱受压迫的受害者

关爱/伤害　自由/压迫　公平/作弊　忠诚/背叛　权威/服从　圣洁/堕落

保守主义者对所有道德模块都同样重视。他们心目中的社会模型是每个人一出生都不是孤立的，你已经在社会中有一个位置，你的家庭和社会关系已经在那里。保守主义者认为一个社会的传统价值对这个社会正常运行非常重要，人必须尊重传统。为了维持秩序，就要尊敬权威，对组织忠诚，注重个人的品德修养。保守主义者对自由的侧重点是不要压迫我，你不能多收我的税。对于公平，保守主义者认为好处必须按照贡献大小分配，而且为了惩罚偷懒者，宁可牺牲一点关爱。

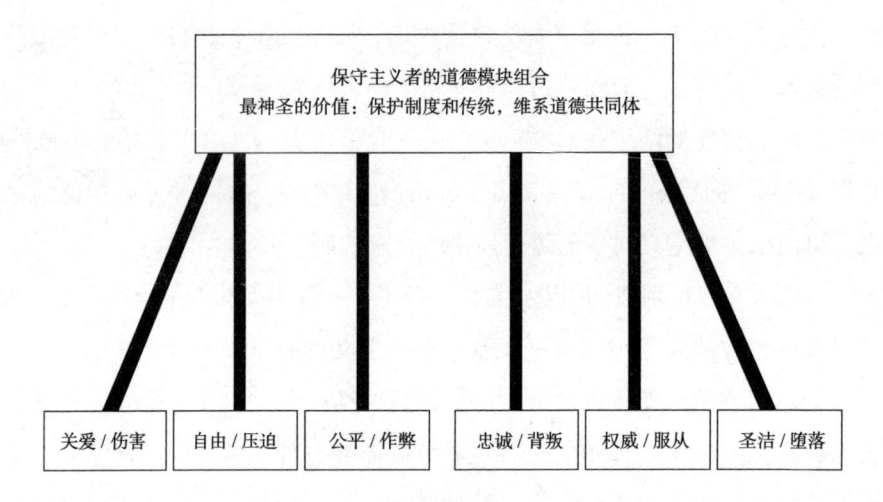

```
         ┌─────────────────────────────────────┐
         │    保守主义者的道德模块组合         │
         │ 最神圣的价值：保护制度和传统，维系道德共同体 │
         └─────────────────────────────────────┘
         │    │      │          │     │     │
     ┌───────┐┌───────┐┌───────┐┌───────┐┌───────┐┌───────┐
     │关爱/伤害││自由/压迫││公平/作弊││忠诚/背叛││权威/服从││圣洁/堕落│
     └───────┘└───────┘└───────┘└───────┘└───────┘└───────┘
```

其实不管你是自由主义者还是保守主义者，你在内心一定都把自己视为英雄。而所有的英雄故事都是同一个套路：现在世界上有个威胁，我要解决这个威胁。

自由主义者的故事是这么讲的。世界上存在着压迫！某个国家的政府、强人和大企业正在压迫人民，而智者就要起来引导人们去反抗。打碎旧社会，建立新社会。人们以推动社会进步为己任。这是一个英雄解放人民的故事，它的核心在于对弱势群体的关爱和对不平等的愤恨。

保守主义者的故事则是一个英雄出来防守的故事。人们的日子本来过得很好，突然来了一帮自由主义者，他们同情罪犯，反对传统价值，败坏道德理念，还把大家的东西分给说谎和不干活的人。所以大家要跟自由主义者战斗！

你说这两种理念谁对谁错呢？其实正确的办法是就事论事，对每个具体议题做具体分析。可是大多数人都是受意识形态左右的。科学家甚至已经发现了自由主义和保守主义的基因基础！在这方面，基因对大脑的影响关键在于两点：第一，你是否对威胁特别敏感；第二，你是否喜欢追求新东西。如果你对威胁特别敏感，你就更愿意跟同胞抱成团去对付外敌——这使我想起《中国不高兴：大时代、大目标及我们的内忧外患》一书所说的"外部选择压"——你就更倾向于保守主义。如果你在追求新东西和新经验中获得快乐，非常反感现有的秩序，你就更倾向于自由主义。我不太了解现在是否有足够证据说这两类基因决定了个人的道德模块优先级，但对于政治意识形态有先天因素这一点，我曾经看到过不止一个类似的研究。

所以人一出生，大脑中在政治上的侧重点就已经种下了种子。这些特性将会指引你的人生方向，特定的基因会让你主动去寻找适合这个基因发展的环境，比如一个自由主义者会天生反感老师制定的纪律，主动去亲近自由主义艺术，反感任何限制，很自然地认为自己正在实践"英雄解放人民"的故事。一个保守主义者则会天生认同传统价值，以自己民族的文化为荣，非常爱国，听说"公知"同情罪犯鼓吹废除死刑就觉得自己有义务保卫传统道德。人生的阅历和重大变故也许可以改变一个人的意识形态，但先天因素绝对非常重要。

美国的两大政治派别各自能有这么多人支持，甚至自由主义者的理念还被某些知识分子当作"普世价值"，并不是因为他们能言善辩，而是因为其背后有这样的道德基础。除了自由主义者和保守主义者，还有一类"自由论者"（libertarian），其道德模块组合是专门强调自由，捎带重视公平，而完全不在乎其他所有道德。有很多经济学家持自由论者的立场。不过，因为自由论者缺少关爱的模块，他们很难获得更多人的支持。

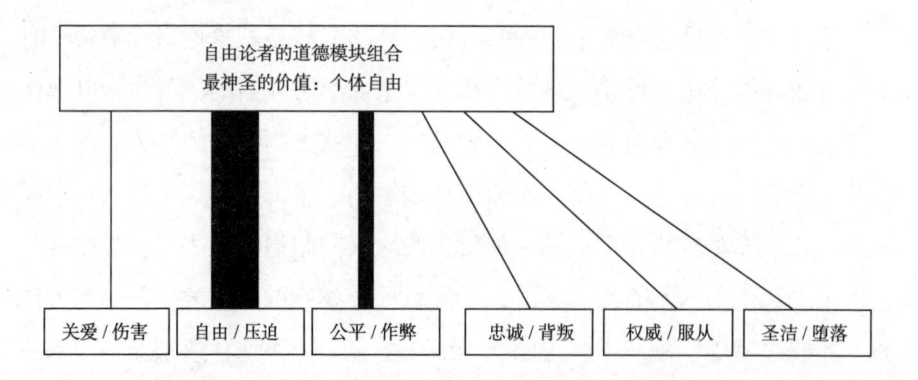

```
┌─────────────────────────────┐
│   自由论者的道德模块组合      │
│   最神圣的价值：个体自由      │
└─────────────────────────────┘
 关爱／  自由／  公平／  忠诚／  权威／  圣洁／
 伤害    压迫    作弊    背叛    服从    堕落
```

跟绝大多数美国知识分子一样，海特原本是一个坚定的自由主义者。但是为了这个研究，在他考察过多个国家的文化以后，他慢慢发现美国知识分子的想法其实是个特例。事实上，有人提出现代心理学其实研究的是世界上最 WEIRD（怪异）的一群人——这个词是这群人五个特点的缩写：Western、Educated、Industrialized、Rich、Democracy（西方的、受过良好教育的、工业化的、富裕的、民主的）——像这样的人即使在西方社会中也是特殊的，他们的价值观跟世界上其他人可能格格不入。海特不到 30 岁就去印度做调查，最初无法理解印度人的神性观念和集体观念，但生活了一段时间之后他发现他能理解印度人了。他慢慢从感情上接受了印度人的道德观，甚至开始使用理性帮这套道德观找理由。

像海特那样学会理解别人的道德观可不容易，各国的道德文化的确非常不同。《正义之心》中有个最简单的例子：请使用"I am ……"开头写 20 句话。美国人写的大多是自己的心理特征：我很开心，我很外向，我爱爵士乐等。而亚洲人则更爱写自己在生活中扮演的角色和社会关系：我是一个儿子，我是一个丈夫，我是富士通公司的雇员等。

我读此书读到这里，想到的第一句话是"I am Chinese"。

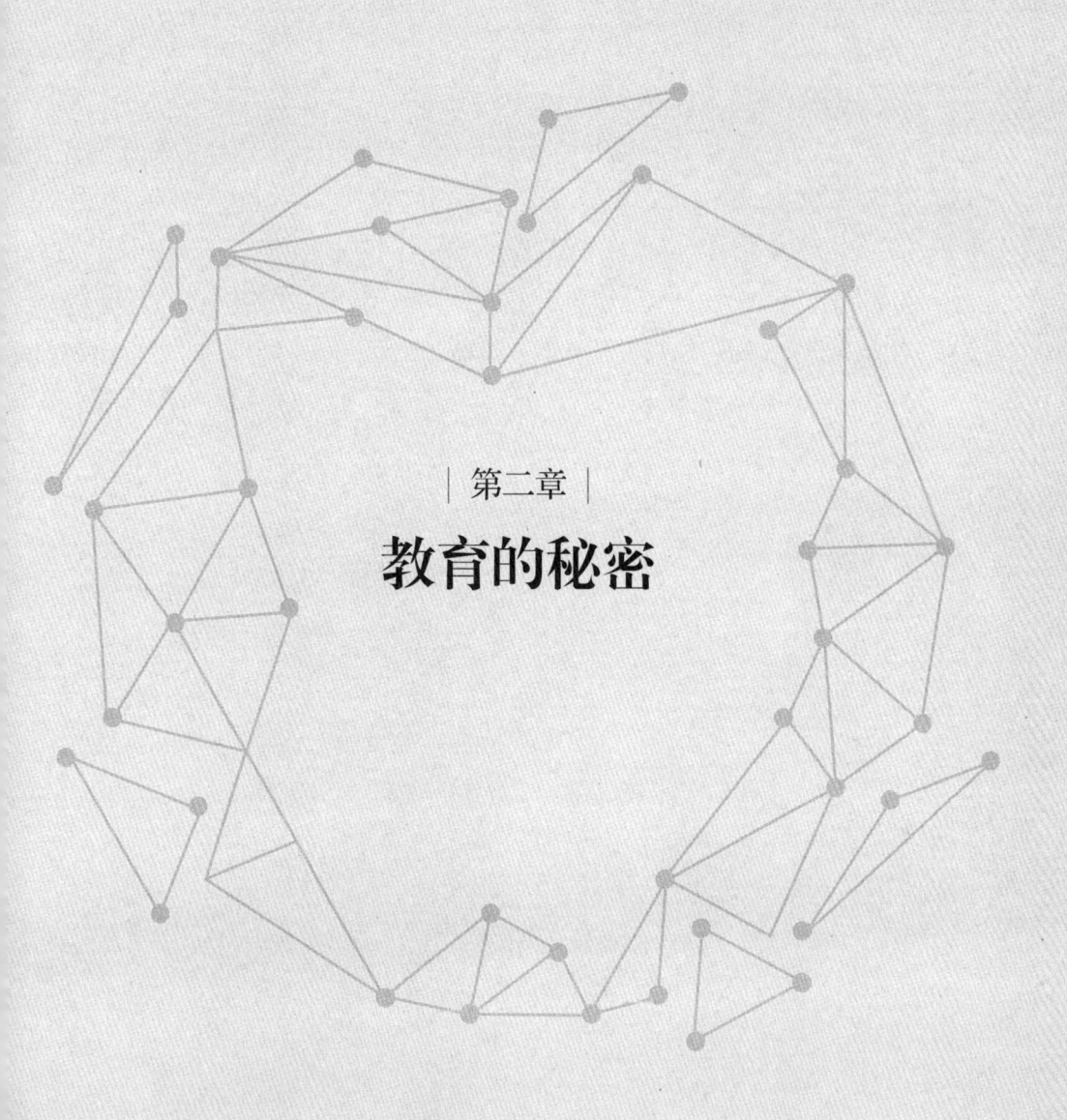

第二章

教育的秘密

高中是个把人分类的机器

应试教育就如同糟糕的空气质量：每个人都认为这是个大问题，但是大家都习惯了，仿佛这已经不是一个毛病，而是一个特色。想上名校，就得有为了考试而学习的觉悟。

可是河北衡水中学还是有本事把应试教育的问题玩得更大。据报道[1]，衡水中学是这么准备高考的：洗脑式的激情教育、高压式的管理和控制、反人性的成功学。学生们打饭跑操都带个小本子记单词，禁止任何娱乐活动，连课外书都不能看，"一名高一女生因为感冒嗓子疼，在自习课上喝了一口水，班主任便通知其远在邢台市的母亲来校，女生则含泪站在保安室写作业……"

如果高考是一场不得不打，而人人又都不想打的战争，在这个各方一再呼吁"裁军停火"的时刻，衡水中学正在加剧"军备竞赛"。

衡水中学这么做，对吗？过分的应试教育会不会损害学生的创造力？那些更有创造力的学生会不会因衡水中学的野蛮打法失去机会？

我们首先要搞明白一个问题：高中到底是干什么用的。直观的答案当然是高中是用来传授高中知识的地方——但这个答案是错的。

蓝翔技校才是传授知识的地方。普通高中所学的大部分知识对我们的

---

1 《中国青年报》2014 年 10 月专题，《衡水中学到底哪里不正常》，作者李斌，http://zqb.cyol.com/html/2014-10/23/nw.D110000zgqnb_20141023_1-03.htm。

工作和生活并无用处，绝大多数人高考之后一辈子也不会再用到椭圆参数方程和甲烷的分子式。一个职业作家面对高考语文试卷几乎不可能取得高分，他甚至可能连作文分都高不了。

我们当然也会在高中学到一些有用的知识，但高考试题早就远远超出了"有用"的范畴。想要学会解答高考试题，必须经过高强度的专业训练。这些训练并非以"对真实世界有用"为目的，而是以"考试"为目的。所以高中知识不是"全民健身"，而是"竞技体育"——就如同举重运动员的训练不是为了学习怎么往楼上扛冰箱一样。

高中的最根本目的并不是传授知识和培养人，而是把人分类。高中毕业后，一部分学生将进入著名大学，他们日后会有很大的机会获得一份高薪而体面的工作。一部分学生只能进入普通大学，而另一部分学生则上不了大学。我们每时每刻都在被社会挑选，但高中这一次可能是最重要的。高中，是个把人分类的机器。

命题者设计那些刁钻古怪的高考题，并不是因为这些题目有实际意义，而是因为它们够难！当然，解题也可以锻炼人的思维能力和意志品质，但这不是最重要的。最重要的是只有足够难的题目才能更好地把人和人区分开来。是智商的差距也好，是意志品质的差距也好，反正人和人必须区分开。

也许有人立即会说这是一个邪恶的制度！为什么非得把人分类？人的技能难道不是连续变化的吗？艺术和社交这些高考不考的项目不是也很重要吗？有很多没上过名校的人不是也取得了伟大的成就吗？是。但是你得先了解一下现代社会的运行方式。

❶ 为什么会有人失业

最理想的市场中不会有人失业。如果劳动力完全由市场供求关系决定，你只要愿意拿比别人低的工资，就可以得到任何工作的机会。但是在现实中，只有非常低端的工作才是这样。

比如说农民工。最近我看网上一篇业内人士写的关于建筑业农民工的文章[1],说农民工的权益得不到保障,跟农民工素质不是很高也有关系:毫无纪律性,想挣钱了就来干几天,对工作不满意或者赶上农忙了说走就走,包工头不得不再重新找一帮工人,工程进度和质量根本无法保证。其实这个素质问题绝非农民工所特有,100多年以前,美国福特汽车公司面临同样的局面。

当时福特推出的新车型彻底改变了汽车的制造方式,工厂不再依赖拥有高技能的熟练工人,任何人来了都可以迅速上手,这使得亨利·福特根本不担心招不到人。他的烦恼在于工人的士气太差。活儿太累,工作时间太长,工资也不高。工人们常常干不了几个月,甚至干不了几天就不来了,等实在没钱花了再回来,流动性非常大,而且来了也不好好干。

于是在1914年,福特推出了一个新政策。他把福特公司工人的最低工资提高到每天5美元——这相当于市场平均工资的两倍多,而且把工作时间从9小时减到8小时。

这份工资足够工人稳定地养家糊口了。工人们不但第一次对工厂有了一份感激之情,而且开始珍视自己的工作。他们主动努力工作,生怕被解雇,队伍实现了空前稳定。

关键在于,这份远高于市场供求水平的工资使得人们挤破头地想要成为福特的工人,甚至为此引发了一场骚乱。这可能是史上第一次,有人想干个体力活都干不成![2]

福特公司制定了一系列标准来选拔工人,比如要求你家里必须干净体面。这些标准跟工人能不能干好活关系并不大,它们的作用在于淘汰人!一个有幸进入福特公司的人和一个没被选中的人之间很可能根本没区别,唯一问题仅仅在于名额有限。

---

1 这篇文章叫《关于农民工讨薪那点事儿》,作者@裸枪,http://www.weibo.com/p/1001603800923997626634。
2 蒂姆·哈佛德在 The Undercover Economist Strikes Back 一书中提到此事时开玩笑说,"亨利·福特发明了失业"。

福特公司这一招，在现代社会具有普遍意义。哪怕是"谁来了都能干"的工作，企业也不希望"让谁都来干"，而希望员工都有一定的忠诚度和凝聚力，并愿意为此支付一个更高的工资。至于需要专业技能的工作就更是如此。中国过去曾经允许任何略懂医术的人作为"赤脚医生"行医，而现在没有正规医学院学位根本不允许你给人看病。用一个高准入标准和高工资来保证医生工作的稳定性和士气，才是正确做法。

这就需要用一些门槛把一部分人挡在外面。这些门槛应该给人公正的感觉，好像得到这个工作的人真的是靠能力得到的一样。实际上往往有能力做这个工作的人很多，门槛的作用就是明明他有能力，我们还是因为名额有限而找个借口淘汰他。这就是为什么据说有的作家评个职称也要考英语。

学历就是最好的门槛。

❷ 竞争游戏

我们来玩一个叫作"婚姻超市"的经济学思想实验[1]。假设房间里有 20 个男生和 20 个女生。他们要做一个两两配对的游戏，只要配对成功——不管有没有真爱——就可以领取 100 元奖金走人。我们可以想象奖金大概会被平分，男女各得 50 元。

现在假设参加游戏的男生少了一个，20 个女生必须争夺 19 个男生。女生们为了拿着奖金离开，会怎么做呢？她们应该会贿赂男生。只要你愿意跟我配对，我宁可多分给你一点奖金。

这个游戏的有意思之处在于，只要有一个女生给男生加价，其他女生就不得不跟着加价。如果所有女生都不想被最后剩下，一分钱奖金都拿不到，她们就会竞相加价。在极端情况下，女生们最后同意自己拿 1 分钱就行——这样每个男生都可以得到 99.99 元！可惜就是这样，最终还是有一个女生什么都得不到。

---

[1] 这个实验来自蒂姆·哈佛德的 *The Logic of Life* 一书。

这些女生完全可以坚持拿 50 元不动摇，可是每个人都担心自己被剩下，结果就是每个人都付出了更大的代价。

考大学就是这样的游戏。名校是一种稀缺资源。只要想进入名校的学生比招生名额多，高考竞争就一定激烈。即使所有高中生都不用功备考，大学也要招这么多人；因为每个人都害怕自己考不上而用功，结果就是所有人都投入大量无谓的精力，大学还是只招这么多人。

高考竞争本来已经很激烈了，现在衡水中学的学生用了一个更激烈的方法来玩这个游戏。他们把游戏难度推到了极致，他们是"第一个给男生出价 99.99 元的女生"。

所以人们当然要问，你们这么玩会不会把游戏玩坏了？你搞考试"军备竞赛"，会不会"绑架"全国高中生只为考试而学习，以至于影响他们的创造力？

不会。

❸ 国家是因为教育而富强的吗？

韩国的高考竞争，比中国更激烈。首尔、高丽和延世大学是韩国三所最好的大学，它们录取不看别的，只看考试分数，体育、文艺、家庭背景都没用。韩国所有大公司的高管都来自这三所大学，CEO 之间常常是校友关系。上与不上这三所大学，未来的工资水平有天壤之别。

韩国高中生的学习时间并不比衡水中学少。他们要在学校待一整天，晚上还要去上私立的补习班。这些补习班是专门传授考试技术的地方，比白天的公立学校重要得多，据说一个最著名的补习老师一年能赚 400 万美元。衡水中学对学生实行量化管理，而韩国的学校对老师也实行量化管理，用一系列指标评价老师提升学生成绩的能力，最好的老师像明星一样被抢来抢去。

为了高考，韩国人甚至正在慎重考虑是否应该实行男女分校。韩国人研究发现学生的高考成绩主要取决于其上自习时间的长短，为此他们认为男女同校是个不利因素[1]，因为数据显示男女同校的学生自习时间比单纯的男子高中或女子高中学生少一小时。相比之下，衡水中学虽然禁止学生谈恋爱，毕竟还是男女同校。

自习时间越来越长对孩子成长也可能不利，韩国政府不得不出面搞了个"停火协议"——晚上 11 点之后禁止学生在补习班上课，并且让群众有奖举报哪个补习班到点了没有放学。居然有人靠举报补习班一年挣了 25 万美元[2]。

可是韩国不管是科学还是技术方面的创新能力似乎都没被高考的"军备竞赛"所影响，它是亚洲科技创新最强的国家之一。不但如此，这么强大的考试文化之下，韩国居然培养出了很多优秀的足球运动员，而且他们在电影、电视剧和音乐方面的成就也很大。这是为什么呢？

我们在常识上认为教育强才能国强，所以"再穷不能穷教育"，但这可能是一种误解。

实际上如果你查看历史记录，一个国家或地区的教育水平其实是在这个国家或地区的经济腾飞以后才起来的。中国台湾地区 1960 年的识字率比菲律宾低，人均收入只有菲律宾的一半，如果教育决定经济增长，那么那时候的菲律宾应该比中国台湾地区更有增长潜力。然而事实却是现在中国台湾地区的人均收入是菲律宾的 10 倍。类似地，韩国在同一时期的识字率比阿根廷低很多，人均收入只有其 1/5，而现在韩国人均收入是阿根廷的 3 倍[3]。

事实上，中国大力增加教育投入也是近年经济高速增长了一段时间以后的事情。过去在经济增长之前，很穷的时候，教育更穷——但是"穷教育"并没有耽误经济增长。

所以也许不是教育水平决定经济增长。也许是经济增长了以后，社会

---

1 环球时报：韩国媒体称男女同校就读影响学生高考成绩，http://www.chinanews.com/gj/2013/03-28/4683441.shtml。
2 此事来自 Amanda Ripley 的 *The Smartest Kids in the World* 一书。
3 这些数据来自 Nicholas Taleb 的 *Antifragile* 一书第14章。

上有了更多高薪职位，人们为了能得到这些职位才对教育产生更大需求[1]。没有一个好的教育系统培养众多高素质人才，当然搞不了创新；但是如果一个国家缺乏创新的工作机会，那么它也不需要创新人才。人才和工作机会其实是共同增长的，而历史数据似乎显示，工作机会必须先走一步来带动教育发展。

人才并不神秘。在市场作用下，如果一个高科技公司需要某一方面的人才，它就一定能找到这方面的人才。韩国完成了产业升级，它给年轻人提供了大量好工作，年轻人自然就会为得到这些工作而努力。他们可以在大学和研究生阶段学到很多跟工作相关的东西，可能大学也教不出什么有用知识，他们更多的是在工作实践中学习——前提是他们首先得能进入一个好大学。至于学生在高中这几年是否花了太多时间准备考试，可能对国家经济真没什么大影响。

❹ 穷人和富人：谁更应该上名校？

我并不是说教育不重要，教育对个人非常重要。众所周知，有名校学历可以大幅提高一个人毕业后，甚至是一生的收入水平。但这里仍然有个因果关系问题。一个能考上名校的学生必定是非常聪明的，那么他未来的这个高收入，到底是因为他聪明而获得的，还是因为他上过名校而获得的呢？

也许一个聪明学生因为种种偶然原因——也许临场没发挥好，也许他更喜欢家乡的大学——能去名校而没有去，他未来还能获得同样水平的收入吗？

两个美国经济学家，Stacy Dale 和 Alan Krueger，考察了将近 2 万个高校毕业生在毕业后 10 年到 20 年的收入情况[2]。首先很明显名校毕业生收入更高：一个 1976 年进入常青藤名校的学生在 1995 年时的平均年收入是 9.2 万

---

[1] 经济学家 Alison Wolf 在其 *Does Education Matter?: Myths About Education and Economic Growth* 一书中对这个问题有非常深入的研究。

[2] 这项研究的介绍见于 http://www.nytimes.com/2000/04/27/business/economic-scene-children-smart-enough-get-into-elite-schools-may-not-need-bother.html 和 http://economix.blogs.nytimes.com/2011/02/21/revisiting-the-value-of-elite-colleges/。

美元，而对比之下如果他当初上的是个普通大学，收入将只有 7 万美元。

但这个研究有意思之处在于，它考察了那些有本事上名校但是最终去了普通大学的人。在一项统计中，519 个学生同时被名校和普通大学录取，结果他们后来的收入是一样的——不管他们当初选择了名校还是普通大学！更进一步，只要这个学生有很好的 SAT（相当于美国高考，但可以考多次）成绩，哪怕他因为一些原因被名校拒绝了，他最终的收入还是跟去了名校的学生一样好。

也就是说根据这个研究，对聪明学生来说，上不上名校并不重要。你走这条路能成功，走别的路也能成功。这可能是因为社会足够复杂，而市场足够有效，以至于一次没被选中也无所谓。所以如果你有足够能力，没去成复旦大学去了中南大学并不影响你将来的收入。

但我们有理由怀疑学生的家庭因素在这里起到了很大作用，因为这个有点出乎意料的结论对低收入家庭的孩子不好使。这个研究发现低收入家庭的孩子上不上名校对他影响巨大，可以说第一步走错以后想出头就很难了。所以如果你来自低收入家庭，能去复旦大学就尽量别去中南大学。

那么低收入家庭的孩子到底差在哪儿了呢？可能是社交能力，可能是找工作时来自家庭的直接帮助，也可能是综合素质，比如说想象力。有条件的家庭根本不会让孩子一门心思考试，他们会想办法培养孩子的综合素质，这样的孩子将来显然会有更多机会。

但想象力是个很奢侈的追求。2014 年的一项研究[1]发现，以基尼系数为标准，收入分配越平均的国家，其家长对孩子的要求越强调"想象力"，教育手法越宽松；贫富差距越大的国家，家长越强调"努力拼搏"，教育风格也更独裁。

如果你的竞争压力不大，甚至上哪个大学、找个什么工作将来的收入都差不多，你一定有闲情逸致培养自己的想象力。如果面临考不上名校未

---

[1] Matthias Doepke, Fabrizio Zilibotti, Tiger moms and helicopter parents: The economics of parenting style, 11 October 2014, VOX CEPR's Policy Portal. http://www.voxeu.org/article/economics-parenting.

来收入就必然不高的局面，你最好还是先考上大学再培养想象力。

在这个基尼系数高达 0.47 的时代，衡水中学学生们的想象力非常有限。而对富裕家庭来说，既然上不上名校与收入无关，就完全不必担心来自衡水中学的竞争。他们甚至可以直接把孩子送到国外读大学，完全不耽误想象力的培养。

美国大学录取学生并不只看 SAT 成绩。各种文体才艺、在高中的组织和领导能力、当过志愿者做好事，都是重要的考虑因素。这些标准对富裕家庭的孩子更有利。你要才艺，我可以聘请最好的花样滑冰老师；你要名人推荐信，我认识你们校董；你要领导力和社会公益，我甚至可以出钱把孩子送到边远国家当志愿者刷经验值。

衡水中学的大多数同学恐怕没有这样的条件。他们羡慕那些出国上大学的孩子吗？可能会，也可能不会。但是有一点可以肯定：他们并不埋怨这个社会。报道说在学校洗脑式的教育中，他们的精神面貌非常积极向上。他们高喊着"拼直到赢，拼直到成"之类的励志口号，充满正能量。他们相信只要自己努力拼搏，就有资格——而且也有可能——对所有的好东西分一杯羹。

而大人们应该做的就是向他们保证：你想的是对的！

早教军备竞赛的科学结论

现在中国的教育选拔竞争是如此激烈,"军备竞赛"已经从学龄前儿童开始了。我要说的是,早教竞赛是一场愚蠢的比赛,聪明理性的人不应该参加。

周围大多数人都在做的事情,不一定就是对的事情。当前中国国情,学习的竞争早就发生在小学入学之前,而学习班的市场已经覆盖到了 0~3 岁。4 岁开始学英语,5 岁会算数学题似乎是新标准。据说有的小学已经不好好教汉语拼音了,因为学校默认孩子在幼儿园就应该学会。

早教剥夺了孩子的快乐童年。早教要让家长花费很多时间和金钱。面对严峻的现实,什么"人生是一场长跑,赢不赢起跑线不重要"这样的话纯属鸡汤。谁不知道人生是长跑?可是你总不能让孩子连小学入学考试都过不了吧?再说天才不都早慧吗?高水平运动员不都是从小苦练出来的吗?

我们需要科学的指导。如果早教是培养高水平人才——或者就算不能培养高水平人才,只要能有利于考上好大学就行——的必要条件,那么让孩子吃点苦,家长受点累花点钱,就都是值得的。如果不是,早教就是错误的。

事实是,关于早教的问题,已经有科学结论了。

* * *

如果你稍微做一点关于早教的调研,你会很难控制自己的情绪。你会认为中国的所谓"育儿专家",表面上张口一个"脑科学"闭口一个"国际先进水平",实际上大多是愚昧思想的贩卖者。

当前科学理解,对"早教"这个东西,早就有非常清楚的结论。

20 世纪 70 年代,德国政府可能是考虑到国家需要更多高水平人才,曾经一度打算把传统的、让孩子玩闹为主的幼儿园,全都变成以教孩子写字算算术这种早教为主。但是德国人没有拍脑袋就决策。

德国政府资助了一项大规模的研究[1]。研究者选择了 50 个以早教为特色的幼儿园和 50 个以玩闹为主的传统幼儿园,对所有这些孩子进行跟踪比较。

一开始,的确是早教幼儿园出来的孩子学习水平更高,而且这个优势一直保持到孩子们上小学以后。这是完全可以理解的,毕竟早教幼儿园的孩子都提前学习了,孩子刚上小学一看老师教的自己都学过,心理上想必也有优势,可谓是赢了起跑线。这完全符合现在中国家长们的切身感受。

但是,那个优势并没有一直保持下去。到小学四年级再看,早教组的孩子不但没有学习优势,而且他们的成绩还**显著低于**传统幼儿园出来的孩子。

早教真的能让你赢起跑线,但是你真的领先不了多久。

所以德国政府取消了改革幼儿园的计划。这就是为什么尽管现在发达国家的好高中、好大学比中国的高中和大学的学习强度高,但是发达国家的幼儿园没搞中国那种早教——那不科学,那不是什么"国际先进水平"。

---

[1] Linda Darling-Hammond and J. Snyder. 1992. "Curriculum Studies and the Traditions of Inquiry: The Scientific Tradition." Edited by Philip W Jackson. Handbook of Research on Curriculum. MacMillan. pp. 41-78.

类似的研究被多次重复，现在学术界已经达成共识[1]：早教带来的早期优势会在 1～3 年内被冲刷掉，然后还可能会被逆转。

所以，就提高学习成绩来说，在最好的情况下，早教没用；在很多情况下，早教有害。早教，是拔苗助长。

如果你的孩子因为没参加早教而没考上那个所谓重点小学，我劝你别担心。你可能还应该感到庆幸。你敢不敢先给孩子找个正常点的小学，等到四年级再跟他们比。

但早教的真正害处，比四年级时的学习成绩严重得多。

* * *

德国那个研究发现，早教组的孩子不但成绩被人逆转，而且在社交和情感能力方面，还有明显的欠缺。这才是早教最大的害处。

美国的一项研究做得更彻底。1967 年，研究者把密歇根州的 68 个贫困家庭的孩子随机安排到传统的、基于玩闹的幼儿园，和以老师直接教学为主的早教幼儿园中。为了保证效果，研究者还每隔两周家访一次，教给家长如何配合幼儿园的风格教育孩子。这项研究一直跟踪到这批孩子年满 23 岁。

学习成绩方面的结论跟德国的研究一致，早教组有个初期的优势，然后很快就被抹平了。但这项研究最惊人的发现是在孩子的为人处世能力方面。

到 15 岁的时候，早教组的孩子违反学校纪律的行为次数，是传统组孩子的两倍。

在美国当个穷人，日子是很艰难的，长大很容易走上犯罪道路。到 23 岁，传统组有 13.5% 的人曾经因为犯罪而被捕；而早教组这个比例高达 23.4%。早教组还有 19% 的人曾经用武器威胁过他人，而传统组一个都没有。

---

[1] Peter Gray, Early Academic Training Produces Long-Term Harm, Psychology Today, May 05, 2015.

总体而言，早教组的孩子更容易跟人发生摩擦，更容易犯罪，更不容易结婚。一句话，他们不擅长与人相处。

当初只有短短一两年的早教，竟然造成了终身的危害！

*　*　*

我需要再强调一遍，美国这个研究的对象是穷人家庭的孩子，而美国穷人的日子本来就很不好过，所以长大以后才有那么高的犯罪率。

这个研究非常有戏剧性，但是仍然能说明问题：它说明早教伤害了孩子的社交和情感能力。其他没专门用穷人的研究，戏剧性没有这么强，但是有同样的结论[1]。那这是什么原理呢？

我们《精英日课》专栏专门解读过加州大学伯克利分校的发展心理学家艾莉森·高普尼克（Alison Gopnik）的《园丁与木匠》这本书。高普尼克说，儿童在6岁以前，真正的任务不是什么学习读书写字和做数学题，而是玩儿[2]。

玩闹也是学习。孩子在玩儿的过程中能探索周围的东西都是干什么的，揣摩周围的人都在想什么。更重要的是，跟别的孩子一起玩闹，是一种社交演练。孩子必须在实际互动中学会公平、尊重和社交界限，学会分享、帮助和友情，学会怎样跟人相处。

所以哪怕你家孩子真是天才，天生以学习为乐，5岁就会微积分，也请不要耽误他玩。性情乖张行事怪异的天才已经太多了。

在正常孩子都忙着社交的时候，有些孩子却被逼着去死记硬背拼音、单词和乘法表。他们把大好时光浪费在了那些只要再过几年就能轻轻松松学会的东西上。

他们该玩的时候没玩够，甚至可能再也学不会怎样好好玩儿了。

1　R. A. Marcon, 2002. "Moving up the grades: Relationship between preschool model and later school success." Early Childhood Research & Practice 4(1).

2　Alison Gopnik, The Gardener and the Carpenter: What the New Science of Child Development Tells Us About the Relationship Between Parents and Children, 2016；《精英日课》第二季，《园丁与木匠》3：当孩子玩的时候孩子在学什么。

* * *

进化生物学家戴维·威尔逊（David Wilson），用演化思维考察儿童成长，提出一个概念叫"严格的灵活性"[1]（rigid flexibility）。成长的过程看似灵活，其实很严格。儿童发育的每一步，都需要正确的环境信息输入。晚了不行，早了也不行。

9 个月以下的孩子不需要额外的音频和视频多媒体信息。长时间让孩子听音乐看电视会导致孩子长大以后不能集中注意力。

18 个月以下的孩子只有听真人说话、在有互动的情况下，才能提高词汇量。其他方法一律没用而且有害。

2 岁以下的儿童只适合接触三维的物体——也就是真实世界里那些寻常的物体，比如玩具和人。而二维的东西，比如书本和图画，只会妨碍他们感知能力的发育。

人的听觉、视觉、各种感知能力、大脑的发育是讲顺序的。提前给一个不该给的刺激，很可能让这时候该发育的东西发育不好。

6 岁以下儿童的任务不是用惊艳的学习成绩给父母增光，而是健康地发育成长。强迫式的早教是残害儿童。

早教课教的那点玩意有什么可学的？有什么可担心的？只要让孩子大脑正常发育，到时候想学还不容易吗？堂堂的高学历父母，被幼儿园老师治得心惊胆战，这不荒唐吗？真正的天才都是跟成年人比，以自己家孩子提前两年学会小学二年级知识为荣，那是愚昧。

* * *

没有上过早教的孩子，或许还有？救救孩子……

---

[1] David Wilson, This View of Life: Completing the Darwinian Revolution, 2019；《精英日课》第三季，《生命视角》2：步步惊心的成长。

补习班、考试和阶层的因果关系

近几年,教育部的减负改革计划引起了很大的争议,很多人担心减负会不会加剧中国的阶层固化。我们这里不是为了表态和站队,那个问题太复杂。我想提供几个有关补习班、考试和阶层的关键事实,帮你更清晰地思考这个问题。

咱们先说一点哲学。当我们谈论一件事儿的作用的时候,不能光考虑它**有没有**用,关键问题是它有**多大**的作用。

比如说,一个称手的键盘,对写作肯定有用。如果你是严肃地对待写作这件事儿,而且不差钱,我建议你买个好键盘,最起码得是机械键盘。打字流畅了,你的思路也就更流畅。但如果有人说自己之所以写不出好文章是因为键盘不行,那无疑是荒唐的。作为一个以写作为生的人,我认为键盘对写作水平的影响是非常非常小的。

但我们还是愿意买好键盘。有条件的话还应该买好电脑、好办公桌、好椅子和好书架,当然最好还要有一间比较大的书房。这些东西会让你感觉很好。更好的是,这些东西是非常可控的——只要花钱就行。花钱能办到,感觉还挺好,这就足够说服你了。至于说这些东西到底对写作水平能产生多大影响,那是虚无缥缈的事情。

如果你不差钱,你真的在乎那个影响是大是小吗?

我要说的是,所谓给孩子上补习班,什么私教课之类,就有点像是给作家升级了一套写作装备。

❶ 补习班

补习班并不是个新生事物，可以说古今中外都有。关于上补习班到底有多大作用，现在已经有很多人研究过了。咱们先说结论：补习班几乎没用——就算有，也比公众所以为的，要小得多。

先明确一下什么叫补习班的作用。古代没有义务教育系统，上什么课都是付费的。一个有钱的员外给自己家族的孩子请了高水平的私塾老师，那么相对于穷人家的失学儿童，这个私塾老师显然绝对是有用的。但现在人人都有学上，所以我们关心的不是这个。

我们关心的是在正式的学校教育之外参加的那种补习班，或者叫课外班。问题是，对于上同样水平的公立学校、使用同样的教学大纲、能接触到同样的复习资料的两个学生，一个花钱上课外补习班，一个不上补习班，请问补习班对他们的成绩有什么影响。

中国有很多补习班，但是我感觉中国学者对补习班的正式研究非常有限。我找到的两项调查都发现有大约一半的学生参加了课外补习，而两项调查都认为补习班没用。

2018 年，中国海洋大学教育评估与质量监测中心对青岛市的 13 680 名小学四年级学生和 11 734 名初二学生的调查表明，课外补课与学业成绩的相关度不大。我看到的报道[1]没说数学，但是就语文成绩来说，小学四年级学生，上补习班的平均成绩为 490.13 分，不上补习班的平均成绩为 500.08 分；初二学生，上补习班的平均成绩为 500.65 分，不上补习班的平均成绩为 499.36 分。

另一项调查，长沙市 2018 年发布的《普通中学教育质量综合评价报

---

[1] 孙军，青岛市教育局委托中国海洋大学教育评估与质量监测中心监测显示：课外补课与学业成绩相关度不大。《山东教育报》，2018 年 4 月 23 日。

告》[1] 也认为，"参加课外培训班越多并不意味着学习成绩越好"。

两项调查都发现，课外学习时间越短的学生，反而成绩越好。当然我们知道相关性不等于因果性，也许是差生不得不更多地选择上补习班，如果不上补习班他们的成绩会比现在更差？

2013年，哥伦比亚大学的一篇博士学位论文[2] 对韩国的补习班做了大量的研究，基本结论大约可以总结为三点：

1. 课外补习对差生最有效果；

2. 对数学和英语比较有效，对语文作用不大；

3. 补习的效果主要发生在初中阶段。上了高中以后，课外补习只在数学方面而且只对差生有一定的效果。

把所有这些研究放在一起总结来说，我们说"补习班作用不大"，没问题吧？

❷ 考试私教训练

美国很少有长期的课外补习班，但是有很多专门为 SAT 考试冲刺训练的补习班。我看到的几个研究[3] 一致认为这种冲刺训练，特别是一对一的私教，对提高考试成绩是有用的。但是，这个效果绝对没有商业公司宣传的

---

1 湖南长沙：首次发布《普通中学教育质量综合评价报告》9.6万名学生参与测评，教育部网站（http://www.moe.gov.cn/s78/A11/s3077/201809/t20180918_349274.html）。

2 Ji Yun Lee, Private tutoring and its impact on students' academic achievement, formal schooling, and educational inequality in Korea, Ph D Thesis, Columbia University, 2013.

3 Moore, Raeal; Sanchez, Edgar; San Pedro, Maria Ofelia, Investigating Test Prep Impact on Score Gains Using Quasi-Experimental Propensity Score Matching. ACT Working Paper 2018-6；Jed. I. Appelrouth, DeWayne Moore, Karen M. Zabrucky, Janelle H. Cheung, Preparing for High-Stakes Admissions Tests: A Moderation Mediation Analysis, International Research in Higher Education, Vol 3, No 3 (2018).

那么明显[1]。

关键在于，美国高中通常只负责教课，并没有专门的SAT考试训练项目，不像中国高中那样专门用一年的时间做高考模拟训练。学生要准备SAT考试通常都得自己想办法，或者买些考试复习资料自己做题，或者请私教。那我们可想而知，如果你的同学根本就没怎么准备高考，而你专门请人训练过，你的成绩当然会更好。

如果要强行跟中国的情况类比，我们应该比较的是如果一个学生自己在家里做模拟训练题，另一个学生花重金——现在价格通常是每小时几百美元——请私教帮着训练，私教的作用有多大呢？我没看到针对这个问题的明确研究，但是现在没有任何证据表明请私教比自己在家做模拟训练题更有用。

是，有针对性的考试训练肯定有用。你得熟悉题型，你得加快答题速度，你得像运动员对待比赛一样对待考试。但是不上补习班，自己在家也能做这种训练。题库都是公开可以买到的，专门讲答题技巧的书也有很多，都不贵。最可能的结论是，相对于自己训练，花钱请私教也许有用，但是那个作用绝对是不明显的。

❸ 阶层与入学考试

从美国学生的SAT成绩和家庭收入的关系来看，的确是越富有的家庭出来的孩子的成绩越好。但是，你很难说这是教育**导致**了阶层固化——事实上，更准确的说法是教育**反映了**阶层。

2019年前后，包括耶鲁大学在内的一些美国名校爆出了受贿录取的丑闻，专栏作家丹尼尔·弗里德曼（Daniel Friedman）专门写了一篇评论[2]，赞美了像SAT这样的标准化考试。弗里德曼列举了几组非常有意思

1　Derek Briggs, The Effect of Admissions Test Preparation: Evidence from NELS:88, CHANCE 14(1), January 2001.

2　Daniel Friedman, Why Elites Dislike Standardized Testing, quillette.com, March 13, 2019.

的数据。

首先，的确是富有家庭的孩子 SAT 成绩好。美国最富的家庭，年收入 20 万美元以上的这个统计区间，他们的孩子的 SAT 成绩中位数是数学 565 分，阅读 586 分。这相当于比全体学生的平均成绩高了半个标准差。

但是，不看收入，只看父母有没有研究生以上学历的话，高学历家庭的孩子的成绩，是数学 560 分，阅读 576 分。请注意拿到研究生以上的学历，比拿到 20 万美元以上的年薪要容易得多——而这里的数据表明，财富对孩子的作用显然并不比学历大很多。

对这些数据的正确解读是，从统计意义上来说：

1. 学生的成绩反映了学生的智商；
2. 学生的智商继承于家长的智商；
3. 家长的财富和学历，反映了家长的智商；
4. 所以学生的成绩才会跟家长的财富和学历有关。

这些说的都是大多数人的平均现象。那如果一个人的考试成绩出类拔萃，他这个出类拔萃是怎么来的呢？是家长花钱供出来的吗？不是。

年收入超过 20 万美元的家庭可以花钱上最好的私校，请到最好的家教，但是他们孩子的 SAT 成绩，也仅仅比高学历家庭好那么一点点而已。而这个成绩——中位数是 1151 分——远远不够上名校，那只够阿拉巴马大学的录取分数线。

现实家庭只能帮你到这里。想要出类拔萃，必须自己厉害才行。学生不是统一规格的原材料，花钱买不来高配置。如果上补习班有用，富人还搞什么捐款和贿赂。

注意，这里我们只分析了家庭对考试成绩的影响。美国大学录取并不只看标准化考试成绩，还有课外活动等方面的考虑，富人家庭在那些方面有更多的优势。而从这个意义上说，标准化考试是最公平的录取方法。

是，富人可以让孩子从幼儿园到高中一路上好学校，他们的考试成绩也真的更好——但是，富和最后成绩之间并没有那么显著的因果关系。不可忽略的事实是富有的家长通常也是高智商家长，而智商是可以遗传的。高学历家长没花那么多钱，也有同样的作用。

现在很多人说，以前中国有很多来自农村的考生能上北大清华，可是现在北大清华录取的大都是城市中产家庭的孩子，这难道不是阶层固化吗？我认为不一定。以前中国不是市场经济，人才不能自由施展才华，很多高素质家庭并没有高收入——而现在是市场经济，高素质家庭很容易获得更好的生活条件。很可能以前考上清华的所谓"穷人家孩子"，他们并不是真正的"穷人家"的孩子。

所以更科学的结论是，考试成绩只是反映了学生家长和学生本人**是什么人**，而不是他们**花了多少钱**。

但是家长仍然会愿意给学生花补习班的钱。也许没什么大用，但这是唯一用金钱可控的操作。

这就好像很多人把一生中大部分医疗支出都花在生命最后几个月一样：花钱总有些许可操作的空间，但是那个空间并不大。

原生家庭、天生智商、终身学习：到底都有多大用？

罗振宇经常说一句口号叫"和你一起终身学习"，我很荣幸和你一起终身学习。终身学习不是为了通过某个考试或者取得某个资格证书，而是为了实实在在地提升自己的能力和认识。但是因为终身学习没有证书，可能会经常有人问你，学这些东西有啥用呢？

肯定有用。但是到底用在哪，有多大用，这个不太容易说清楚。考大学、考研、学修车、学编程那种学习是容易理解的，会跟不会的境遇很不一样。那你说像科学、历史、政治、经济、心理学这些东西，会与不会的差别到底体现在哪呢？

同样是我们都知道肯定有用，但是又不容易说清楚的还有"家庭"和"智商"这两个因素。如果一个人曾经胸怀大志结果碌碌无为，他到底应该怨原生家庭不行，叹息自己智商不够高，还是应该后悔没有终身学习呢？

我想把这个问题分析清楚。全面考察这三个因素的研究非常难做[1]，据我所知现在还没有。但是相关的话题是热门课题，如果我们分段考察，早

---

[1] 为什么难做呢？因为其中涉及从宏观到微观的不同尺度。智商的作用只能用大尺度研究，考察很多很多人才能看出来；而原生家庭和终身学习的作用往往体现在少数人身上。多尺度问题一向难以用单个统计方法研究。

就已经有很多有意思的研究证据。

* * *

以我之见，家庭、智商和终身学习这三个因素影响的不是同一种人，而是不同层次的人。我们大致把人从低到高，分为四个层次：

第一层是"缺陷人群"。这是指因为自身有重大缺陷，而未能过上普通人生活的人群。他们可能走上犯罪道路，可能陷于贫困，可能性格孤僻，与社会脱节。他们不幸福不快乐，需要政府和社会的帮助。

第二层是"普通人"。当然每个人都是不普通的，这里"普通"的意思是说生活很正常。忙忙碌碌但也很快乐，享受到了经济增长的好处，更有温暖的亲情。如果每个人都能过上普通人的生活，社会其实是挺美好的。

第三层是"优秀者"。这些人或者是学习成绩好，或者是有一技之长，表现出了超出一般的水平。他们比普通人有更高的学历、职位和收入。他们是学校里的标准学生，是领导眼中的好员工，是相亲市场的热门对象，是家长口中的"别人家的孩子"。

第四层是"士"。士是中国古代贵族的最下一层和平民的最上一层，也是我们《精英日课》专栏爱谈论的概念。士在单位里是领导或者业务骨干，士对他人有影响力。士在社会上是一号人物，别人知道他是谁，而不只是把他当作一个职务或者一个员工。士往往有一项出类拔萃、能在本领域或者本公司排的上号的技能。士有思想、有独立性、能做主。士和优秀者的区别是士有主观能动性，有自由。再优秀的工具人也只是工具人，士不是工具人。

这个分类是笼统而非绝对的，可能有的人在某一方面属于缺陷人群，另一方面却是不折不扣的士。这个分类考虑的不是经济和社会地位，而是这个人的能力和见识。一个拥有好多套房子但是没有什么能力的人，只是普通人而不是优秀者。最重要的是，人可以在各个层次之间流动。

家庭、智商和终身学习，决定了一个人所属的层次。

* * *

家庭的主要作用是决定一个人能不能达到普通人层次，会不会沦为缺陷人群。人们对家庭教育寄予厚望，又是学区房，又是陪写作业，又是上辅导班，又是聘请名师，其实家庭对人的影响是有上限的。

孩子就好像是一棵成长中的小树：你要想毁掉这棵树，那非常容易；但你要想让这棵树长得出类拔萃，那不取决于你。

如果父母从小虐待孩子，不给提供充分的营养，或者不给足够的学习环境保障，孩子很有可能就不会健康成长。本来孩子是个好孩子，可是家庭没养好。有多项研究表明[1]，如果是一个低收入家庭、父母又没有受过良好的教育，或者父母没有正当的职业，家庭生活颠沛流离，孩子长大后的表现会低于他们的智力潜能。

但是如果说这个家庭的条件已经很不错了，孩子能健康成长正常受教育，那么他就至少能成为一个普通人。但是他能不能成为优秀者呢？那就跟家庭环境关系不大了，几乎完全取决于他自己的智商。而智商，几乎就是天生的，后天很难提高。

那你说家庭的文化传承、陪写作业、上辅导班、上好学校那些难道都没用吗？那些东西的作用仅仅是让孩子能发挥自己的智商，而不是提升智商。条件太差，孩子智商发挥不出来，就如同一棵小树营养不良没有生长空间；可是只要满足了一定的条件，这棵树可以充分生长，再好的条件就没有多大作用了。

这个效应甚至对性格和情感养成都是如此。耶鲁大学心理学家桑德拉·斯卡尔（Sandra Scarr）就说：

---

[1] 参见罗伊·鲍迈斯特和约翰·蒂尔尼所著的《会好的：悲观者常常正确，乐观者往往成功》（2021）一书。后面斯卡尔的话也出自这本书。

父母只要避免暴力、虐待，不要漠不关心即可，除此之外，父母做的任何事情都不会产生显著影响。

我看到一个 2021 年的新研究[1]，加州大学戴维斯分校的经济学教授格雷戈里·克拉克（Gregory Clark）对 1750 年至 2020 年超过 40 万个英国人的统计研究发现，一个家庭上一代能留给下一代的，只有两个东西：一个是遗传基因，一个是财富。别的东西，什么教育、社会关系、文化传承、理财心法……基本都没用。

一个科学家回顾自己的童年，说我父亲对我影响很深，让我从小爱科学——其实就算他父亲忙得顾不上管他，他该成绩好还是会成绩好，他父亲对他真正的影响是基因。

所以育儿一定别焦虑，你只要做个**合格**的父母就行了，你不必做优秀的父母：孩子的优秀跟你**本人**够不够优秀很有关系——因为他会遗传你的基因——但是跟你是不是**优秀的父母**关系不大。

同样地，作为个人，只要你的原生家庭不算太差，你就别再埋怨父母对你不够好了。难道说一个人没考上清华大学，还能怪他爸爸没有在他小学二年级的时候陪他写作业吗？

* * *

其实人智商的高低也不能怨父母，遗传有很大的随机性，很大程度上是个运气问题。聪明是运气，努力其实也是运气——情商、意志力，包括体育，都跟智商有正相关的关系，都有基因因素。

大略而言，是智商，决定了一个人能不能从普通跃迁到优秀。

当然严格地说，是某种天赋。可以是体育，可以是表演，可以是社交

---

[1] Gregory Clark, For Whom the Bell Curve Tolls: A Lineage of 400,000 English Individuals 1750-2020 shows Genetics Determines most Social Outcomes, March 1, 2021, working paper. http://faculty.econ.ucdavis.edu/faculty/gclark/ClarkGlasgow 2021.pdf.

等，比如有的人天生就受人喜欢，不一定非得是会做数学题的那种智商。但是它一定是某种天生的素质，有的孩子一看就会一点就通，有的孩子请什么名师怎么教都上不来，这个不得不承认。

那么一个普通人能不能成为一个优秀的人，难道从出生时候就注定了吗？"注定"不是个好词，不准确——但是大体上，只要环境不太差，优秀不优秀是自己的事儿。

有个证据是"上名校对人的影响"。你说人就是这么个人，上不上名校，对他的影响大吗？不大。有研究证明[1]，那些只差一分没考上重点高中的人，和那些只多了一分考上了重点高中的人，他们将来上大学的录取情况基本上是一样的。同样地，那些有实力去著名大学，但是出于各种原因选择了普通大学的人，他们工作以后的收入水平跟那些上了著名大学的人也是一样的。

名校只是选拔了你，只是证明了你的优秀——而没有把你**变成**优秀的人。优秀的人本来就优秀，不上名校也优秀。

那你说不对啊，名校这个牌子对找工作很有用啊？是，但是请注意，只对低收入家庭的孩子有用。他的家庭环境不能让他充分发挥，他才需要名校的加持——只要家庭环境能让他发挥，他不需要名校加持。

所以智商是决定性的因素。根据对大规模人群的统计，优秀不优秀主要是由智商决定的。

那智商不高的人难道就没希望了吗？不是。

* * *

智商是个决定大规模效应的因素，优秀是个大规模效应。但是卓越、出类拔萃、成为一个"士"，却是个小规模的现象。普通人能不能考上好大学，能不能找个好工作，这是大规模效应，主要是智商问题。但是一个

1　《精英日课》第一季，《人人说谎》："意料之外的有用和没用"。

人能不能上升到领导岗位，能不能独当一面，能不能占据一个独一无二的位置，能不能改变世界，这不是智商问题。

我看到一个很有意思的统计是这样的[1]：国际象棋棋手，如果是业余的、没有名次的那种一般的学棋者，棋力跟智商的关系比较大，相关系数是 0.32。但是对于那些高水平的、有名次的棋手来说，棋力跟智商的相关系数却只有 0.14。

智商的影响也是有上限的。这个道理如同家庭环境只能让你走那么远一样，智商也只能让你走这么远。

从优秀到卓越靠的是什么呢？综合我的研究结果，我以为主要有两点。

第一，你得有内在驱动力。这回不是为了父母、为了金钱或者职位这些外部的东西而战了，你得有个远大的目标，找到一个领域，发现一个使命，能自己驱动自己才行。

第二，你得能理解和处理复杂的问题。这回你不能甘当螺丝钉了，你得跳出流程，摆脱膝跳反应式的思维，掌控自己的思考，自己有见解、敢拿主意才行。

这两点家庭不能提供，基因不能预装，学校不能教，主要靠自己终身学习。终身学习学什么？首先是学自我驱动和复杂思考。

终身学习是成为一个士的必要条件。一天到晚被外界驱动，只会简单思考的人，再聪明再努力，也只是一个"奴隶"。

当然，终身学习不一定是出类拔萃的充分条件。要想取得重大成就，你还是需要一定的机遇、天赋和运气才行。可是，终身学习有可能让人超越家庭出身和遗传智商，直接从"普通人"甚至"缺陷人群"跳跃到"士"这一层。无数从底层跃迁的励志故事，说的就是他们。有的人从小

---

[1] Alexander P. Burgoyne et al., The relationship between cognitive ability and chess skill: A comprehensive meta-analysis, Intelligence, 59, 72-83 (2016).

长在支离破碎甚至还"有毒"的家庭,却成了温文尔雅气度恢宏的大人物;有的人资质平平学什么都慢,却成了一代宗师。他们不可能没有内在驱动,不可能没磨炼过复杂思维,不可能不是终身学习者。

只是这样的人太少了。他们比的不是天赋,而是格局、眼界、精神头、体能和执行力。

天赋对终身学习有没有影响?肯定有。有的人天生就对什么东西都好奇,有的人天生无感。但是无数的研究都证明,学习动力是可以训练的。史蒂芬·科特勒(Steven Kotler)2021年出了一本书叫《不可能的技艺:巅峰表现入门》,其中就列举了训练学习动力的方法。

只是你必须自己训练自己,不能是被别人逼着训练。

这几乎就是个矛盾。你要强行训练一个人爱学习,那他就肯定不是内在驱动。这就是为什么"文化传承"那么难,为什么岸见一郎在《被讨厌的勇气》这本书里说教育孩子得课题分离:学习是孩子的课题不是你的课题,你可以把一匹马领到河边,但是最终喝不喝水,那是它自己的决定。

总而言之,如果我们准确理解了遗传、环境和学习的意义,那么,不坏靠家庭,优秀靠遗传,卓越靠学习。

世界上优秀的人很多,士太少。不终身学习也可以是个优秀的人,但是只能是个随大流的人。终身学习是我们打破枷锁的唯一指望,而且必须是自己的事儿。

能把穷人变成正常人的教学法

现在有很多人认为教育是一种服务：你能出得起什么样的价钱，就配得上什么水平的教育。不过哪怕是在今天，也仍然有些理想主义者认为教育是一种社会责任——不管这个孩子有钱没钱，我们都有义务把他培养成一个优秀的人。这些人的理想真的可行吗？

认为教育是一种服务的人，可能都盯着美国私立高中。然而有点出乎意料的是，哪怕你是个理想主义者，认为优质教育也应该面向穷人，甚至应该向穷人倾斜，你也可以向美国学习。

❶ 穷人与教育

美国四口之家的贫困线标准是年收入 2 万多美元，表面上比中国家庭收入中位数还高很多，但光看收入数字会被误导。事实上，美国贫困家庭的孩子面临的挑战比普通的中国孩子大得多。

如果不幸生在美国的贫困家庭，你可能很难成为一个"正常人"。

想要做个"正常人"，你只需要满足三个条件：第一，先结婚后生孩子；第二，从高中毕业；第三，有份全职工作。有统计研究证明[1]，在美国，只要你能做到这三点，你就有 98% 的可能性不会陷入贫困。可是美国穷人

---

[1] 参见David Brooks的 *The Social Animal* 一书。

恰恰做不到！

美国有超过 2/3 的贫困儿童生活在单亲家庭之中，家长疲于奔命根本没时间管孩子。这使得他们很难得到足够的监督和管教，从而缺少自控能力。他们中的很多人没有从高中毕业——不是因为高中文凭很难拿，也不是因为生活所迫要挣钱养家，而是因为沉溺于毒品和聚会，连每天按时上学都做不到。

即便混到了高中毕业，贫困学生也很难考进大学，他们可能去社区学院，相当于中国的大专。而在社区学院，差不多有一半的学生曾经怀孕，或者曾经使别人怀孕。

如果你连个正经工作都没有，怀孕不是个好消息。可我以前看过一个报道，说有个黑人女高中生跟记者说她很自豪，因为她是她家族里第一个到了 16 岁还既没有怀孕，也没有让别人怀孕的人！

想要不怀孕，需要一点自控力。自控，是一种非常基本和可贵的素质。一个中国学生在最差的情况下，也只不过是指望用抄袭和作弊的方法混过考试；而一个美国"差生"，则可能直接忘了参加考试。他们连申请大学助学金的表格都懒得填。他们甚至可能会忘了约好的工作面试。如果他们真去面试了而且找到了工作，他们可能随时会因为一点小事而辞职不干。

美国没有种族隔离制度，但"正常人"和穷人不会住同一个社区。一户贫困黑人周围的邻居，也都是贫困黑人。而作为黑人孩子，就算自己天生有自控能力，想上进，都没法上进——因为他的黑人朋友们会嘲笑他想当个白人！

所以美国穷人跟"正常人"之间最根本的，不是能力差异，不是经济差异，而是文化差异。黑人贫困儿童最应该抱怨的不是政府和学校，而是他们的父母、邻居和同学。

现在有很多研究表明，贫困，其实是一个复杂系统中多种因素联合造成的结果，你很难简单地使用某个单一办法——帮助就业、直接发钱、让他去更好的学校读书——来让一个人摆脱贫困，你必须多管齐下才行。想要帮助一个贫困的黑人学生成为"正常人"，学校能做的非常有限，家庭和环境的影响实在太厉害了。

所以教育扶贫的难度，可能会超出一些理想主义者的想象。这就难怪有人抱怨说，现代社会干什么都需要资格认证，唯独当家长这个最需要资格的工作，不需要资格认证！

网上有人认为穷人就是垃圾人口，应该限制生育，或者干脆不要管，有多远躲多远。而大多数有点良知的人则认为社会对穷人有亏欠，应该给穷人补偿。

但事实证明，美国针对少数族裔的"平权法案"和种种福利制度并没有真正帮助穷人消除贫困。而与此同时，贫困群体则心安理得地享受着社会福利，也不追求上进，他们唯一爱做的，就是要求更多的福利。

如此说来，美国穷人还有没有希望了？希望不是很大，但美国的确有一股进步力量。这股力量既不指望用什么法案对穷人孩子降分录取，也不谋求给穷人直接发福利。他们试图使用科学方法来解决贫困问题。

他们搞教育创新。

❷ 宪章学校

1993 年，青年教师 Mike Feinberg 和 Dave Levin 因为不满当时公立学校的落后局面，痛恨这个系统的官僚主义，决定利用刚刚通过的宪章学校法案创立自己的学校系统，这就是 KIPP（Knowledge Is Power Program）。

所谓宪章学校，仍然算公立学校，仍然拿政府的教育经费，仍然对学生免收学费，但是其运营方式有非常大的自主性。你可以选择自己的教学大纲和教法，自己招聘老师，接受社会捐款，乃至在全国各地开分校。

KIPP 最初以五年级到八年级的中学（相当于中国初中）为主，后来有了小学和高中，现在在遍布全国的几十个学校中有超过 2 万名学生[1]。

这是给穷人准备的学校。KIPP 专门在各地最差的学区办学。学生中

---

[1] Rod PAIGE and Elaine WITTY, *The Black-White Achievement Gap: Why Closing It Is the Greatest Civil Rights Issue of Our Time*, 2009.

90% 是黑人和墨西哥裔，87% 来自贫困家庭。

Feinberg 和 Levin 借鉴了当时各学校最好的教学方法，招到一帮志同道合的老师，在 KIPP 尝试各种教学手段。他们要求学生家长必须配合参与教育活动，他们定期给老师做培训。他们判断这些手段好不好使的标准只有一个，那就是是否有利于让这些贫困家庭的孩子考上大学。

这些手段几乎从一开始就取得了显著的成功。被媒体广泛报道之后，KIPP 获得了大笔私人捐款，这使得他们能够创办更多分校。

如果你想创办这么一所中学，用最好的条件给穷人机会，你会给哪些穷人机会呢？为公平起见，你是否应该像中国的重点中学那样搞一个入学考试，把机会留给那些原本学习成绩最好的孩子？但 KIPP 对公平的理解却不是优先录取好学生，而是给所有人平等机会。所以录取不看学生之前的成绩，而是采取抽签的形式。

这可能是那些学生一生中最重要的一次机会，抽中与抽不中的结果简直是天壤之别。美国贫困家庭孩子能考上大学的只有 8%。而 KIPP 的毕业生，则有 80% 的人上了大学。

正因为入学没有选拔，KIPP 取得的成就才更令人敬畏。KIPP 的学生们在五年级入学的时候，其数学和英文水平普遍比同龄人落后得不是一点半点，而是落后一到两个学年！而到他们八年级的时候，他们的成绩 100% 超过平均水平。KIPP 在其所在的整个城市内，比如纽约市的所有学校中名列前茅。

使用什么样的教学法，才能取得这样的成就？

他们的第一个办法非常简单：不是家庭和环境因素不好解决吗？那就干脆让学生每天在学校多待几小时！一般美国中小学都是早上 8 点多开始上学，下午 3 点放学，而 KIPP 则是早上 7 点 25 分开始上学，下午 4 点半放学。这意味着学生要在早上五六点钟起床，晚上五六点钟才能回到家里，累了一天，估计写完作业就得直接睡觉了。这样，他们的确没有多少时间接受家长的文化熏陶，或者跟邻居家孩子一起出去混。不但如此，KIPP 还在星期六上半天课。他们的暑假也比别人短。

但最重要的是，孩子们在 KIPP 所接受的，是一种完全不同的文化。

❸ 努力是可以学的

KIPP 的理念，可以用"一个中心，两个基本点"来概括。

一个中心，就是一定要考上大学。"大学"，是 KIPP 学校里最常出现的词汇。老师跟学生说的话，跟家长说的话，学校里的各种口号，处处体现上大学这个中心目标——哪怕他们只不过是初中生。孩子们很小就被领着去大学访问，去接触从 KIPP 出来并成功考上大学的校友，树立自己有朝一日也要上大学的意识。KIPP 的班级名称是按照学生毕业上大学时的年份命名的，KIPP 的教室用各个大学的名字命名。每一个 KIPP 的学生，都有自己心仪的大学。

两个基本点，叫作"work hard, be nice"——努力学习，好好做人。这两句听起来很俗的话绝对不是随便说着玩的，在 KIPP 看来，这是为考上大学所必备的两个手段。

除了更长的在校时间，KIPP 的学生每天还要写两个小时的家庭作业。老师都得把自己的电话号码告诉学生，学生哪怕晚上在家里写作业遇到问题，也可以立即打电话问老师。在美国学校普遍鼓励合作和讨论的情况下，KIPP 的学生每天早上做数学题的自习时间必须绝对安静。

前段时间有报道说英国首相卡梅伦不知道 9 乘以 8 等于多少，这让人觉得似乎西方国家的教育并不强调背诵乘法表。而在 KIPP，学生们必须大声背诵乘法口诀，而且是声情并茂地打着节拍背。

和中国的某些中学一样，KIPP 爱让学生喊各种励志口号，而且是在教室里由老师领着喊，比如一边拍桌子一边喊"Read baby read！"（读书啊，宝宝，读书！）[1]

其中有一句口号是"There are no shortcuts."（没有捷径。）KIPP 不相

---

[1] 如果你想体会一下这个口号是怎么喊的，YouTube 上有段视频。https://www.youtube.com/watch?v=rADvu0cPHYA。

信任何投机取巧的学习方法,他们让学生完全理解学习不是闹着玩的。在第一堂数学课上,KIPP 老师会播放星球大战的音乐,告诉学生这将是一个非常困难的旅程。

提高学习强度,加强精神鼓励,这两条措施简直深得中国学校的真传。而 KIPP 对"努力学习"的理解还不止于此,他们还有一套物质奖励系统!

学生入学第一天是没有桌椅的,只能坐在地上,因为在 KIPP,一切东西都必须是努力"挣"来的。谁表现好,谁才可以得到桌椅。

这似乎有点极端,但近年来有好几个经济学家做实验发现,如果根据学习成绩和平时表现给学生发奖金——真金白银地直接发钱——的确可以在一定程度上提升成绩和毕业率,似乎相当好使[1]。不过这种做法很有争议,远远没有被大面积推广。然而 KIPP 早就有了一套非常成熟详尽的奖励制度。

这套奖励制度[2]却不是按照学习成绩,给"好学生"发钱。它的核心思想在于让学生通过做好自己本来就应该能做好的事情去挣得奖励,以此来引导他们养成良好习惯,慢慢习惯成自然。比如一个学生如果能做到按时到校,他就可以据此"挣钱"——这些"钱"能用于在校内换得物品;能在课堂上积极参与发言讨论,可以挣钱;能保持正能量的态度,挣钱。学生在学校的一举一动,都是对他们的考验。

KIPP 做了大量的实验去发现和总结哪些奖励好使,哪些不好使。其中一个重要发现是奖励跟惩罚一样,一定要给得快!这显然完全符合"刻意练习"的精神,得有即时的反馈:该表扬立即表扬,该批评立即批评……KIPP 每周给学生结算一次"奖金"。另一项发现是不同年龄段学生对奖励的需求不同。五年级小学生用几根铅笔就能打发,而高中生更想要

---

[1] 关于用奖金鼓励孩子学习,以及本文后面有关"刻意练习"的一系列研究,和关于自控的研究,在我的《万万没想到:用理工科思维理解世界》一书中有更详细的讨论。
[2] *Time*, Thursday, Apr. 08, 2010. Should Kids Be Bribed to Do Well in School? By Amanda Ripley.

的则是自由——如果你表现好，你就可以获得在吃午饭的时候戴个耳机听音乐的特权——没错，KIPP 连怎么吃午饭都管。

❹ 素质，怎么教育

如果这种奖励制度使你联想到监狱，我要说的就是，KIPP 没准真的借鉴了一些监狱的管理方法。这绝对不是一个崇尚自由的学校。

怎么走路，怎么坐，走路的时候怎么拿东西，甚至上厕所之后怎么洗手，洗手之后用几张纸擦手，都有严格规定。

课堂上别的同学发言的时候，全班同学按规定动作看着他。在教室里，学生必须学会使用两种统一的音量说话，根据具体情况决定使用哪种音量。如果哪个同学在课堂上有小动作，老师会立即停止上课，然后全班讨论怎么"帮助"他克服这个坏毛病[1]。

这些规定，就是 KIPP 所谓的"be nice"。对 KIPP 来说，"好好做人"绝非一句空洞的口号，而是一系列详尽的行为准则。而这套准则并不是领导层拍脑袋想出来的，其背后有科研结果的支持。

仅仅把人培养到能考上大学的程度，作为一个简单的考试机器，似乎也不能叫成功的教育。KIPP 的创始人之一 David Levin，曾经对 KIPP 毕业生进行了跟踪分析，他想知道哪些学生最终不但能考上大学，而且能在大学成功完成学业。结果他获得了一条非常宝贵的经验[2]。

Levin 发现，那些最终在大学取得成功的学生，并非一定是 KIPP 学校里成绩最好的学生，而往往是那些拥有某些优良品格的人，比如说乐观、适应能力强、善于社交。他意识到自己此前犯了个错误！KIPP 在学业上的教育非常成功，但是在品格方面的教育却不够好。

其实像这样的问题，要求学生德才兼备也好，呼吁素质教育也好，我

---

[1] 见于 The Talent Code 一书，作者 Daniel Coyle。
[2] 见于 How Children Succeed: Grit, Curiosity, and the Hidden Power of Character 一书，作者 Paul Tough。

们中国的教育工作者们每天都在强调，根本不新鲜。Levin 的独特之处在于，他不是坐在那里瞎说，而是用自己学校毕业生的数据证明了这一点。更关键的是，Levin 并没有停留在感叹和呼吁上，他直接采取了行动[1]。

你要怎么做，才算把素质教育落到实处呢？

当时有两个宾夕法尼亚大学的心理学家，Martin Seligman 和 Christopher Peterson，搞了个理论，说人类有些品质是超越文化差异的，是全世界所有人都尊重的美德，比如说智慧、自控、幽默感等。他们一共总结了 24 条这样的品质。

Levin 很喜欢这个理论，他决心让 KIPP 的学生拥有这些美德。Levin 直接找到 Seligman 和 Peterson，说你这 24 条实在太多不好操作，能不能给我们精简一下。于是心理学家最终给 KIPP 准备了七个目标品质：坚毅、自控、热忱、社交、感恩、乐观和好奇。这些品质跟上大学有什么关系？比如社交能力就跟能不能完成大学学业很有关系。有个研究说，能顺利从大学毕业的关键一条是，至少有一个教授能叫出你的名字。

这七个品质成了 KIPP 的"核心价值观"。就像中国某些学校宣传自己的校训一样，KIPP 用铺天盖地的标语口号往学生的脑子里灌输这七个品质。不过 KIPP 的口号可能稍微高级一点，其并不是生硬地要求学生记住这七个名词都是什么，而是采用更加灵活多变的方式去潜移默化这些品质。

比如我们都听说过"斯坦福棉花糖实验"，说那些能坚持不吃第一块棉花糖，一直等到实验人员拿来第二块棉花糖再吃，表现出强硬自控能力的孩子，最后都有出息。显然 KIPP 的每个学生都知道这个典故，因为学校给他们的 T 恤衫上印的不是"自控"这个名词，而是"别吃那个棉花糖！"

KIPP 的品行教育还不仅仅停留在口头上。学校居然给每个学生发卡片，让学生随时记录身边同学做出的符合"核心价值观"的行为！比如其中一条记录是"Jasmine 发现 William 一个符合'热忱'的行为：他在数学

---

[1] Dave Levin 有个演讲，可以在网上看到，https://www.youtube.com/watch?v=lAsSdyb6YMY。

课上对老师的每个提问都积极举手"。

更有甚者，KIPP 还搞了一个 CPA（Character Point Average，品格平均绩点），与一般学校常用的 GPA（Grade Point Average，平均学分绩点）并列，就好像我们呼吁的"绿色 GDP"一样。老师根据学生的表现给他们在这七个方面打分，像评估足球运动员的技术特点一样评估每个学生的品行特点。一旦发现短板，就进行个别谈话，而且还会通知家长，共同研究怎么改进。

不仅仅是思想灌输，而且用一系列制度逼着学生这么做——这背后的逻辑是，性格不是完全天生的，后天可以培养。而心理学家同意这一点。

❺ KIPP 水平的礼貌

很早就有人注意到，穷人家孩子和中产阶级家孩子的一个显著区别是平时的待人接物。得体的言谈举止和基本的礼貌对人的品格锻炼非常重要。对中产阶级家庭的孩子来说，基本的社交礼仪通常都是跟着父母潜移默化就会了，而穷人家孩子可能就不懂这些。所以 KIPP 就干脆连这些都教。

KIPP 有非常严格的礼貌教育。如果一个姓 Ali 的老师跟你说"早上好"，你的回答不能也是"早上好"，而必须是"早上好，Ali 老师！"（Good morning, Ms. Ali.）如果老师在课堂上问全班同学"明白吗？"（Is that clear?）或者简单地说"Clear?"你既不能回答"yes"，也不能回答"clear"，而必须是"Crystal"（水晶）——意思是"crystal clear"，非常明白。

KIPP 的老师们在教学中摸索出一套叫作 SLANT[1] 的课堂规定。SLANT 是要求学生必须执行五个规定动作的缩写：Sit up, Listen, Ask and Answer questions, Nod, Track the speaker。这五个动作的意思是：

● 坐直。坐得笔直，才能体现一种良好的精神状态，同时也是尊重别人。

---

[1] 来自一位KIPP老师的文章，http://blogs.edweek.org/edweek/Bridging-Differences/2013/04/slant_and_the_golden_rule.html。

不论是上课还是其他场合，KIPP 都要求学生坐直。

●倾听。听是比读更重要的学习方法，不管是老师还是同学说话，你必须仔细听。只有这样才能促进更复杂的对话交流。

●提问与回答。学生必须敢于提问并且能回答问题。如果不敢提问，老师就不知道你对知识的掌握程度——这对老师来说是最关键的信息。KIPP 的中学生像中国的小学生一样热切地举手回答问题，每次提问都有如林的手臂高举起来。

●点头。你要是理解对方在说什么，你就要点头。这不是什么仪式，而是一种非语言的信息传递。

●眼睛盯着说话的人看。一方面是表示尊重，一方面是为了加强信息传递。

普通人如果到 KIPP 访问，有机会找个学生交谈的话，他可能会有一种受宠若惊的不适应感。这个学生会非常谦逊地注视你，用心地倾听你的话，一边听还一边点头。在这些彬彬有礼的学生中间，你可能会在一瞬间有一种自己突然变成了一个了不起的人物的感觉。

但真正了不起的是 KIPP 的师生。努力学习，做个好人——这两条其实说的都是自控力，前者是学习中的自控力，后者是人际交往中的自控力。

自控，是一种反人性的行为。它要求我们做"该做"的事，而不是"想做"的事。为什么 KIPP 最喜欢自控力？现在有句流行的话说"以一般人的努力程度之低，根本谈不上拼天赋"，其实是有道理的。一个有自控力的人生活再差也差不到哪儿去，自控力是比想象力更为基本和行之有效的个人素质，是摆脱贫困的关键一步。中国的教育基础比美国好，可能恰恰得益于中国文化中从小就强调自控。

当年我上小学，老师要求上课必须坐直并且还得把手背在身后。我稍微长大一点就对此嗤之以鼻。我认为人应该怎么舒服怎么坐，我的价值观是自由，而不是纪律。

可是我写这篇文章的时候，也不经意地坐直了一点。

精致的利己主义者和常青藤的绵羊

现在很多忧国忧民的老派人物已经对中国的大学,有点不敢抱太大希望了。中国大学给人的印象是不但学术创新能力不行,就连社会责任感也不行,用北大教授钱理群的话说,培养出来的学生都是"精致的利己主义者"。那么礼失求诸野,美国大学又如何呢?常青藤名校学生,是否都是德才兼备,文能安邦武能定国,充满英雄主义和冒险精神的人中之龙凤?在美国名校读本科——而不是一般中国留学生读的、以搞科研发论文为目标的研究生——是一种怎样的体验?

像这样的问题光问哈佛女孩刘亦婷不行,最好再找个懂行的本地人问问,比如耶鲁大学教授 William Deresiewicz[1]。他 2014 年出了一本书,叫作《优秀的绵羊》。这个称号并不比"精致的利己主义者"好听。

显然这是一本批评美国名校教育的书,不过这本书并不只是图个吐槽的痛快,它讲述了一点名校的运行机制。此书没提中国,可是我想如果把中美两国名校教育放在一起比较一下,将是非常有意思的事情。作为中国读者,如果你不怎么了解美国教育,读完这本书可能会惊异于中美大学的巨大差异;如果你已经有所了解美国教育,读完可能会惊异于中美大学有巨大的相似性。

也许我们还可以思考一下,现代大学到底是干什么用的。

---

1 威廉・德雷谢维奇,现已离开耶鲁大学,全职写作。

❶ 好得像绵羊一样的学生

为了方便讲述，我们虚构两个学生：中国清华大学的小明和美国耶鲁大学的 Joe。能考入各自国家的顶级名校，这两个人显然都是出类拔萃的精英。人们相信他们都将是未来社会栋梁，甚至有可能成为各自国家的领导人。

然而在此时此刻，小明的形象距离领导人还相差很远。他来自中国某个边远地区，身体谈不上健壮，戴个眼镜，社会经验相当有限，也不怎么善于言谈，简直除了成绩好其他一无所长。刻薄的人可能会说小明有点读书读傻了，是高考的受害者。

但小明其实是高考的受益者。他是自己家族，甚至可以说是家乡的骄傲。为了得到这位全省状元，清华大学招生组曾把小明请到北京陪吃陪玩，美其名曰"参观校园"，直到看着他填报了志愿才算放心，简直是球星的待遇[1]。

Joe 的父亲是某大公司 CEO，母亲在家做全职主妇。由于父母都是耶鲁大学的毕业生，Joe 上耶鲁只不过是遵循了家族传统而已。美国大学录取并不只看分数，非常讲究综合素质。跟小明相比，Joe 可谓是多才多艺。他高中时就跟同学搞过乐队，能写能弹能唱，从小就精通游泳、网球和冰球，而且入选校队参加过比赛。Joe 的组织能力很强，是高中学生会副主席，而且他很有爱心，经常去社区医院帮助残疾人做康复运动。

要论解决刁钻古怪的高考数学题，Joe 肯定不如小明——但是 Joe 的学习成绩并不差。Joe 从高二开始就选修了几门大学先修课程（叫作"AP"，Advanced Placement），还没上大学就已经掌握微积分和宏观经济学的知识，这都是小明从未学习过的、高考范围以外的内容。

跟很多名校一样，耶鲁大学甚至允许 Joe 高中毕业后先玩一年再入学，一方面休息休息，另一方面趁着年轻看看世界。Joe 并没有浪费这一年时

---

[1] 这个剧情并非完全虚构，参见一篇引起轰动的报道《知情者揭秘：北大清华为抢生源到底怎么掐？》，http://news.sina.com.cn/c/2015-06-29/014232027289.shtml。

间。在欧洲游历了半年之后，他在父亲的帮助下前往非洲，以志愿者身份在比尔及梅琳达·盖茨基金会工作了几个月，任务是帮助赞比亚减少艾滋病病毒的感染者数量。

小明深知自己的一切荣誉都来自分数。只有过硬的分数才能让他拿到奖学金、出国留学、找份好工作，夺取光明前途。为此，小明在清华的学习策略跟高中并无区别，那就是一定要门门功课都拿优等。

Joe 的大学生活就比小明丰富多了。他是多个学生组织的成员，每逢假期就去做志愿者或者去大公司实习，有相当专业的体育运动项目，而且经常跟老师和同学们交流读书心得！

所以，中美大学教育的确非常不同。可是如果你据此认为，相对于小明"苦逼"的应试教育，Joe 正在经历的素质教育非常快乐，或者你认为 Joe 是比小明更优秀的人才，那你就完全错了。事实上，Joe 和小明是非常相似的一类人。

Joe 为什么要参加那么多课外活动？因为这些活动是美国学生评价体系的重要组成部分，像考试分数一样重要。跟小明刷 GPA（平均学分绩点）一样，Joe 刷课外活动的经验值也只不过是为了完成各种考核指标而已。每天忙得焦头烂额的 Joe，对这些事情并没有真正的热情。比一心只想着考试的小明更苦的是，Joe 还必须顾及自己在师生中的日常形象，这就是为什么他需要知道别人经常谈论的每一本书都说了什么——所以他用只读开头、结尾和书评的方式假装读过很多本书。至于能从一本书中真正学到什么，Joe 根本没时间在乎。

如果说小明是个精致的利己主义者，其实 Joe 也是。20 世纪六七十年代和更早时候的大学生的确都很有社会责任感，非常关心国家大事，甚至愿意为了社会活动而牺牲学业。可能因为各行业收入差距越来越大，也可能因为大学学费越来越贵，现在的大学生所面对的竞争非常激烈，根本没时间管自己生活以外的事情。除了拿经验值走人，他们并不打算对任何事物做特别深入的了解。清华大学的学生还有闲情逸致搞个女生节向师妹、师姐致意，而耶鲁大学这种水平的美国顶尖大学中，学生们经常忙得没时间谈恋爱。

Joe 和小明的内心都非常脆弱。一路过关斩将进入名校，他们从小就是取悦老师和家长的高手。别人对他们有什么期待，他们就做什么，而且一定能做好。层层过关的选拔制度确保了这些学生都是习惯性的成功者，他们从未遇到挫折——所以他们特别害怕失败。进入大学，他们的思想经常走极端，做事成功了就认为自己无比了不起，一旦失败就认为自己简直一无是处。Joe 曾经真诚地认为如果考不进耶鲁大学，他就与一个屠宰场工人无异。

面对无数跟自己一样聪明一样勤奋的人，他们的情绪经常波动，充满焦虑。他们选课非常小心谨慎，专门挑自己擅长的选，根本不敢选那些有可能证明自己不行的课程。

人们印象中的名校应该不拘一格降人才，每个学生都根据自己的个性选择不同的道路，百花齐放。然而事实是在追求安全不敢冒险的氛围下，学生们互相模仿，生怕跟别人不一样。小明一入学就在最短的时间内跟师兄们学会了自己学校的切口和校园 BBS 上的专用语，哪怕跟校外的人交谈也要蹦出几个"×字班"之类的黑话，而绝不会明明白白地跟你说院系年级。他们不是尽力表现自己的与众不同，而是与"自己人"的相同！

什么时候考托福、哪个老师的课不容易拿分、考研找工作的各种手续、就连办出国打疫苗总共会被扎几次，BBS 上都有详细的"攻略"。小明对这些进身之道门儿清，津津乐道，遇到与攻略稍有差异的局面都要上网仔细询问，不敢越雷池半步。小明的师兄梁植在清华大学拿了三个学位而没找到毕业后该去干什么工作的攻略，习惯性地在一个电视访谈节目中向评委请教，结果遭到了老校友高晓松的怒斥[1]。

高晓松说："你不去问自己能为改变这个社会做些什么，却问我们你该找什么工作，你觉得愧不愧对清华大学十多年的教育？"

高晓松大概也会看不起 Joe。刚入学时，"Joe 们"被告知耶鲁大学是

---

[1] 参见《清华学霸谈迷茫引高晓松怒批 仅是一个人的迷茫？》，http://news.xinhuanet.com/edu/2014-12/04/c_127276958.htm。

个特别讲究多样性的大学，他们这些来自五湖四海、不同种族、身怀多项技能的青年才俊将来的发展有无限的可能性。那么这些拥有得天独厚的学习条件的精英学生，是否会有很多人去研究古生物学，很多人致力于机器人技术，很多人苦学政治一心救国，很多人毕业后去了乌干达扶贫呢？

当然不是。学生们慢慢发现真正值得选择的职业只有两个：金融和咨询。有统计[1]发现，2014年70%的哈佛大学的学生把简历投到了华尔街的金融公司和麦卡锡等咨询公司，而在金融危机之前的2007年，更有50%的哈佛学生直接去了华尔街工作。对比之下，选择政府和政治相关工作的只有3.5%。

金融和咨询，这两种职业的共同点是工资很高，写在简历里很好看，而且不管你之前学的是什么专业都可以去做。事实上这些公司也不在乎你学了什么，他们只要求你出身名校，聪明能干。

别人怎么要求，他们就怎么反应。不敢冒险，互相模仿。一群群的都往相同的方向走。这不就是绵羊吗？

❷ 假贵族和真贵族

既然是绵羊，那就好办了。中国学生也许不擅长当超级英雄，当个绵羊还是非常擅长的。你只要使用"虎妈"式的训练法，甭管钢琴还是大提琴，你要什么经验值我就给你什么经验值不就行了吗？如果清华大学入学有音乐要求，我们完全可以想见小明一定会熟练掌握小提琴。如果说中国教育的特点是分数至上，现在美国教育不也是讲credentialism（资格主义）吗？美国名校难道不应该迅速被华人学生占领吗？

没有。近日有报道，华裔学生Michael Wang，2230分的SAT成绩（超过99%的考生），4.67分的GPA，全班第二，13门AP课程，而且还"参

---

[1] *Washington Monthly*, September/October 2014, Why Are Harvard Grads Still Flocking to Wall Street? by Amy J. Binder. http://www.washingtonmonthly.com/magazine/septemberoctober_2014/features/why_are_harvard_grads_still_fl051758.php.

加了全国的英语演讲、辩论比赛和数学竞赛，会弹钢琴，在 2008 年奥巴马总统就职典礼上参加合唱团的合唱"[1]，在 2013 年申请了 7 所常青藤大学和斯坦福大学，结果被除宾夕法尼亚大学之外的所有学校拒绝。

这又是什么道理？华人，乃至整个亚裔群体，哪怕成绩再好，文体项目再多，你要求的我都会，还是经常被常青藤大学挡在门外。很多人认为这是针对亚裔的种族歧视。最近有人联合起来要起诉哈佛大学录取不公平，他们的官方网站就叫"哈佛不公平"（harvardnotfair.org）。

但是读过《优秀的绵羊》我们就会明白，这些整天立志"爬藤"的亚裔学生根本没搞明白藤校是怎么回事儿。

稍微具备一点百科知识的人都知道，所谓常青藤盟校，最早是一个大学体育赛事联盟。可是如果你认为这些大学当初组织起来搞体育赛事，是为了促进美国青年的体育运动，你就大错特错了。常青藤的本质，是美国上层社会子弟上大学的地方。

19 世纪末，随着铁路把全国变成一个统一的经济体，白人盎格鲁－撒克逊新教徒，也就是 WASP 中的新贵不断涌现，他们需要一些精英大学来让自己的子弟互相认识和建立联系。这些大学录取要求会希腊语和拉丁语，这都是公立高中根本不教的内容，这样平民子弟就被自动排除在外。

所以，精英大学本来就是精英阶层自己玩的东西，是确保他们保持统治地位的手段。自己花钱赞助名校，让自己的孩子在这些大学里上学，然后到自己公司接管领导职位，这件事外人几乎无法指责。哈佛大学是个私立大学，本来就没义务跟普通人讲"公平"。

当时"有资格"上哈佛大学的学生进哈佛大学相当容易，录取根本就不看重学习成绩。事实上一直到 1950 年，哈佛大学每 10 个录取名额只有 13 个人申请，而耶鲁大学的录取率也高达 46%，跟今天百里挑一甚至千里

---

[1] Solidot：完美的ACT成绩也无法让这名亚裔学生进入斯坦福、耶鲁或普林斯顿大学，2015年06月03日。更原始的报道见于Business Insider，http://www.businessinsider.com/michael-wang-says-ivy-league-discriminates-against-asians-2015-5。

挑一的局面根本不可同日而语。

相对于学习成绩，学校更重视学生的品格养成，搞很多体育和课外活动，以人为本。也许那时候的美国名校，才是我们心目中的理想大学，是真正的素质教育。

然而精英们很快意识到这么搞不行。一方面新的社会势力不断涌现，一味把人排除在外，对统治阶层自己是不利的；另一方面这些"贵族"子弟的学业的确不够好。

于是在19世纪初，一些大学开始率先取消希腊语、拉丁语考试，给公立高中的毕业生机会。然而这样一来，一个立即的结果就是犹太学生的比例突然增加。精英一看这也不行，赶紧又修改录取标准，增加了推荐信、校友面试、体育和领导力等要求。这才有了后来常青藤这个体育联盟。

类似这样的改革反复拉锯。到19世纪60年代曾经一度只看分数录取，于是当时在校生的平均身高都为此降低了半英寸。最后妥协的结果就是今天这个样子，既重视考试成绩，也要求体育等"素质"。

而到了这个时候，这些所谓素质教育的本质就已经不是真正为了培养品格，而是为了确保精英子弟的录取比例。并非所有"素质"都有助于你被名校录取，你需要的是有贵族气质的，而且必须是美式传统精英阶层的素质。这就是为什么你不应该练吉他而应该练大提琴，不应该练武术而应该练击剑；你需要在面试时表现出良好教养，最好持有名人的推荐信；你仅参加过学生社团还不够，你必须曾经是某个社团的领袖；你参加社区服务绝不能像北京奥运志愿者那样一副三生有幸的表情，而应该使用亲切屈尊的姿态。

一句话，这些事儿普通人家的孩子很难做到。如果你不是贵族，所有这些素质教育的要求，都是逼着你假装贵族。

美国名校通常都有对低收入家庭孩子减免学费的政策，比如哈佛大学规定家庭年收入在6万美元以下的学生的学费全部免费，18万美元以下则最多只需交家庭年收入的10%。这是非常慷慨的政策，要知道如果你的家庭收入是18万美元，你已经比94%的美国家庭富有。但哈佛大学能用上这个减免政策的学生，只有40%——大部分哈佛大学家长的收入超过18

万美元。我看到另一个数据，在斯坦福大学，接近一半的学生家庭年收入超过 30 万美元（这相当于在美国排名前 1.5% 的家庭收入），只有 15% 的学生家庭年收入不到 6 万美元（相当于在美国排名在 56% 的家庭收入，也就是一半以上的家庭收入比这个数字低）[1]——这意味着前者家庭孩子进入斯坦福大学的可能性约为后者的 124 倍。

上大学花多少钱根本不重要，上大学之前花了多少钱，才是真正重要的。有人统计就连 SAT 成绩都跟家庭收入正相关。而获得贵族素质的最有效办法是进私立高中。哈佛、耶鲁和普林斯顿这三所大学，其录取新生中的 22%，来自美国 100 所高中，这相当于全国高中总数的 0.3%——而这 100 所高中之中，只有 6 所不是私立的。

也就是说，如果你生在一个普通家庭，你什么素质都还没比就已经输在起跑线上了。但即便如此仍然有人偏偏不服，再难也要进藤校。那么在众多"假贵族"的冲击下，现在藤校录取是个什么水平的竞争呢？

《优秀的绵羊》透露了一点耶鲁大学的真实录取标准。如果你在某一方面有特别突出的成就——一般小打小闹的奖项没用，必须是英特尔科学奖这样的全国性大奖——你肯定能被录取。如果没有，那你就得"全面发展"——对耶鲁大学来说，这意味着 7～8 门 AP 课程和 9～10 项课外活动——即便如此也不能保证被录取，还得看推荐信和家庭情况。至于亚裔津津乐道的 SAT 考试成绩，没有太大意义。

我觉得考清华大学似乎比这个还容易一点。这就是为什么有志于名校的美国高中生其实比中国高考生辛苦得多。

但耶鲁大学还有第三个录取渠道——凡巨额捐款者的孩子，一定可以被录取。

❸ 名校的商业模式

这样说来，美国私立名校从来就不是为全体国民服务，而是为上层阶

---

[1] 见于http://web.stanford.edu/group/progressive/cgi-bin/?p=119。

层服务的机构。名校之所以时常做出一些"公平"的努力，比如减免学费、优先录取少数族裔（不包括亚裔），仅仅是出于两个原因：第一，要为精英阶层补充新鲜血液，这样系统才能保持稳定；第二，只有公平，才能保住自己作为非营利机构的免税资格。

既然是为精英阶层服务，那肯定要严格要求、精心培育，把大学生培养成真正的未来领袖吧？Deresiewicz 却告诉我们，现在的名校其实并不重视学生教育。

有一年，中国科技大学为了新生入学，校方搞了个家长会。座中有个北京来的家长不知提了个什么问题，校领导居然说，科大在北京录取分数线低，你们北京来的要好好努力才能跟上其他同学！搞得北京家长非常尴尬。像这样的事根本不可能在耶鲁发生。学生们明明是靠家庭特权进来的，学校对他们却只有赞美，而且在各种场合不停地夸，学生们以为自己能力以外的资本等于零。这导致名校学生对上不了精英大学的、普通人的事根本不感兴趣，更谈不上了解国家现实。他们没有真正的自信，但是个个自负。

既然都是精英，那必须好好对待。如果你在普通大学有抄袭行为，或者错过一次期末考试，你可能会有很大的麻烦；而在耶鲁大学，这些都不是大问题。截止日期可以推迟，不来上课不会被扣分，你永远都有第二次机会。据 Deresiewicz 在耶鲁大学亲眼所见，哪怕你遭遇最大的学业失败，哪怕你抄袭，哪怕你威胁同学的人身安全，你都不会被开除。

一方面名校学生平时的课外活动实在太忙，一方面教授们指望学生给自己留个好评，现在名校的成绩标准也越来越宽松。1950 年，美国公立和私立大学学生的平均 GPA 都是 2.5；而到了 2007 年，公立大学的平均 GPA 是 3.01，私立大学则是 3.30，特别难进的私立大学是 3.43。到底哪国的大学更"严进宽出"？中国的还是美国的？

但这组 GPA 贬值的数据也告诉我们，过去的美国大学比现在严格得多。事实上，在两个罗斯福总统上大学的那个年代的这些名校，虽然摆明了就是让贵族子弟上的，其教学要求反而比现在更严。老贵族非常讲究无私、荣誉、勇气和坚韧这样的品质。那时候当学校说要培养服务社会精神和领导力这些东西的时候，他们是玩真的。今日新贵充斥的大学简直是在折射美国精英阶层的堕落。

如果名校不关心教育，那么它们关心什么呢？是声望，更确切地说，是资金。

《美国新闻与世界报道》每年推出的全美大学排名，并不仅仅是给学生家长看的。大学能获得多少捐款，甚至能申请到多少银行贷款，都与这个排名息息相关。为什么在真正的入学要求越来越高的情况下，名校还鼓励更多人申请？为了降低录取率。录取率是大学排名计算中非常重要的一项，越低越好。为什么大学把学生视为顾客，不敢严格要求？因为毕业率也是排名标准之一，而且是越高越好。

在现代大学里，教授的最重要任务是搞科研而不是教学，因为好的研究成果不但能提升学校声望，还能带来更多科研拨款。在这方面中美大学并无不同，讲课好的教授并不受校方重视。但大学最重视的还不是基础科研，而是能直接带来利润的应用科研——Deresiewicz 说，名校在这方面的贪婪和短视程度，连与之合作的公司都看不下去了。

校友捐赠，是名校的一项重要收入来源，哈佛大学正是凭借几百亿美元的校友捐赠基金成为世界最富大学。我们前面说过哈佛大学的大部分学生去了华尔街和咨询公司，其实这正是大学希望你从事的工作。

我最近看到两条新闻正好说明这一点。一个是在 2008 年美国次贷危机中大肆做空获利的对冲基金总裁约翰·保尔森，给哈佛大学工程与应用科学学院捐 4 亿美元，为史上最高校友捐款，哈佛大学直接把学院命名为约翰·保尔森工程和应用科学学院。另一个更有意思，黑石集团的 Steve Schwarzman 向耶鲁大学捐款 1.5 亿美元，哈佛大学为此非常后悔，因为此君当初曾经申请了哈佛大学而没有被录取——所以有人在《纽约时报》发表文章[1]说，哈佛大学应该用大数据的思维更科学地分析一下哪些高中生将

---

1 *Harvard Admissions Needs 'Moneyball for Life'* By Michael Lewis, June 21, 2015.

来可能成为亿万富翁,可别再犯这样的错误了。

学生职业服务办公室对律师、医生、金融和咨询以外的工作根本不感兴趣。你将来想当个教授或者社会活动家?学校未必以你为荣。大学最希望你好好赚钱,将来给母校捐款。

为什么出生在美国的 Michael Wang 被藤校拒绝,而一所中国高中,南京外国语学校,却有多名学生被藤校录取?这可能恰恰是藤校布局未来校友捐款的策略——新兴经济体国家的精英学生未来有更大的赚钱潜力,对藤校来说"金砖五国"的高中生比西欧国家的更有吸引力。

总而言之,美国名校找到了一种很好的商业模式。在这个模式里最重要的东西是排名、科研、录取和校友捐款,教学根本不在此列。

而鉴于中国名牌大学——尽管没有一所是私立的——一直把美国名校当作榜样,甚至还可能把这些事实上的问题当成优点去学习,我们希望中国大学的未来不要如此。

有清华大学教授程曜,出于对学校种种不满,竟曾经以绝食抗争[1]。Deresiewicz 的愤怒可能还没到这么极端。他认为大学应该培养学生的人生观、价值观和真正的思考能力,推崇博雅教育,甚至号召学生不要去名校。

但如果小明和 Joe 跑来问我,我不知道应该给他们什么建议。也许大学根本就不是教人生观、价值观和思考能力的地方。也许你应该自己学那些东西,也许你根本就没必要学。Deresiewicz 说他有好几个学生最终决定放弃华尔街工作,宁可拿低薪为理想而活,我想小明未必需要这样的建议。

但我的确觉得这个世界哪怕分工再细,专业化程度再高,前人创造的体系再完美,也不太可能完全靠绵羊来运行。

何况绵羊的生活其实并不怎么愉快。

---

[1] 《南方人物周刊》,清华教授程曜绝食抗议背后,http://www.infzm.com/content/82443。

美国人说的圣贤之道

我最近听某个海外中文论坛上的人说[1],他14岁的儿子有个观察:周围所有种族都有人"go for greatness",只有中国人不"go for greatness"。这句英文的意思大约相当于"追求崇高",所以有人形象地把这个观察总结为"所见华人皆市侩"。

这孩子可能不太了解情况。中国人不是不追求崇高,而是因为历史上有过太过强调崇高的时代,涌现出太多假仁假义,甚至打着崇高的旗号办了坏事,以至于当代中国人不愿夸谈崇高。

事实上,今天的很多人都不谈崇高,不但中国人不谈,美国人也不爱谈。我们有时候会谈到"自控力"和"情商",但那都是些个人奋斗的功夫,跟老派人物说的品格关系不大。

"追求崇高"的对立词并不是"追求卑鄙"——没人追求卑鄙——而是"追求成功"。历史上可能有过很长、很长的追求崇高的时代,而我们现在生活在一个追求成功的时代。

这个时代是怎么变过来的呢?现在"品格"还有用吗?

《纽约时报》专栏作家 David Brooks,今年出了一本新书《通往品格之路》(*The Road to Character*),讲了几个他心目中的英雄人物的事迹。这些

---

[1] 这事儿不是我编的,原帖在 http://www.mitbbs.com/article_t1/Military/44229483_0_1.html。

人物大都是美国人，但是他们跟我们通常印象中的美国人完全不同，简直都是中国古典意义上的圣贤。

Brooks 说，每个人的天性其实都有两面，代表两种不同的追求。就好像丹尼尔·卡尼曼在《思考，快与慢》中把人的思维分为系统 I 和系统 II 一样，Brooks 把这两种追求分为亚当 I 和亚当 II。亚当 I 追求成功：担任什么职位，取得过什么成就，有过什么重大发现，这些能写进简历里的、事关财富和地位的项目。亚当 II 则追求崇高：道德、品格、服务，追问人生的意义——那些你的简历里没有，但是在你的葬礼上会进入你的悼词的项目。

可是据我所知，那些取得了非凡成就的名人的悼词里也都是说些职务和成就，跟简历差不多。似乎只有简历内容不值一提的普通人的悼词——如果普通人有悼词的话——才说些美德之类。

不管怎么算，亚当 I 追求的那些更像是真格的。亚当 II 追求的东西虽然也很好，但更像是奢侈品而不是必需品。再联想到各种假仁假义，我们最想问的问题是，品格是一种用来标榜自己的广告吗？善行是一种行为艺术吗？道德是没事找事自我设限的枷锁吗？

亚当 II 的追求，对世界有实际影响吗？

品格跟思想一样，其实也是一种精英素质。

❶ 英雄故事

民权运动领导人伦道夫（A. Philip Randolph），大概是我所知道最有领袖范儿的黑人。伦道夫的长相非常好，但"帅"和"酷"这样肤浅的词汇根本不配用在他身上，在他的高贵气质面前今日的黑人明星们简直如同小混混一般。如果非得用一个词来概括他，我们只能用一个今天已经很少有人会提到的词：尊严。

伦道夫永远是这样的：站得直、坐得直，衣着整洁漂亮，跟最亲密的朋友说话也一本正经，总是用最纯正的发音把每个单词的每个音节都说清楚。女人们仰慕他，有的甚至会在他巡回演讲的路上发出明确的表示，他全不为所动。而且他对钱财也不感兴趣，一生朴素，认为任何个人奢华都会腐蚀道德。

当时有专栏作家认为伦道夫是 21 世纪美国最伟大的人。不管是不是，你都得承认一点：像这样的人是不可能被侮辱的。

如果不是沽名钓誉，人到底有没有必要活成这样？

也许想要做成当时的非常之事，就非得有伦道夫这样的非常之人。作为被压迫者的黑人并非是纯洁的铁板一块，人们各有各的想法，各有各的毛病。怎么把不完美的人组织起来搞一场社会变革？如果你成功地把他们组织起来了，获得了权力，你又怎么能不被权力腐蚀？你的任何缺点都可能导致这个事业失败！

要把这样的事儿办成，首先得有一个所有人都愿意为之努力的共识。黑人领袖们找到的这个共识，是非暴力的街头运动。为了维护这个共识，领导人必须克制自己的情感，平衡自己的观点，正所谓"皇帝做不得快意事"。

伦道夫本来是个狂热的马克思主义者，但是为了团结大多数人，他放弃了自己的理念。有这样的妥协精神，再加上完美的个人品质带来的声望，他才能确保民权运动能进行下去。这才有了马丁·路德·金等个人品质并非无懈可击的青年一代的成功。

这就是品格的力量。而在几十年前，人们就是这么重视品格。

小罗斯福时期的劳工部长，也是美国历史上第一位女性内阁成员，弗朗西斯·帕金斯（Frances Perkins），早年是个社会活动家。她对底层妇女的处境非常不满，以替女工维权为己任。帕金斯不是个爱说的人，她选择直接做。

当时社会上有很多假的职业介绍所，诱骗移民妇女去赌场工作，甚至卖淫。年轻的帕金斯没有坐等政府行动，她直接去这些职业介绍所申请职位，用这种冒险的方法曝光了 111 个犯罪团伙。

帕金斯曾经参加过一种社区服务——富有的女人们联合起来，给贫困妇女提供找工作、教育乃至带小孩的帮助。你可以想象参加这种服务的志愿者们肯定个个自我感觉良好，面对救助对象难免会有一种优越感，做完事难免会为自己是个好人而感到自豪。

而帕金斯参加的这个慈善组织，恰恰要求志愿者学会消除自己的优越感。你必须纯粹是认为这件事应该做，为了把这件事做好，才来做这件事，而不能是为了满足自己的什么情感需求。你必须学会科学地帮助别人，而不是根据自己的感情意气用事。你得知道授人以鱼不如授人以渔，你得知道你的工作不是扮演救世主。结果这社区服务反而也成了对志愿者的品格培养！

为了争取权益，帕金斯必须经常跟政客打交道。而她游说政客的方法也不是怨天尤人玩悲情。她非常务实，作风灵活，乐于妥协，想方设法把事情办成。因为意识到政客们至少都会尊敬母亲，33岁、未婚的帕金斯就故意把自己打扮得像个母亲！

一个只知道坚持原则的道学家有这个本事吗？如果帕金斯是在办事，今天的很多所谓慈善家只不过是在搞行为艺术。

而且帕金斯还从不居功。成为政府官员以后，帕金斯发表讲话非常不爱说"我"这个词，而总是尽量用"one"代替。作为"罗斯福新政背后的女人"，帕金斯从未出版自己的回忆录，反而写了一本关于罗斯福的书。

这种低调作风可能恰恰是先前美国政坛的风气，只是到近年才江河日下。艾森豪威尔内阁的23人中只有1人出了低调的回忆录；而里根内阁30人中有12人出版了回忆录，且几乎都是自夸的。老派人物老布什竞选总统时非常不习惯用"我"这个词，以至于竞选班子得求他用——你竞选怎么能不提自己呢？他说了"我"，结果第二天就收到妈妈的电话批评：乔治你又说自己了！

今天的人可能会认为当时的人的这些"隐忍"，其实只不过是推迟享乐——今天不享乐是为了明天享乐更多，今天不痛快是为了日后更痛快——但事实并非如此。

书中这些人物中，对我触动最大的，当数一位"不著名"的著名人物，乔治·卡特莱特·马歇尔。

像麦克阿瑟和巴顿这样的美军将领性格非常戏剧化，搞得世人还以为美国人性格就应该这样，其实马歇尔就跟他们完全不同。马歇尔非常反感戏剧化，崇尚冷静和逻辑，公私分明，甚至给人感觉不近人情……如果麦克阿瑟和巴顿是关张，马歇尔就是诸葛亮。

而马歇尔作为人臣的品格，可能还真未必就比不了诸葛亮。马歇尔在军中做事，有非凡的管理和组织才能，能游刃有余地调动和指挥千军万马。

一战中，他曾经因为成功安排60万人和90万吨物资装备的调动，解决了当时最复杂的后勤问题，而获得奇才之名。而与此同时，马歇尔做琐碎小事从不厌烦，特别注重细节，而且因为做得实在太好，甚至曾经被认为只适合做这些而影响过升迁！

二战中，马歇尔作为美国陆军参谋长，在国会和盟国中都取得信任。英国人知道马歇尔做事并非只为美国利益，而是为了整个战争的胜利；美国国会知道马歇尔跟他们说话都是实打实，不是玩政治。这种无可挑剔的行事作风和领导能力给马歇尔赢得了美名，BBC甚至把他称为"圣人"。

马歇尔本来有机会成为"霸王行动"的盟军最高总司令——就是包含诺曼底登陆的那个军事行动。这是盟军在整个二战中最关键、最大规模的行动。指挥这次行动，是青史留名的最好机会，没有任何一个将领能拒绝这样的诱惑。马歇尔当时是众望所归：丘吉尔和斯大林都直接告诉马歇尔他会得到这个职务；罗斯福明白如果马歇尔开口要，他一定能得到这个职务；艾森豪威尔也认为马歇尔会得到这个职务。更重要的是，马歇尔本人很想得到这个职务。

但是罗斯福不想让马歇尔担任这个职务。他希望马歇尔留在华盛顿帮自己。不过罗斯福也不想让马歇尔这样的人，因为错过这次机会而在50年后被人遗忘。他找人去试探马歇尔的反应，马歇尔的表示是他绝不会让总统为难。

最后罗斯福干脆把马歇尔叫到办公室，亲口问他想不想要这个职务——如果马歇尔这时候说"yes"，罗斯福将别无选择。马歇尔的回答是你认为怎么做最好，就怎么做。结果盟军最高总司令的荣誉给了艾森豪威尔。

艾森豪威尔后来当选美国总统。罗斯福终其一生也没有再给马歇尔另一个青史留名的机会。马歇尔的最高职位是在杜鲁门时期，67岁上担任了美国国务卿。后来他才终于以"马歇尔计划"——尽管他本人从来没在任何场合使用过这个名词——被世人熟知。

马歇尔这个故事最令我钦佩之处，在于他并没有把"品格"当成通往"成功"之路的工具——如果是那样的话，他完全可以一直"装"到罗斯福问他那一刻为止，然后当仁不让地拿下盟军总司令的职位。但是他的品格使他放弃了那个最佳机会。

❷ 怎样成为圣贤

如果你想成为那样的人物，Brooks 总结了一个理论，指明了一条通往品格之路。我们很难评估这个理论有多科学，毕竟圣贤的案例太少，而且不可能做实验。但是我发现这个理论，跟中国古人的智慧，很有相通之处。我甚至敢说这个理论把中国古人没说明白的地方给彻底说明白了。

有一种成圣人的方法是像康有为那样。据说[1] 康有为有一次在读书打坐的过程中获得了通灵式的体验，"忽见天地万物皆我一体，大放光明"，感觉自己是孔子再世，从此狂放不羁。

但 Brooks 说这个圣人之道的最根本一点，却恰恰不是狂妄，而是谦卑。谦卑，意思是必须承认自己和所有人一样都是有缺陷的，思想中有很多偏见，性格中有很多弱点。

这就是西方思想中的"曲木"（crooked timber）传统。"曲木"这个词

---

[1] 白鹇，《戊戌狂想曲》，2012年4月《经济观察报·书评增刊》，http://book.douban.com/review/5399537/#!/i!/ckDefault。

当然出自康德:"人性这根曲木,决然造不出任何笔直的东西。"只有当你承认自己是有缺陷的,摆正谦卑的态度,你才有可能跟自己的弱点做斗争,才有可能去完善品格。

注意,这个思想并不等于"人性本恶"。它说的是每个人的头脑之中都有好的声音也有坏的声音,我们要用好的去压制坏的。我想现代脑神经科学家肯定会赞同这一点,他们认为人脑的思考从来都不是一个声音,而是每时每刻都有几个不同的声音在争论,就好像皮克斯新片《头脑特工队》一样。

其实用"好坏"来划分人脑中的各种声音是不准确的,应该说人脑之中有各种情感冲动:愤怒、爱慕、同情、嫉妒等。在不同的情况下你很难说哪种冲动好哪种冲动坏,事实上最原始的道德感本来就是感情冲动。

不好的情感冲动如果不加以遏制,不防微杜渐,就有可能形成正反馈,越来越大,乃至导致灾难。所以哪怕是小事,也不能掉以轻心——有点像中国人说的"勿以恶小而为之"。

品格的修炼并不是要消除这些冲动,而是要学会控制这些冲动——有点像中国人说的"发乎情止乎礼"。

比如愤怒通常是一种负面情绪,而且很不好控制。此书中说,艾森豪威尔是怎么控制愤怒的呢?他有时候会在日记里列出所有冒犯过他的人的名单——不是为了提醒自己将来报复他们,而仅仅是为了抒发和控制愤怒。他解恨的方法还包括把自己最恨的人的名字写在纸上,然后把这张纸扔进垃圾桶!

压制自己的情感冲动,要形成习惯才好。这就要求我们平时把任何小事都视为磨炼品格的机会,不能稍有放松——有点像中国人说的"勿以善小而不为"。

这么做并不仅仅是为了别人,也不是利益计算,而是为了磨炼品格。可是磨炼品格又是为了什么呢?亚当 II 到底想要什么呢?

那当然是 "go for greatness"。不过 Brooks 在书中用的是一个更高级的词：holiness（神圣）。这并不是说他劝人信教，而是说要追求品格的完善。为什么要追求这个？没有为什么。人本质上就并不是一个只知道追求物质生活的动物，总会有点品格追求，希望能找到人生的意义。这样说来"崇高"其实并不是一个达成什么其他目的的手段，崇高本身，就是我们天生想要的目标。

这个从"曲木"出发的圣贤之道，跟今天流行文化中默认的品格理论完全不同。

现在从中外各种水平的动画片到各路名人应邀去大学典礼做的演讲，全都是对"你自己"的赞美：你原本就是最好的，你非常与众不同，你注定能干一番大事，你现在要做的就是遵从你的内心！

Brooks 把这种文化称为"Big Me"。对今日之"Big Me"来说，人应该先看看自己对什么东西感兴趣，以这个内心的热情为指导去选择一个职业，做事的目的是满足自己内心的需求。

在这种文化中，如果有一个人不爱工作爱旅游，稍微攒点钱就去世界各地旅行，钱花完了再找活干，我们通常会对他表示羡慕，认为他比那个拼死拼活赚钱就为退休之后能去找个海岛定居的人活得真实。如果有人不为赚钱也不为旅游，只为自己的什么兴趣而努力工作，他简直就是高山仰止的榜样了。

而圣贤之道，却跟这三种人都不一样。此书中的英雄人物都不是先看自己喜欢什么，然后选择去做什么。事实上，他们并没有"选择"自己最终从事的事业，他们是被这个事业选择。他们在人生中的某一刻，因为一些经历，意识到自己正在被某个事业召唤，然后他们投入这个事业。

帕金斯因为目睹纽约三角地纺织厂大火，而决心把劳工权益作为自己的毕生追求。艾森豪威尔生性狂放易怒，在母亲的教导下慢慢磨炼性格，才成为踏实可靠的军人和在位时低调而身后评价却越来越高的总统。女作家乔治·艾略特因为爱人 George Lewes 的激励而开始正式写小说，他把她从一个以自我为中心到处找爱的女孩，变成一个以悲天悯人为己任的作家。

他们不问我想干什么，他们问世界需要我干什么。他们不是用做事的方法来满足内心。他们是为了做成这件事，去不断打磨自己的内心。

品格修养的追求目标，并不在于成功，而在于成熟。特别可靠，才能办大事——有点像中国人说的"可以托六尺之孤，可以寄百里之命……"

❸ 中庸之道

此书中的人物在成了圣贤以后，或者说品格成熟了以后，仍然谦卑。我读此书最大的惊叹在于，艾森豪威尔当总统的领导艺术，有可能是最正宗的中国人的"中庸之道"。

长期的军队和战争生活把艾森豪威尔变成了一个任劳任怨、忠诚可靠的中国古代士大夫式的人物。他总是压制自己的感情，完全不浪漫，没有什么创新精神，算不上是历史的推动者。但这样的品格可能正是盟军总指挥官所需要的：作为实力最强国家的军队代表，他跟所有人一样内心充满偏见，但他从不让自己的偏见表现出来，总是尽力维持盟军的团结。他把功劳分给属下，甚至还能把过错归于自己！哪怕按中国古人标准，这样的人都可以称得上是"人品贵重"了。

在谈到艾森豪威尔的中庸之道时，Brooks像所有讲中庸的中文书一样，先声明中庸（moderation）不是什么：中庸不是面对两种对立意见采取一个折中的立场，不是盲目地搞平等，也不是对各种不同意见和稀泥。

Brooks完全没有引用儒家经典，甚至根本就没提中国，但是我看他对这个moderation的解释，可能比任何一本讲解中庸的现代中文书都干净利索。

中庸，是你要认识到不同理念、不同情感诉求、不同道德标准之间，必然有冲突。这些理念没有哪个是完美的，谁也说服不了谁，谁也消灭不了谁，矛盾永远存在。表现在政治上，就是各路派系集团永远都在互相斗争。

比如说狂热和自控，就是两种都可能有用但是互相矛盾的情感。愤怒有可能激励我们去做好事，但更有可能让我们办坏事。两种情感都是天生的，但你就必须学会协调这两种情感。——这是不是《中庸》中"天命之谓性，率性之谓道，修道之谓教"这句话的最合理解释？[1]

在政治上，不同派别的集团可能说的都有道理，但是互相矛盾，你也得学会协调。

到底是安全稳妥一点好还是大胆一点好？到底是放任自由一点好还是保守克制一点好？这里面充满各种 tradeoff，也就是取舍。既然是有取舍，你就不能对结果抱有太高的期望。

所以作为最高领导人，就绝对不能像个二愣子一样全面倒向一种理念然后打压其他理念，试图给个一劳永逸的解决方案。艾森豪威尔的做法是时刻根据当时的局面，做出一些临时性的安排，去得到不同诉求之间的一个平衡点。等到下一时刻局面变了，再继续调整。

所以领导的艺术就如同在风暴中驾驶帆船：太往左偏了就往右调整一下，太往右偏了就往左调整一下。平衡永远是动态的。你就永远这么调啊调，这就是中庸之道。

❹ 品格与现代人

所以，领导人的确是非得有点品格不可。那么普通人呢？为什么现在普通人都不怎么讲品格了呢？社会文化怎么就从"曲木"变成"Big Me"了呢？

过去的人为什么特别讲究品格，Brooks 有一个非常合理的解释。直到不久前，绝大多数人都生活在相当艰难险恶的环境之中。那时候社会生活

---

[1] 写到这里斗胆说一句，我认为目前人们对《中庸》某些篇章的很多"主流"解释是值得商榷的。比如"慎独"，主流解释是要在独处无人监督的情况下约束好自己——但你联系上下文"是故君子戒慎乎其所不睹，恐惧乎其所不闻。莫见乎远，莫显乎微。故君子慎其独也"，显然其本意是说君子要想保持中庸之道就必须多听取各方声音，多体察实际情况，生怕自己错过关键信息，千万不能自己一个人瞎决断。"慎独"，其实是要小心，不要因为无知而被自己的偏见左右决策的意思！"独"是"独断"，不是"独自相处"——在这种高级经典中怎么可能还整出"不欺暗室"这种低层次道德来了。

的容错能力非常低！如果你懒惰，一年的庄稼可能就没了。如果你暴食和酗酒，家人可能就会受到伤害。如果你贪慕虚荣，可能就会乱花钱导致破产。如果你私生活不检点，可能就会毁了一个姑娘。

品行不端的代价如此巨大，人们不得不时刻克制自己的短期情感冲动，乃至形成强制的纪律。为了把品格养成变成日常习惯，这种纪律有时候倒有点矫枉过正——比如说年轻人打牌、跳舞，都有可能被长辈禁止——因为他们担心你的自控力弱经不起诱惑。

所以在艰难时期强调品格修养，就如同纺织厂不让吸烟一样，是客观条件所决定的。

而现在是个物质非常丰富的时代，人们的容忍度越来越高，整个社会的容错能力很强，一个普通人时不时犯点小错误根本没什么。而且现代的发达商业还指望着消费者有冲动，最好想吃吃想买买想玩玩。

在这个时代，任性代表有个性。相亲节目《非诚勿扰》里的相亲青年无不以自己是个"吃货"为荣，控制感情、深藏不露的人根本不受欢迎。

那么在这个时代写这么一本书又有什么意思呢？事实上作者除了感叹几句，根本不敢明确地号召读者去做个有品格的人。他甚至不敢说自己有品格！他只是小心地说我知道有这么一条通往品格之路。

我的体会是，在现代社会，这条路根本就不是给普通人准备的。普通人的上限是"精致的利己主义者"——你只要根据社会给你的设定，把自己分内的工作做好，对社会给你的各种经济学刺激做出合理反应就可以了。你左右不了世界，世界也不担心被你搞坏。

只有那些想要办大事的人才需要品格。因为这样的人不能单靠本能反应行事。

他们需要动用自由意志去做决策，而且他们的决策会对世界产生影响。他们不能因为自己恰好不喜欢哪个国家就不让哪个国家进入联盟，他们不能因为自己恰好喜欢哪一派理论就按哪派理论制定政策，他们不能因为这么做恰好对自己最有利而不顾整体利益。他们愿意为心中的大事牺牲。

这些精英人物知道自己的条件有多么幸运。他们不敢滥用权力，不敢不为普通人服务，也不敢像普通人那样生活——他们就如同《易经》中说的那样，"君子终日乾乾，夕惕若厉"。

你必须在通往品格之路上反复打磨，跟自己的本能反应做各种斗争，才有可能成为这样的人物。

那么如果一个普通人没什么野心只想做个安静的美男子，他研读圣贤之道到底好不好呢？能力不足还妄想当圣贤会不会把自己变成社会的不稳定因素？想太多圣贤的事儿会不会得抑郁症？

生活明明不太悲壮，有没有必要受这个英雄的伤。

这我不太敢说。但我想，学习这个圣贤理论至少有一个好处：我们知道了当今那些市侩猥琐的公众人物，大概是不太可能干出什么大事来的。

说英雄，谁是英雄

假设你是美国某大学的学生。如果你是亚裔，不认识你的人通常猜测你数学学得好。如果你是女性，人们会猜测你数学学得不好。那么，如果你是亚裔女性呢？

于是就有了这么一个所谓"行为经济学"实验[1]。研究者在美国某大学招募了一批亚裔女生搞测验。受试者的第一个任务是把一些词连成句子。这个任务的真正目的其实是心理暗示：一组女生看到的词汇都是跟女性相关的，于是就加强了自己女性身份的认同；另一组女生看到的词汇都是跟亚洲相关的，于是就强烈地感受到自己是个亚裔。

受试者的第二个任务是做数学题。结果非常明显：事先被心理暗示强调是女性的那一组，做这些数学题的成绩比较差；事先被心理暗示强调是亚裔的那一组，成绩比较好。

"女生数学差，亚裔数学好"这是有统计证据支持的结论。而社会对这两个群体的人，就是有这样的预期。如果你说这是性别歧视和种族歧视，那这个心理实验说明，连亚裔女性自己都认同这个预期，而且还不自觉地让自己符合这个预期！

---

[1] 此事见于丹·艾瑞里的《怪诞行为学》一书。这本书曾经非常流行，所以我必须指出两点：第一，我也不知道艾瑞里为什么自称是个行为经济学家，而不是心理学家，这明明是个心理学实验；第二，这本书中有好几个实验，后来被证明是无法重复的，这个亚裔女生实验可能也不例外……但我还是决定用一次。

谁说社会成见没意义？成见往往是对的，成见是对历史经验的总结，是对未来必然重演历史的信心。大数据预测，就是用成见预测。

沃尔玛公司因为工资低，社会形象也不好，员工流动率非常高，干不了几天就不干了，公司非常头疼。结果他们想了个大数据的办法，招工录取先进行心理测试。其中有一道测试题是这样的：据说"每一个企业都应该给不墨守成规的人留下空间"，请问你是否认同这个说法？

如果你回答"是"，你当超市收款员的梦想就有很大可能实现不了，沃尔玛将拒绝你。根据统计数据，回答"是"的人更容易干不了几天就跳槽。

大数据现在已经把人了解得差不多了。大数据可以从你的收入和教育情况判断你喜欢什么，也可以从你喜欢什么判断你的收入和教育情况；大数据知道你对航班误点的容忍度有多高，也知道你赌钱输多少还能不心疼；大数据能预测你大学毕业之后的收入，能预测你还能活多久，也能预测你是不是快要结婚了；大数据当然能断定亚裔成绩好，女性成绩差。

别人预测你会这样，结果你果然就这样，你是什么人呢？

普通人、俗人、分母。

如果你做事处处符合大数据，你应该被机器人取代。

但是世界上有些人却是统计模型所预测不了的。统计，顾名思义，就是指多数人的行为规律。总有少数人的数据因为距离大多数人的主流数据太远，而被模型视为误差直接忽略。

这些少数人，就是马尔科姆·格拉德威尔说的 outliers[1]。他们就是王小波说的、拒绝被生活安置的"特立独行的猪"；他们就是《黑客帝国》里跟机器人对抗的反抗者；他们就是《分歧者》[2] 里总能比别人多个心眼儿的分歧者。

平凡的人们没有给我太多感动。这些不平凡、不能被模型预测的人，

---

[1] 也就是他的 *Outliers: The Story of Success* 一书的书名，其本意恰恰就是统计中偏离多数观测值太远的数据。中文把这个词译为"异类"，非常传神。

[2] 这个电影影响力不算大，英文片名是 *Divergent*，2014年上映。

才是真的英雄。

❶ 体制

无论是发达国家还是发展中国家的现代化教育体制，只要是一大群学生一起坐在教室里听一个老师讲课，就都是工业化流水线的模式。这种学校教育，对"最普通"的人最有利。

最理想的教育模式，应该是每一个人有一个单独的老师，完全根据这个人的情况制定教学方案，因材施教，古代有钱人设私塾就是如此。我们看武侠小说里拜师学艺都是一个师父只教一个徒弟，而主角则更是好几个师父教他一个。只有全真教是一个师父教七个徒弟，到徒孙更是密密麻麻，每次一大帮人一起训练，把武术变成了广播操。

格拉德威尔在 *Outliers* 这本书中讲了一个现在已经广为人知的观点。假定入学年龄按 9 月 1 日划分，那么同一个班级里 8 月出生的孩子实际上比 9 月出生的孩子整整小了一岁，可是他们却要一起上课。年龄大的孩子早早获得更多的自信，这种自信会一直持续到他们的大学入学成绩高 10% 的可观测效应。

在体育中这种效应更加明显。更早时候，《魔鬼经济学》的两位作者史蒂芬·都伯纳和史蒂芬·列维特在《纽约时报杂志》发表文章[1]说，如果你看 2006 年世界杯球星档案，你会发现很多球星的生日是 1 月到 3 月；如果你看英国和德国青年队球星的话，你会发现竟然有一半是出生在这 3 个月。难道这 3 个月有利于足球天才出生吗？答案是欧洲青少年联赛的队员报名年龄按 12 月 31 日划分，这样教练在选择队员的时候自然会优先选择那些一年当中早些时候出生的孩子。

每个人的发育程度并不一样，却要被放在一起训练，就是这么不公平。而且这种不公平是可预测的，实际年龄成了最重要的变量。人的个性在哪里呢？

---

[1] http://www.nytimes.com/2006/05/07/magazine/07wwln_freak.html

从纯应试教育的角度来讲，学校搞集体加班加点补课上"自习"也是个没有办法的办法，是个老师少、学生多的权宜之计。每个人强弱项目不同，有针对性的单独训练才是取胜关键[1]。在 50 人以上的大课上，老师会按照谁的程度授课呢？大多数情况下是中等偏下学生的程度。如果是一个模范班级，这些中等偏下学生会非常积极地记录老师说的每一句话，生怕错过考试的重点。与此同时，最好的和最差的学生都在看课外书、玩手机。

学校有好有差，有的培养工人，有的培养企业家，有的培养科学家，但不管是什么学校，其心目中都有一个"标准学生"。老师的首要任务是照顾多数人！他对所有学生按照这个标准学生的标准进行训练，根本没有给谁私下"开小灶"的义务。

个性学生从来都不是体制的产物，他们甚至主动对抗体制。

《西游记》里，灵台方寸山菩提祖师是个讲课高手，把孙悟空听得是手舞足蹈。

祖师一看这似乎是个聪明学生，应该给吃点小灶，说："'道'字门中有三百六十傍门，傍门皆有正果。不知你学那一门哩？"

孙悟空假装谦虚，像个最听话的好学生一样说："凭尊师意思。弟子倾心听从。"

祖师介绍了术字门、流字门、静字门、动字门，都是修道者的流行科目。

这时候注意！如果是一般学生，到这里一定要问"考试考什么"，或者"当前经济形势下学什么容易找工作"，或者"大多数人学什么"。可是孙悟空却都不想学。我们完全可以想象，座中那些想拿个名校毕业证早点出去找工作的同学，看孙悟空是多么不懂事啊。

但孙悟空坚决以"自己想学什么"为核心。最后，这个有非凡要求的人学会了七十二变和筋斗云。

具有讽刺意味的是，孙悟空的那帮同学听说了筋斗云这门功夫，大开

---

[1] 我在《万万没想到：用理工科思维理解世界》一书中已经详细介绍过"刻意练习"的方法。

眼界，然而想到的居然还是好找工作："若会这个法儿，与人家当铺兵，送文书，递报单，不管那里都寻了饭吃！"

不知有多少英雄被这体制生生逼成了俗人。所以很多家长私下自己教孩子，或者请个高级家教。在我儿子正式上小学之前，我就教了他一点一年级的内容，心中暗自得意。结果学校一开学就搞了个摸底考试，我一看原来很多家长都是这么干的，简直是军备竞赛。

孙悟空是对抗体制的英雄。

那我们这些家长也算对抗体制吗？我们只不过是更主动地适应体制……争取以更好的成绩取悦老师而已。

最关键的是，如果你从一个学生的角度考虑，学校和家长其实是一体的——二者都是体制的一部分。至少对基础教育来说，现代社会中不同阶层的家长总是把孩子送去不同水平的学校。

如果这个学校"不适合"你，难道你的家长就适合你？

❷ 美国各阶层教育状况分析

因为应试教育实在令人深恶痛绝，很多中国家长羡慕美式教育，似乎在那种教育中学生的个性就能得到充分的解放，充满创造性，培养出来的都是乔布斯那样的人物。也有更了解情况的人指出，美国的基础教育水平其实很差，如美国学生的数学能力就是个笑话，还是中国式的严格要求比较好。

这两种印象都是盲人摸象。我只问一个问题：你说的是美国哪个阶层的教育？

美国是个有严重阶层区分的国家，各社区按房价自然分开，在某种意义上是事实上的种族和贫富隔离。公立中小学的经费主要由所在学区的房产税而来，这意味着两点：第一，富人区的学校更有钱，可以请更好的老师，用更好的设备，有更高的教学水平；第二，学生们其实是在跟自己同阶层的人一起上学。

如果你考察美国学生的数学**平均**成绩，那的确比中国上海市学生的差很多。但美国这个平均成绩其实是被贫困社区中的黑人和墨西哥移民拖了后腿。如果你考察美国富裕白人社区学生的数学成绩，那可是一点都不比上海学生的差。但成绩还不是主要问题。

中国一个城市内好学区和差学区的区别仅仅是考试成绩高一点儿或者低一点儿、考上重点中学的学生多一些或者少一些，都是"量"的"差距"，而美国不同学区的教育则是"质"的"差异"。如果你上 greatschools.org 之类的网站查一个美国中小学校的综合评分，网站首先告诉你的是这个学校学生的种族构成，如有多少白人、多少墨西哥裔、多少亚裔等；其次是贫困学生比例，如有多少学生使用了政府资助的免费午餐；最后才是学习成绩。

阶层比分数重要，因为各阶层的教学方法和培养目标完全不同。教育研究者 Jean Anyon，曾在 20 世纪 70 年代末，全程跟班考察了不同阶层的几个小学的四年级和五年级教学情况，然后在 1980 年发表了一篇至今看来都毫不过时的经典论文：《社会阶层与隐含教案》[1]。

如果中国的应试教育体制让你感到不满、想要改革的话，Anyon 这项研究所揭示的美国教育体制，也许会让你绝望。

Anyon 说，哪怕是在四五年级这个距离起跑线没有多远的地方，不同阶层的学生事实上就已经在为他们将来要从事的——不同阶层的——工作做准备了。"龙生龙，凤生凤，老鼠的儿子会打洞"——龙凤的儿子，又岂能跟老鼠的儿子接受同样的教育？

普通工人阶层的学校强调遵守规章流程。整个教学充满死记硬背的机械式程序，学生几乎没有做选择和做决定的机会。老师教任何东西，哪怕是解数学题，都是用向学生灌输规则的方法。这些规则通常包括若干个步骤，而学生必须熟记每一个步骤，老师常常不看你的最终结果对不对，而是看你是否背熟了步骤！

---

[1] Jean Anyon, *Social Class and the Hidden Curriculum of Work*, 最早发表于 *Journal of Education*, 1980。

比如老师教两位数除法，就会直接告诉学生第一步干什么、第二步干什么，既不解释为什么非得选择这个做法，也不告诉学生这么做的最终目的是什么。如果学生提出更好的办法，马上会被否决，必须按老师的方法来。

这个阶层的学校里教授自然和社会科学课程也都用死记硬背的方法。学生们并不被鼓励阅读什么课外书，也很少会把所学内容跟真实世界联系起来，甚至连课本都不怎么用——教法是让学生直接抄老师写在黑板上的笔记！这些笔记就是考试内容。

纪律是严格的，学生没有什么自由，教室里任何东西都"属于"老师，绝对不能随便碰。老师对学生说话非常不客气，经常有"闭嘴"之类的命令，时不时地制止学生乱动。不过老师自己并不遵守什么纪律，经常拖堂，根本不在乎下课铃。

一般中产阶层的学校强调把事做"对"。有点像中国的应试教育，以学习材料为核心，要求学生必须理解这些材料——你可以用自己的方法解题，只要你能得到正确答案。

社会科学课上老师会给一些阅读材料，并配以问题，这些问题都有明确的答案，其根本目的在于考察你是否真正学习了那些材料。

学校教学很强调课本的权威性，你绝对不能对课本结论提出质疑。如果你喜欢批判式思维，对有争议的话题有自己的看法，老师则认为你是危险的。

这种小学，使我想起我当年读的高中。那是一所黑龙江省的"省重点"高中，云集了哈尔滨相当一部分最好的老师和学生。除了没有质疑课本的自由，整个教学的确是非常灵活的，老师有时候还会讲讲笑话。我们根本就没有家庭作业，有时间可以搞点个人针对性训练。我们非常明白来这里上学的目的：如果能学到实用的知识当然好，但最重要的是必须考上大学。

美国一般中产阶层的学校也是这样，一切为找工作和上大学服务。

老师仍然控制学生，但这种学校的老师人品都很好，自己也能遵守制度，至少不会拖堂。

专业人士阶层的学校强调创造性和独立性。美国的所谓"专业人士"，是指医生和律师这种需要长期的学习和训练才能入职的人物，他们拥有专门的技能，他们只有考取一个资格认证才能工作，而且还有自己的职业准则。这些人是中产阶层中的上层，收入不菲，对生活和职业都有很好的规划。

这种人的子女所能得到的，才是中国人心目中神话般的美式教育。虽然还是小学生，学校已经要求学生有独立思考和表达的能力。课堂作业常常是写文章和做演讲，你必须能够自己找到素材、选择方法、组织语言、描述想法。

这基本上是我当初的大学所在的层次，而这些四五年级的小学生已经开始搞独立调研了！比如，一个任务是每人回家统计自己家有多少台电视、冰箱及多少辆汽车等物件，在课堂上每人负责统计其中一项物件的数字，计算全班平均值。机械化的计算部分你不用管，老师给你提供计算器——但是你必须把调研部分搞好，会有另一个学生检查你的工作。统计完成之后，有的学生甚至还提出建议，跟别的班比较一下数字。

历史课上学到某古代文明，作业是学生们要以其中的人物事件为题拍个电影！有人负责写剧本，有人负责演，有人负责拍摄——当时还没有数字设备，所以家长得帮着剪辑 8 毫米胶片。学生们要时不时在班级里播报一下新闻时事，老师偶尔还引导他们发现事件之间的联系。

写作强调创意，科学强调第一手的实验感觉。答案对错不再重要，重要的是你能不能真正理解这个内容到底是什么意思。

老师不再直接控制学生，而是通过跟学生交流来引导班级去做什么。任何学生都可以在任何时候去图书馆拿本书，而且只要你在黑板上签个名，哪怕上课中途也可以不经允许离开教室。哪些内容要多讲点，哪些内容要少讲点，老师都能听从学生的意见。

但这还不是美国最牛的小学。

主管精英阶层的学校强调智识。这个阶层就是所谓的资本家阶层，学生家长是这个国家的统治者和拥有者，他们当然没必要训练怎么遵守别人的章程，他们不用关心怎么用漂亮的简历取悦雇主，他们甚至不需要自己去设计什么产品。这个阶层的学生学的不是怎么遵守规则，而是怎么制定规则。教育的核心目标，是决策和选择。

哪怕在数学课上学除法，老师问学生的第一个问题不是怎么算，而是："如果你面对这么一个例子，你的第一个**决定**是什么？"

你回答："我先找……第一个部分商？"

老师就会说你这个决定不错，然后引导你进一步说出自己的计划，然后让全班一起看看你这个决定和计划的结果如何。

老师不主动提供任何解题方法，而是鼓励学生自己去制定公式，也就是规则。

老师不问对和错，而是问："你是否**同意**这个说法？"如果全班同学都发现你错了，老师告诉你的是："他们**不同意**你。"……当然，你对老师讲的东西，也可以随时"不同意"。

这种统治阶层的教育，已经不是追求什么表达能力、艺术效果、漂亮的 PPT 之类了，而是追求**分析**问题。这种小学同样学到古希腊历史的时候，不是让学生去拍个什么历史人物的电影，而是问学生"你认为伯里克利在伯罗奔尼撒战争中犯了什么错误""雅典公民又犯了什么错误"这种问题！

这些注定成为未来领导者的小学生，从四五年级起就已经开始在课堂上对当前问题发表看法。工人为什么罢工？他们这么做对吗？我们怎么阻止通货膨胀？老师说，你不知道答案没关系，我提问题只是让你学会怎么想。

这些学生不是为了考试而学习。他们如果学习了一种复杂语法，单单在考试中答对还不行，必须在此后的写作中用到这种语法，否则老师就不干。写作课也不是追求什么创意、感情描写，而是强调故事结构和逻辑，并且直接用于社会课和科学实验报告的写作中。

学生不但自主，而且可以自治。每个学生都有机会当一次老师，然后老师和其他学生对他进行全方位的评判。纪律上没有什么要求，任何人都可以随便离开教室，可以不经允许使用学校的任何东西，集体行动也不用排队。

学生学到的是选择和责任。你可以给自己设定优先目标，你自己决定干什么，你对自己所做的事负责，你自己管自己。老师有时候甚至抱怨学生自治的能力还不够。老师说："你是你这辆汽车唯一的司机，只有你能决定它的速度。"

这些是我出国以后读研究生时才享受到的待遇。

如果在美国生错了阶层，上学岂不成了无比憋屈的一件事情？

素质的确是可以遗传的。现在科学家有充分的证据证明智商可以遗传，再考虑到家庭环境的作用，**大多数情况下**，人不太容易超越自己父母的阶层。

但人之所以不是机器，就是因为人在根本上是自由的。基因加环境，也不能把人完全定死，人总有自由意志。大多数情况下如此，但每个人都可以不必如此！

用美国这套标准对照，我的小学的确是在工人阶层。就连在教学楼里从哪边走、上课怎么举手学校都有明确规定。但是我们有好几个同学根本不在乎这些规定，经常跟学校对着干，老师"夸"我们有"造反精神"——我们这帮工人子弟，做事常常带有"统治阶层"的风格。

话说回来，现阶段的中国教育，毕竟跟美国还有很大区别。中国暂时还没有这么强烈的阶层区分。

❸ 中国各阶层的三种教育目标

我认为，中国现阶段教育的默认生产目标，像是在打磨和挑选"器具"。

下等的器具，是某种实用工具，对应一般家长要求孩子有一个"容易找工作"的学历和技能。其实如果仅仅是学成卖艺，一个从哈佛大学毕业搞金融工作的人并不比一个从蓝翔技校毕业开挖掘机的人更值得尊敬。

而上等器具，则是工艺品。工艺品未必能用来做什么，但是具有收藏和升值的作用。工艺品的价值可以用一系列指标衡量，如材质是不是黄金的、镶有多少克拉的钻石等。工艺品对应中国家长对孩子的期望是各种"素质教育"：会弹钢琴等才艺、学习成绩好、会英语、身体棒、长相漂亮等。你拥有的素质越多，别人就越觉得你好，值得拥有。

为什么说是工艺品而不是艺术品呢？因为艺术品是不能用任何指标来衡量的。真正的艺术品追求独一无二，跟任何已有的东西都不一样，根本就没有标准。而不管是实用工具还是工艺品，都以"符合××标准""跟××一样"为追求。

这种"素质教育"培养出来的孩子即便会弹琴，也只不过能把曲子弹"对"而已，根本不知道什么叫弹"好"。

大多数家长并不要求自己的孩子有什么与众不同的新颖特性，只求符合各种工艺指标。当他们说"素质教育"的时候，无非是把追求从下等工具提升到了上等工艺品。

人们对教育的根本出发点及整个的内心叙事，就是把自己变成一个"好东西"，以期得到别人的欣赏。这个叙事显然与现代人常常遇到的考试制度有关，对"早熟"的中国人来说则与科举制度有关：好生活、好工作并非是我自己创造的，而是谁看我好，赐予我的。所以要做个好的器具，而不是做个好"人"。

这种教育培养出来的人，思维本质上是被动的——外界喜欢什么，我就变成什么。永远是我去适应别人，而不敢让别人来适应我。一定要进名校、一定要进好公司、一定要得到好岗位。人与人之间攀比的，也都是这些外部光环的"加持"。

如果有人凭借自己的能力开创了事业，则多数人不会对他表示羡慕、与他攀比，而是把他当成跟自己完全不同的一类人，并寻求借他的光，比如为他打工。

换句话说，现代的流水线教育其实是"奴隶教育"，而古代的贵族教育则是"主人教育"。前者是被动的，后者则是主动的。"古之学者为己，今之学者为人"——你学这个东西到底是为了改变世界、发挥自己、支配别人，还是为了适应世界、打扮自己、吸引别人来支配你？

主人学习审美，关心怎么评价别人；奴隶学习比美，关心别人怎么评价自己；主人学习明辨是非，奴隶学习迎合别人的是非观；主人学习怎么找到和使用工具，奴隶学习怎么把自己变成工具；主人学习合理调动资源，奴隶学习把自己变成别人的资源；主人学习"我想要什么"，奴隶学习"我要变成什么"。

能从作为一个主人的角度去考虑问题，才是真正的"主人翁"精神。有"主人翁"精神，你才不是一个器具。

日常文化和正统教育中，很少有"怎么主动选择、怎么审美，怎么根据自己的意图改变世界"这样的讨论，"主人翁"精神只不过是句漂亮的空话。比如买个房子，本来房子是自己的，应该完全根据自己的喜好去装修、布置，但很多人想的仍然是怎么装修看起来更有"面子"。人们取悦世界已成习惯。青年导师最爱说一句话，"做最好的自己"。做最好的自己干什么？梳妆打扮等着别人来挑选吗？

中国因为历史原因，过去这几十年人们对"怎么适应别人"研究得很多，对"怎么自己做主"研究得很少。网上一些所谓的"职场经验"，对工作、对上级、对同事的各种小心翼翼的算计，动辄得咎造成的脆弱心态，让人感觉真是非常可怜。这一代中国人的技术很强，性格也随和，愿意与人合作，但是整体心态相对欠成熟，有主人翁意识的人物不是太多。

在美国硅谷，尽管来自中国和印度的工程师的总人数势均力敌，但是二者地位其实有一定差别。无论是进入各公司管理层的人数，还是创业的人数，中国人都显著不如印度人。为什么印度作为一个国家落后中国很多，海外印度人却能领先海外中国人很多，难道仅仅是因为英语好？

我想，其中一个重要原因在于中国作为一个国家很有主权意识，但是中国人作为个人的主人翁意识相对不足，这可能因为印度有一个主流"上层社会"，而中国没有。

出身于"上层社会"是一个巨大的优势，使人的心态完全不同。耶鲁大学为了让学生体验这种心态，学会富有地生活，可以出钱让学生出国做访问学生，可以出钱让学生去纽约看百老汇演出。人只有见多识广，才能有选择的能力。

我们大概可以说，现代教育可以简单地分三个层次，对应三个阶层：

1. 贫民家庭对教育的期待是培养工具，以找工作为目的。
2. 中产家庭对教育的期待是培养工艺品，以提升个人价值为目的。
3. 上层家庭对教育的期待是培养主人翁，以欣赏、选择和改变周围世界为目的。

现代流水线式的教育只能把人送到第一层；想要进入第二层，家庭必须出力，然后你还得去精英大学；而第三层，则几乎完全是家庭和个人的事情，学校教育的作用很小。

如此说来，家庭出身实在太重要了。大数据可能搞不清到底是人选择了教育还是教育决定了人，但是对这个格局看得一清二楚。我多次看到有人统计，说中产家长每天跟孩子说多少个单词，平民家长每天跟孩子说多少个单词，因为单词数听得不够，所以平民家庭孩子智力发育不如中产家庭——再有多少这种研究，也无非是从各个方面验证一句话：家庭收入水平和父母文化水平，直接决定孩子能达到什么层次。

人很难突破客观条件的限制。可是如果人人都按照这个剧本演出，世界就太没意思了。

❹ 英雄的套路

人们一般都认为亚洲人的自控能力比较强，凡事能推迟享乐，为了明天的幸福宁可今天苦点累点把钱攒起来；而非洲人则自控能力比较差，工作一天挣的钱马上就买杯啤酒喝了。这个差异是怎么来的呢？我曾听说过一个非常有意思的实验[1]。

实验调查的不是成人，而是孩子。实验者请一些来自印度和非洲的孩子吃巧克力，他给孩子们两个选择：你可以选择现在就把这块巧克力吃了，也可以选择等一个星期之后，得到一个价格比这个贵 10 倍的巧克力。结果很明显，大多数印度小孩选择等更好的，而大多数非洲小孩选择直接吃了。从这个结果来看，孩子们选择的哪里是巧克力，简直就是自己的命运。

但这个实验的研究者真正关心的其实是单亲家庭。要知道，印度家庭通常很稳定，而非洲有很多由母亲独自抚养孩子，甚至是抚养几个孩子的单亲家庭，常常是孩子还没出生父亲已经"走人"了。研究者发现，如果你把这个因素考虑进去，非洲孩子跟印度孩子其实是一样的！印度单亲家庭的孩子大都也选择"今朝有糖今朝吃"，非洲有双亲的孩子大都也选择等一周拿更好的。之所以从整体上看印度人更能忍耐，只不过是因为印度的单亲家庭比非洲少。

所以，如果你要预测一个孩子能不能推迟享乐，单亲绝对是比种族更可靠的变量。

为什么单亲家庭的孩子自控能力更差？更进一步的研究发现，基因是个重要原因。正因为他的父亲不负责任，他才会沦为单亲儿童；与此同时他又继承了父亲不负责任的基因，所以他"天生"也是个不负责任的人。

但是环境也很重要：两个人看孩子总比一个人看有效。如果一个单身妈妈又要工作又要照顾小孩，你可以预计这个小孩是非常缺乏监管的。事实上，研究者统计那些不是因为父亲不负责任离开的，而是其他原因——父亲突然死了——而变成单亲的家庭，发现其孩子的自控能力正好在双亲家庭和父亲不负责任离开的单亲家庭之间。

所以，父母双全的人是幸运的。美国的穷人孩子有超过 2/3 生活在单亲家庭！我看到一个研究说这种家庭出生的孩子染色体的端粒比"正常人"短——"与家庭结构更稳定的孩子相比，那些家庭结构动荡（如家长

---

[1] 此事见于 *Willpower: Rediscovering the Greatest Human Strength* 一书，作者为 Roy F. Baumeister 和 John Tierney。

有多个伴侣）的孩子端粒短了40%"[1]——这意味着他们的寿命也会更短。

这就是科学结论。这就是大数据。这就是大势所趋。如果你不幸出生于一个贫困的单亲家庭，这个世界对你没有太多期待。如果你今天得到一块巧克力，大数据判断你会把它立即吃掉；如果你今天买彩票得到一笔意外之财，大数据判断你会把钱立即花光；如果你今天跟某个女孩发生一夜情还让她怀孕了，大数据判断你将会一走了之。如果将来有人用一个机器人代替你存在，这个机器人的程序就是这么写的。你的性格和命运都已注定……如果你是普通人的话。

但是无论生在哪种家庭，都有一种人，他们拒绝按照这个剧本走。他们选择另一个剧本。有人调查了各路成功人士——不是一般做小生意发财的那种成功人士，而是特别厉害乃至青史留名的人物，发现他们中有很多人出自单亲家庭[2]：

● 在入选百科全书名人录，而且又能找到家庭背景的573人中，有25%的人在10岁前失去一位家长；有34.5%的人在15岁之前失去一位家长；有45%的人在20岁之前失去一位家长。

● 67%的英国首相在16岁以前变成单亲，这个比例是同时期英国上层阶级的两倍。

● 44位美国总统中，有12位——包括华盛顿和奥巴马——在很小的时候就失去了父亲。

单亲是个巨大的困难，但是对这些人来说，单亲反而是格拉德威尔说的"可取的困难"（desirable difficulty）——如果你打败我，我就是一般人；如果你没有打败我，我反而能因此比一般人更强大。

---

[1] 果壳网，【论文故事】穷人家的孩子端粒短？作者Paradoxian。参见http://www.guokr.com/article/438226/。

[2] 以下数据来自Malcolm Gladwell的 *David and Goliath: Underdogs, Misfits, and the Art of Battling Giants* 一书。

什么叫英雄？这就是英雄。

所谓英雄，就是超越了阶层出身、超越了周围环境、超越了性格局限，拒绝按照任何设定好的程序行事，不能被大数据预测，能给世界带来惊喜，最不像机器人的人。

什么人都值得问问出处，唯有英雄不问出处。

戴维·布鲁克斯《品格之路》这本书里考察的英雄人物，各个都是如此。

民权运动领袖伦道夫出身于一个贫困的黑人家庭，可他居然接受的是贵族式的教育——从小家里虽然穷，但是收拾得一尘不染；父母要求他说话时必须把每一个音节都说清楚；他在学校跟着白人老师学习拉丁文和莎士比亚戏剧；父亲还经常领着他参加黑人政治集会。他的家人、老师和他自己创造了一个超越了出身的环境。所谓"出淤泥而不染"，也不过如此吧！

而笔名为乔治·艾略特的女作家玛丽·安就没这么幸运。她出生在一个缺少关爱，而且还狂信宗教的家庭。这个家庭给安在心理和精神上都带来了重大影响。她从小就到处找爱，很容易爱上一个男人，而且还常常是已婚男人，结果自己长得又不好看，经常被无视。按理说，这应该是一个性格有明显缺陷的浅薄女孩。可是安非常爱读书！高水平的阅读首先把她从宗教里解放出来，她因为信仰的原因跟家庭对抗，又因为精神上的交流最终找到了真爱，而且成就了伟大的写作事业。

其实我们如果仔细考察历史上的"圣贤"，会发现一方面他们做事的确不同寻常，一看就知道是个圣人；可是另一方面，他们也都是普通人，有很多缺点，小时候可能没人认为他们将来能有这样的成就。家庭出身对这些人来说并不重要，什么家庭的都有。他们的了不起之处，在于能够战胜自己的局限。其实有的英雄——比如民权运动的一个幕后组织者贝亚德·拉斯廷，终其一生都是个同性恋滥交者——并没有真正"消灭"自己的弱点，但是他们能在关键时刻战胜弱点。

是这些英雄，而不是那些能被大数据预测的俗人，让这个世界变得有意思。

好莱坞早就发现了英雄的价值。绝大多数好莱坞电影的主人公都是英雄。各种超级英雄电影不论，表现"小人物"的电影也是关于英雄的——他可以是一个小镇上勇斗歹徒的警察，可以是率领普通中学的校队夺取冠军的教练，可以是一个跟各种疾病做斗争的医生，也可以是面对生活中的不如意决不妥协，最后重新赢回幸福的家庭主妇。

好莱坞甚至发现了英雄成长的套路，而且有一套成熟的"电影剧本配方"[1]。这个配方的大致结构是这样的：

1. 交代时间、地点、人物。最初，太平无事。
2. 突然发生一个变故、一个危机、一个问题。英雄必须解决这个问题。
3. 英雄想了一个计划。执行计划过程中发生巨变，局面比他想象的更坏，剧情大转折。
4. 英雄尝试新办法，并且再次失败。剧情进入深度冲突之中。
5. 英雄又一次失败。这时候他终于意识到，**必须改变自己，重新认识这个世界，然后用全新的方式面对**。
6. 但是这时候局面越来越差，英雄情绪低落，连观众都快绝望了。
7. 英雄获得家人、导师或者女朋友的精神支持，练就超凡品格。
8. 剧情再次反转，这一次英雄毕其功于一役，一旦失败就什么都没有了。
9. 高潮和结局。

中国电影几乎很少使用这个套路，这不是因为中国导演能创新，而只能说明中国电影还不够成熟。我认为这是一个来源于生活的套路，不仅观众爱看，人们还在自己的生活中默默地实践这个套路。真正英雄人物的成

---

[1] 我看到的这个配方来自这里 stewartferris.com/wp-content/uploads/downloads/Movie_formula.doc。

长路线可能复杂多变，但是其中的精髓与这个套路并没有本质的不同。这就是成为英雄之路。

为什么这个套路就不可被大数据预测？因为它充满风险。电影表现的和被人记住的都是成功了的英雄，而大部分英雄主义的尝试可能都是失败的。

大多数人会在第一次或者第二次失败的时候放弃、认命，然后跟周围其他人一样过大数据预测好的生活。但是有的人却能一直坚持下来，非得从设定好的剧本中解脱出来获得自由不可。为什么这些人能做到？

他们有一种不同的动力。

❺ 使命的召唤

英雄跟俗人的根本区别在于，俗人想要适应世界，英雄想要改变世界。

以人们爱说的"成功"而论，我们大概可以把成功分为两类。第一类成功，是这件事有一个什么标准，然后你达到了这个标准。比如考试就是如此，别人设定了考题范围，我们全部掌握了。再比如在公司里做事，老板或者客户提出一个什么要求，你把它实现了。

第二类成功，则是这件事没有什么标准，甚至根本就没有先例，你无中生有非要做这么一件事，而且还做成了。这是创业者和企业家的成功。你发明一个新产品，甚至开创一个新领域，一旦做成，你可以给后来的人制定标准。如果你取得了这第二类成功，你就可以雇用一些"第一类成功人士"，给他们提各种要求，比如你认为现在社会风气太差，你甚至可以要求员工必须孝顺父母。

所谓"精致的利己主义者"，就是第一类成功人士。这个词的要点并不在于"利己"，而在于"精致"。精致，暗示处处精确算计、小心谨慎，不敢有任何错处。用在人身上，可以想象这人没有任何性情自由发挥，干什么事都有目的，绝不浪费时间，吃个饭、聊个天都是为了人脉之类，非常无趣。大学并不是错在把人教得太精，而是错在把人教傻了。

精致的利己主义者做事的动力是非常明确的，这么做能有升职、加薪等各种好处，所以我就这么做。心理学家管这个叫"外在动力"（extrinsic motivation）。而与之对应的，纯粹是出于自己想做这件事而主动做这件事，则是"内在动力"（intrinsic motivation）。其实一般人，既不是特别纯粹的英雄，也不是特别精致的利己主义者，做事通常同时有这两种动力。把工作做好固然有金钱上的动力，但也的确是乐在其中，对吧？

关于这两种动力的研究非常之多，总体来说结论都是内在动力的作用比外在动力大。特别是，如果你考察短期的效果，那么外在动力可能非常有效，如用奖金刺激学生更加努力地准备好下一次期末考试；但是如果你考察长期的效果，那么内在动力才是最关键的[1]。

最近有一项关于西点军校学生的研究[2]很能说明问题。研究者调查了超过一万名学生，一入学先用问卷调查你为什么来西点军校，答案选项包括"免学费""将来工作机会"这种外在动力和"就是想当一名军人"这种内在动力。然后把这些学生当初给的答案保存，跟踪他们十年以上，看看到底哪些学生在升值等方面进步更快。结果发现至少对军人这个职业来说，两种动力都有的人，不如那些只有内在动力的人成就高。

这个结果当然不出意料。外在动力其实就是人对各种刺激的被动反应，如果别人怎么刺激你就怎么反应，那你就是一个高度可预测的人，与机器人无异！内在动力才真正体现了一个人的自由意志，我之所以这么干不是因为谁刺激我，而纯粹是因为我就想这么干。

每个人都有内在动力，但英雄有一种更高级的内在动力：使命感。

如果设想一下怎么给自己搞个人生规划，可能一般都是先想想自己喜欢做什么，然后选择一个什么工作。可是世界这么大，谁知道自己最想干

---

[1] 关于这方面的研究，我在《万万没想到：用理工科思维理解世界》一书中有过介绍。
[2] 研究的论文在 Amy Wrzesniewski et al., *Multiple types of motives don't multiply the motivation of West Point cadets*, PNAS 111, 10990, (2014)。松鼠会的一个报道见 http://songshuhui.net/archives/90522。

什么？很多工作你根本没见过怎么知道好不好？英雄人物，最初也是这样浑浑噩噩地混着，并没有什么特别想做的事。

直到某一时刻，突然遇到某些事情，我们有可能会感受到使命的召唤。帕金斯本来就是个热衷公益事业的人，但她是因为目睹纽约三角地纺织厂大火，才决心把劳工权益作为自己的毕生追求；鲁迅本想学医，是因为在日本看到当时的中国人太愚昧了才决定弃医从文；很多仁人志士是看到日本侵略中国才决心投笔从戎；有的数学家是听说了某个前辈漂亮地证明了某个数学猜想之后才决定自己这辈子非做数学不可。

对这些人来说，工作已经不是简单上下班的事了，而是一项事业。他们做这件事不需要外界的监督和激励，是自己要求自己非把这件事做成不可。所以真正了不起的事业应该由使命感驱动，比如一个真正的政治家不应该是为了从政而有政治观点，而应该是有了政治观点才决定从政。

可能每一行里都有有使命感的人。有人调查了[1]美国和加拿大 157 个动物园里的动物保育员，发现其中就有很多人是因为保护野生动物这个使命感而从事这个职业的。他们在工作中找到了很大的意义和认同感，把工作视为道德责任，想办法让动物园达到更高水平，而且不惜为此做出牺牲。

为什么英雄是自由的？因为一个人一旦有了使命感，就有了最彻底的主人翁精神，你就不用管他，也管不住他了。

达·芬奇给自己提出的目标都非常高，不在乎当时的其他人能做到什么，只问自己想做到什么。年轻时奉命画天使，结果他自己立下宏伟誓愿，要画到最好——达·芬奇作画本来就以真实感强著名，如他画的花具有科学的严谨性，以前没有任何人画过这样的花——而要画天使的话，他专注的难点在于怎么画才能让天使的翅膀感觉最自然[2]。他先反复画鸟的翅膀，甚至从市场买鸟回来画。最后画出来的天使翅膀就像真的长在天使身

---

[1] 研究论文在http://asq.sagepub.com/content/54/1/32.abstract，感谢@CJY要轻快告知。
[2] 此事见于*Mastery*一书，作者为罗伯特·格林（Robert Greene）。

上一样，好像真的能飞。

结果达·芬奇随之产生新的想法，他又想掌握飞行的秘密！他总是能从一个想法引发另一个想法，被自己的想法召唤。

像这样的英雄，就是从必然王国进入自由王国的人。他们只对自己的使命负责，不受任何外力的限制。他们敢问不该问的问题，敢挑战周围人的共识，不屑于取悦任何人。

有人说资本主义的本质就是把人变成工具——其实他说的不是资本主义，而是工业化时代生产分工的本质。总体来说，现代社会分工越来越细，人们越来越像螺丝钉，越来越不自由。刘仲敬说："世界的命运和人的命运虽然漫长，关键性的节点却寥寥无几。3/4 的人生剧本在 30 岁以前就写定了，以后的内容根本不值一看。"

但是作为人，我们的终极目标仍然是自由。那么现代社会中什么人最自由呢？

❻ 英雄 = 创新

现在我们讨论一个具体的问题：经济增长是谁推动的？

这个问题现在有非常明确的答案。宏观经济学家 Robert Solow，获得 1987 年诺贝尔经济学奖的工作，就是证明了：现代发达国家的主要经济增长，不是由现有的资本和劳务活动的扩张带来的，而是由创新带来的。一个比较近的例子是在 IT 行业，几乎所有新的职位都是由刚刚成立五年之内的公司提供的。

什么是创新？创新就是打破常规，创新就是意外，创新就是你事先根本没预测到。根据我们对英雄的定义，这就是英雄做的事情。

写到这里我必须提到一位奇人，人称"数字时代的三大思想家之一"的美国经济学家乔治·吉尔德（George Gilder）[1]。有人认为，他的书曾经指导过里根的经济改革，也曾经引发过互联网股票泡沫。而在 2013 年，他

---

1 他的传奇事迹请参考 http://wiki.mbalib.com/wiki/乔治·吉尔德。

出了一本新书，*Knowledge and Power: The Information Theory of Capitalism and How it is Revolutionizing our World*（《知识和力量：关于资本主义的信息理论以及它怎么改变世界》）。

这本书的重要思想在于，资本主义的精髓并不是一个激励系统，而是一个信息系统。

通常人们认为市场经济是一个激励系统。哪种商品的需求大，它的价格就会高，生产者注意到这个价格信号，就会为了多赚钱而去多生产这种商品。刺激→反应，典型的俗人做法。

但是这种激励只能维持经济正常运转，而不能带来经济增长。前面诺贝尔奖得主证明过，创新才能带来增长。

吉尔德说，资本主义的本质是关于信息的。

什么是信息？根据克劳德·香农的信息理论，**信息就是意外**。你要测量一段话里有多少真正的信息，其实是看这段话给你带来多少意外。如果一切都是套话、废话，这段话就没有信息。程序员写好一段不含随机变量的程序，计算机一丝不苟地执行了这段程序，计算机生成什么新信息没有？没有。老板交给你一个任务，而且这个任务的所有要求细节都已经事先计划好，你圆满地完成了这项任务，你贡献新信息了没有？没有。

别人制订计划的时候，已经把故事讲了一遍。只有计划在执行过程中出现意外，你做了一些事先没有人想到的事，又或者根据自己的想法主动改变了计划，有所创新，你的故事才值得再讲一遍，你才算贡献了新的信息。你贡献了新的信息，世界因你而不同，历史才真的进步了。你不是英雄，谁是英雄？

是因为人有自由意志，我们制造的信息才会增加，整个经济的复杂度才会增加，才会有经济增长。没有规律的东西才是信息。

所以创新是不能命令和计划的。除了创新者的自由意志，创新只受技术进步客观规律的限制，此外不应该有别的力量左右创新。

不但政府不能要求创新，消费者也不能！有些企业家认为创新者应该紧跟市场的需求，揣摩消费者的心理，先问别人想要什么，再看看自己能给什么，产品经理应该听命于消费者，工程师应该听命于产品经理。真正的创新，恰恰相反。

汽车大王亨利·福特有句名言："如果我当初是通过问别人想要什么才去发明什么，他们只会告诉你他们想要跑得更快的马。[1]"

消费者是被动的，企业家是主动的！作为"供给派经济学家"，吉尔德认为，对创新产品来说，根本不是什么"需求刺激供给"，而是"供给创造新的需求"。他用一个"学习曲线"理论来说明这个过程。

1. 某公司发明一个全新的产品，如计算机芯片。在此之前根本就没有这个产品，等于是这个产品创造了一个新的市场，很多人还不知道怎么用它。新产品生产麻烦，价格很贵。

2. 随着公司的生产经验增加，新产品慢慢变得便宜，市场上数量也多了起来。

3. 消费者慢慢学习怎么用这个东西，而且还搞出各种新的用法。

4. 这个产品带来一波一波新的影响，形成正反馈，往前推动别的产品进步，带动整个技术圈加速进步。

生产者和消费者都在学习。生产者在学习怎么能造得更便宜，消费者在学习新用法。这个过程中双方信息的交流、新信息的产生，才是最有价值的，而不仅仅在于造出多少东西。

为什么说世界是由英雄驱动的？因为信息就是意外。这些发明新产品提出新想法的人是真正的英雄。只知道一味迎合别人的人办不了大事，真正的创新者不问别人想要什么，他们告诉别人应该要什么。

众所周知乔布斯不屑于考察用户想要什么。有人问苹果设计师乔纳森·艾维，摩托罗拉一款手机允许用户随意定制外观的各方面，有几十上

---

1 英文原文：If I had asked people what they wanted, they would have said faster horses。

百个选项,每个用户都是自己的设计师,你以为如何?艾维说这是摩托罗拉设计师不负责任的表现。

当然,苹果不是一般的公司,摩托罗拉也不是很差的公司,还有很多更差的公司只会对市场最基本的刺激做反应,谈不上真正的创新。

我们大概可以总结,企业家面对市场有三种态度,正好对应我们前面说过的三种教育境界:

1. 低水平企业家/贫民教育:用户喜欢什么我就做什么。

2. 中间水平企业家/中产教育:我做最好的自己,等着用户选我。

3. 英雄企业家/上层教育:我替用户决定。

而三个境界的风险则是从低到高。第三境界最大的可能性不是你发明一个东西马上引起跟风,而是你发明一个东西别人根本不买账。每一个成功的英雄背后都是无数的垫背。

如果你从未失败,说明你玩得不够高级。

这条路失败的风险极大,一个精致的利己主义者经过权衡计算之后不会选择这条路。所以英雄这条路的确是内部而不是外部动力驱动的。英雄的选择其实是康德式的:我这么做不是为了什么好处,而仅仅是因为我认为应该这么做。

智识分子的智慧加英雄主义的自由和勇气,是我们这个时代最重要的素质。由家庭出身决定教育水平,再由教育水平决定职位高低,只知道自己的小小领域,设定是什么性格就永远是什么性格,别人怎么安排就怎么做,不需要自由意志的职业,应该全都交给机器人。

在机器人时代,有智识、有勇气、追求自由,这才是真正的人。这才是人战胜机器的根本。

* * *

　　本书的最后部分讲以人工智能为特征的未来。我们将首先研究个人怎么应对人工智能的挑战，然后讨论新时代的人与人合作的组织形式，谈谈用组织的办法尽可能发挥人的优势。然而非常有可能的结局是，即便有这么多办法，最后大多数人还是会输给机器——但这也许没那么可怕，最后一篇文章就讨论这个局面：人的最重要角色将不再是生产者，而是消费者。

　　最终，世界面临两条路：如果人永远比机器厉害，那么我们这里说的英雄主义和"供给派经济学"就是好使的；如果人就是不如机器，那么我们就得依赖本书最后一篇文章介绍的"需求派"经济学。

　　那我到底支持供给派经济学还是需求派经济学？我没有派别。别忘了我可是个智识分子！

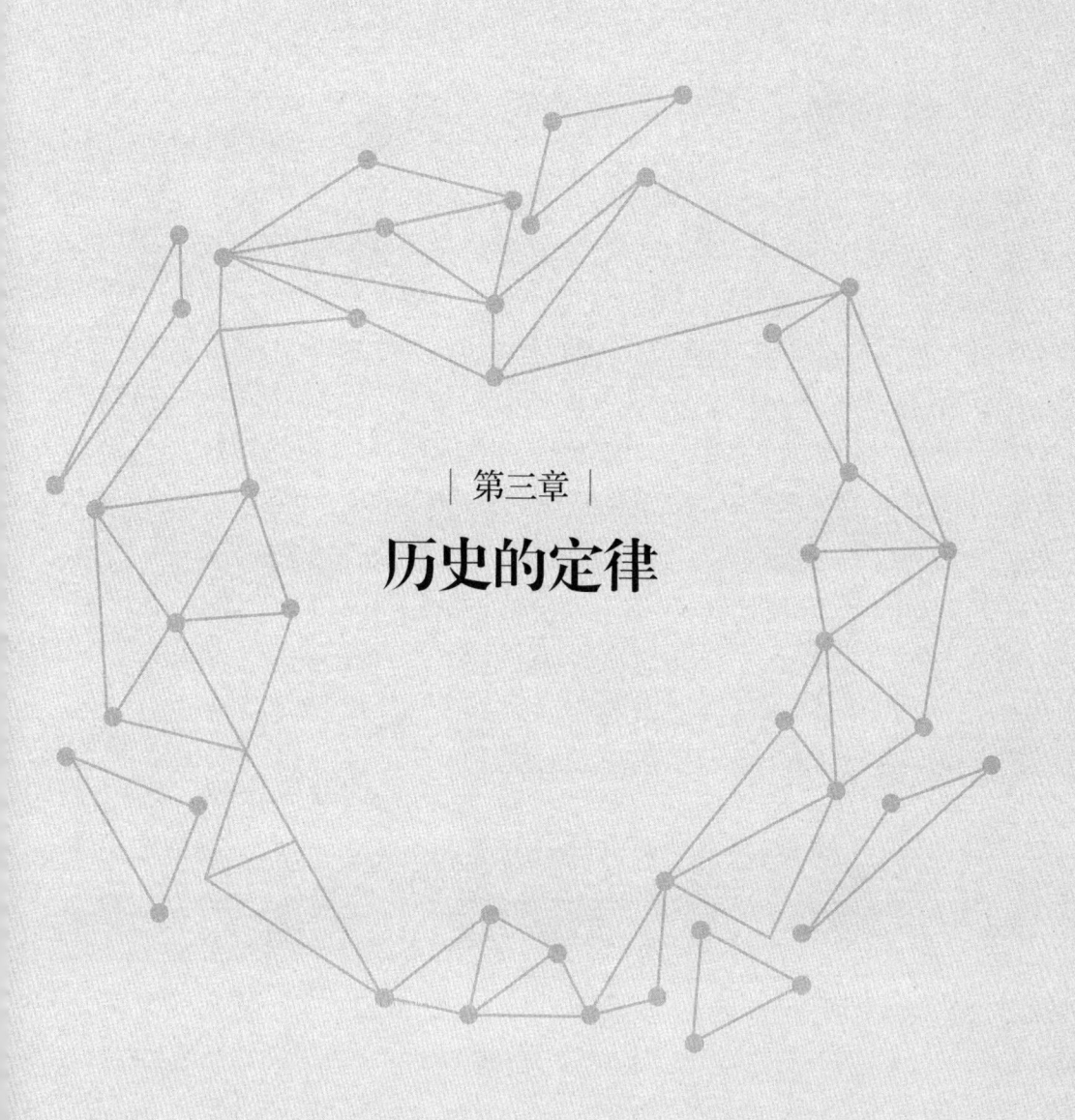

| 第三章 |

历史的定律

大尺度和硬条件：四万年来谁著史

2012 年 7 月，当时的美国共和党总统候选人罗姆尼访问以色列的时候发表了一个讲话[1]，提到他读过的两本书。一本是贾雷德·戴蒙德的名著《枪炮、病菌与钢铁》，一本是哈佛大学经济学家戴维·S. 兰德斯的《国富国穷》。这两本书都试图解释为什么有的国家和地区强盛富裕，有的则贫穷落后。前者强调地理因素，后者则强调文化，尤其是政治制度的影响。

罗姆尼说，靠得这么近，以色列的人均 GDP 是 2.1 万美元，而巴勒斯坦只有 1 万美元，所以地理因素——什么有没有铁矿石之类——不是关键，文化决定了这一切。

罗姆尼因为满嘴跑火车丢分已经不是一次两次了，他的话一般不能当真。如果较真的话，正如《波士顿环球报》指出[2]，以色列的人均 GDP 其实是 3.1 万美元，巴勒斯坦是 1500 美元。而考虑到巴勒斯坦这么多年局势不稳，它经济发展得差肯定不能全怪文化。不过如果我们把"对国家富强来说，地理因素重要还是文化和制度因素重要？"这个问题放在一般情况下考虑，答案应该是什么呢？

---

[1] 参见http://talkingpointsmemo.com/2012/romney-israel-s-superior-economy-to-palestinians-result-of-culture-providence。

[2] 参见http://www.bostonglobe.com/news/politics/2012/07/30/romney-comments-fundraiser-outrage-palestinians/fnPujdiBDoGpycNcuh9ySO/story.html?camp=pm。

戴蒙德因为自己的书被共和党的人否定了而气愤不已，干脆在《纽约时报》发表文章反驳[1]。戴蒙德说，他的书的确强调地理因素，但从来没说过什么铁矿石的重要性，他说的是生物特性和交通条件。就算是那本强调文化差别的书，也没有忽略地理因素的影响，这两种解释并不是互相独立的。

在我看来，戴蒙德的反驳还没有说到点子上。如果你对"国家强盛靠什么"的回答是列出一二三，各种因素都有作用都重要，那你应该干脆把所有这些因素都写在同一本书里，专门强调某一方面原因的答案怎么能得高分呢？其实这两本书之所以给出不同的答案，根本原因是它们看问题的尺度不同。

《枪炮、病菌与钢铁》用的是特别大的时间尺度和空间尺度，描写一整个大陆在千年乃至万年的历史中的命运，比如非洲为什么比欧洲落后。而《国富国穷》的尺度则要小得多，谈论比如英国在工业革命中的作为。

尺度，是一个重要的思维方式。物理学研究非常讲究尺度。计算汽车和火车的运动只要把地球当成平面就可以了，布置国际航线则必须考虑地球的球形形状，而研究行星运动又可以把太阳都当成没有体积的质点。尺度思维的一个要点在于，当你考虑大尺度问题的时候，小尺度的现象常常可以忽略或者简化。统计力学不跟踪单个分子的个别运动；在等离子体物理学中，如果你研究的是离子尺度的现象，那么因为电子质量小得多，它们的运动就可以用某种流体代替。而更重要的是，从小尺度现象出发往往解释不了大尺度问题。正如《庄子》说"朝菌不知晦朔，蟪蛄不知春秋"，我们从《史记》这种人物故事类历史书里悟出来的道理，并不适合研究大国在百年以上的兴亡。

黄仁宇写《中国大历史》一上来先谈"15英寸等雨线"，这个思维与"彼可取而代也"之类的戏剧性开头完全不同，其讲出来的故事也绝

---

[1] 参见http://www.nytimes.com/2012/08/02/opinion/mitt-romneys-search-for-simple-answers.html。

对不会用到《明朝那些事儿》中的桥段。研究大尺度问题，必须关注一些长期不变的因素，也就是"硬条件"。一位皇帝的雄心和几名将领的智勇也许可以在小尺度内左右一个中原王朝的命运，但是改变不了华夷争斗这个大局面，因为后者是由华夏雨量充沛而物产丰饶这个硬条件所决定的。

在《中国大历史》中，这条 15 英寸等雨线注定了中国农民在两千年内不得不跟塞外牧人斗争的宿命，而在《枪炮、病菌与钢铁》中，一个大洲在上万年内的运数，竟是取决于这个大洲有多少种可供人类驯化的动植物。

有些硬条件构成了历史发展的种种限制，使人们不能恣意而为，而有些硬条件则又是我们的重大机遇。正因为有了这些限制和机遇，历史的演化才成了戴着镣铐跳舞，反而不平淡了。

如果我们把时间尺度放大到百万年，把空间尺度放大到整个人类，这个故事和道理又将是怎样的呢？这就是戴蒙德二十多年前写的《第三种猩猩：人类的身世与未来》。此书和《枪炮、病菌与钢铁》《崩溃》，都出自这位 UCLA 地理学教授之手，而由于在逻辑上后两本的内容其实已经包括在第一本中，《第三种猩猩》可以说是代表了戴蒙德对人类社会的根本看法。罗姆尼可以胡乱评论以色列为什么比巴勒斯坦发达，而这本书则能告诉我们人类为什么比动物发达。但这个看法可能跟任何一位传统历史学家的看法都不一样，因为戴蒙德并不是历史学家。他是一个科学家。

科学家考虑问题不需要人为的浪漫。想象有一群高度智能的外星人，能够在几百万年的历史中不定期地前来考察地球生命，那么在这些外星人眼中，人类在大部分时间内根本谈不上是地球的主人，而只不过是地球上诸多动物中的一种罢了。

可能有人认为人之所以异于禽兽，是因为人有道德和感情，而事实是科学家在一系列实验中证明猩猩和猴子一样有感情，有同情心，甚至有正义感。我的老师在初中政治课上说，使用工具是人和动物的根本区别。但现代科学家发现，黑猩猩可以相当巧妙地使用工具。是人有语言吗？绿猴会发出三种不同的警告呼声，还有各种有意义的咕噜声。它们至少有十个词！绿猴这些声音并不仅仅是非自主的自然流露，而是有精确意义的，而且还需要从小学习。人有农业生产？最早发明农业——以及牧业——的生物是蚂蚁。

在戴蒙德眼中，甚至连艺术也不是什么人类特有的行为。一只雄性黑猩猩的涂鸦，居然被心理学家判断为七八岁男童的作品。如果你认为动物园里猩猩的画作不是自然行为，那么请看花亭鸟——它们建造的花亭，是世界上最复杂、装饰最华丽的动物作品，只有人类的作品才能媲美。关键在于，动物也会创造这种没有直接的实用价值，只是为了美感的艺术。花亭鸟用作装饰的某些物品本身并没有用处，只是由于它们难得或者稀少，而被拿来用作炫耀的本钱。当然，你可以说动物搞这些艺术都有吸引异性或炫耀基因的目的，可人类搞艺术的最初目的何尝不是如此？现代人戴着毫无用处的华丽首饰又何尝不是为了炫耀？

至于人类的坏品质就更有动物根源了。动物世界弱肉强食，甚至同一物种内部也会自相残杀，人也一样。人类的种族屠杀行为和地盘意识都能在动物世界找到依据，而且人类至今没有脱离这个性质。

一个特别有意思的问题是：人为什么会做吸烟、文身、吸毒和豪饮这样明显对身体有害的事情？这有一个绝妙的解释。如果一只特别强健的瞪羚看到一只狮子正在向它潜行，它最好的策略不是马上就跑，而是向狮子发出一个"我很强，你肯定没我跑得快"的信号，这样双方都可以节省体力和时间。而这个信号必须是高成本乃至有害的，才能让狮子相信。所以瞪羚的信号就是一边慢跑一边弹跳——如果它没那个本事，做这个动作是找死，所以它必然有本事。戴蒙德提出，吸烟之类的事情，就像瞪羚的弹跳和雄孔雀实为累赘的大尾巴一样，是一种信号：我的基因足够优良，乃至于玩得起损害身体的举动。

种种不离于禽兽的特征构成了人类社会的某些硬条件。比如说，正因为种族屠杀的存在，人和黑猩猩都不得不选择了群居行为，群居有利于防守。

可能有些文艺青年认为为了孩子而维系婚姻很愚蠢，但人类的婚姻习惯恰恰是为了孩子而存在的。婴儿一出生不会觅食，父母的负担极重，而且父亲也必须参与抚养，否则婴儿很难存活，那么他的基因就无法遗传。这个特点决定了历史上最正常的人类婚姻是接近一夫一妻的"轻微多偶制"：大多数男人只能供养一个家，而少数强人能娶好几个老婆。至于娶几十个老婆，则是有了农业以后才能出现，因为原始社会时期的男人必须亲自参与抚养子女。而相比之下，猩猩世界中，由于父亲不必负责养育，雄性可以"射后不理"，或者仅仅提供一点安全保护，也就谈不上什么婚姻。人的婚姻并不独特，由于雄鸟和雌鸟必须有一个留下照料鸟巢，一个出去觅食，很多鸟类也实行以单偶制为主体的婚姻制度。

如此看来，人在动物世界并没有多少独特之处。事实上，人的基因与黑猩猩有98.4%相同（这是《第三种猩猩》一书的说法，而2012年的研究[1]数字是98.7%），而黑猩猩与波诺波猿（也就是倭黑猩猩）则仅有0.7%的差异（最新数字是0.4%），所以人只不过是第三种猩猩而已。

而纵观"直立人科动物"几百万年的奋斗史，会发现人类绝大部分时间内都在非常低调地生存，并没有什么万物之灵的迹象。黑猩猩偶尔也会使用石器，一直到250万年前，东非原人，才在使用石器方面对黑猩猩取得明显领先，搞到栖息地遍地是石器。50万年前智人出现，他们的大脑虽然较大，但并没有带来什么生活变化，没有什么艺术，石器没变化，唯一的亮点是可能使用了人工火。狩猎技术一直到10万年前才开始出现，但非常低级，而且一直到4万年前没有任何创新。

---

[1] 参见news.sciencemag.org/sciencenow/2012/06/bonobo-genome-sequenced.html。

人类的族谱

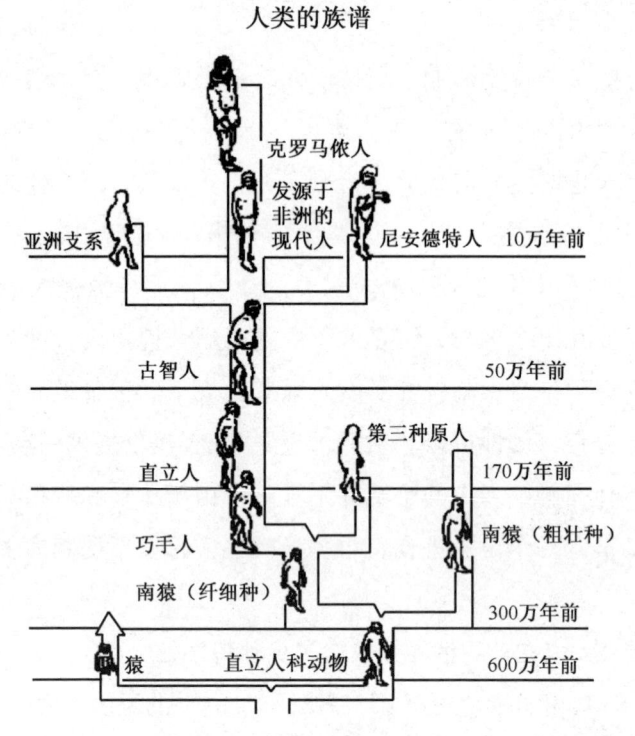

亚洲支系	克罗马侬人 发源于非洲的现代人 尼安德特人	10万年前
古智人		50万年前
直立人	第三种原人	170万年前
巧手人 南猿（纤细种）	南猿（粗壮种）	300万年前
猿 直立人科动物		600万年前

族谱上有许多支系都已灭绝，如南猿的粗壮支系、所谓的"第三种原人"支系，以及在尼安德特人生存期间生存的亚洲支系

然而大约在五六万年前，人类中的某一支出现了一个变化。科学家相信这个变化是基因意义上的，但是并没有在化石骨骼上找到线索。这个变化使人类的发展开始跃进。生活在欧洲的克罗马侬人的工具和打猎武器越来越先进。他们开始进军全球，到5万年前就能乘船经印尼渡过100公里的海域踏上澳洲。到4万年前，克罗马侬人的体貌已经与现代人没有任何区别。大跃进的证据变得非常明显，他们可以制造针、凿、臼、鱼钩、网坠和绳索等复合工具，发明了远距攻击武器以猎杀大型动物，甚至有了远程贸易和分工。这时候他们击败了比自己更强壮的尼安德特人，而且很可能把后者给灭绝了。

包括戴蒙德在内的众多学者认为这个神奇的变化是语言。是某种舌头和喉咙的解剖学改变，使得人类可以发出复杂的声音。这时候复杂信息的传递才成为可能，而交流导致创新。

关于语言在人类进步史上的意义，我觉得堪称当代技术思想家的凯文·凯利（Kevin Kelly，江湖人称"KK"）的一本名《技术想要什么》的书里说得更好：有了语言，人才能清楚地知道自己在想什么，有意识的创造才成为可能。其实语言还导致一定程度上的抽象思维——射箭的时候瞄得高一点还是低一点，这样的知识光靠比画很难弄明白它的通用意义。

语言能力大概是人类进化史上最后一次重要硬件升级：4万年前的人已经具备了现代人的一切素质[1]，用戴蒙德的话说：只要有条件，你完全可以教会他驾驶喷气式飞机。

我们发现，人类发展史上的各种硬条件并不是你努力就能逐渐获得的，像语言能力这样的重大机遇也许纯属偶然。此书列举了动物世界其他偶然进步的例子，比如啄木鸟是一种非常成功的生命形态，想要进化出来也不算难，但却并没有在世界各地都出现。再比如植物纤维素无处不在，但是能消化纤维素的动物却不存在！食草动物消化纤维素其实靠的是肠道里的微生物。另外，昆虫会种植粮食，动物却不会。更有意思的例子是人类现在会使用无线电了，而在动物世界从未有过使用无线电的先驱物的任何先例。如果机遇如此偶然，那么智慧生命的出现就很可能是一个罕见事件，也许就算有适合生命存在的星球，其中也未必能演化出人这样的智慧生命来。

戴蒙德并没有对人之所以为人的所有硬条件进行总结性评估，但我们不难从这本书里悟出人类发展的两个制胜法宝。

第一个法宝当然是创新。创新的一个关键是语言，另一个关键则是年龄。到大跃进前夕，尼安德特人几乎没人能活过40岁，而克罗马侬人却突然演化到能活60岁以上。在发明文字之前，老人对知识传承的意义是决定性的。作者提到在采集—狩猎时代，即使只有一个年过70岁的老人，他的知识也能决定整个宗族的命运。但是这个年龄突变是从哪里来的呢？男人方面不太了解，但一个重要因素是女人的停经。一般动物过了生殖年龄就会死亡，因为它们的任务就是传宗接代，基因传下去生命就完成了。

---

[1] 这个论断现在是有争议的，很多科学家认为人类在过去4万年中仍在演化。

而女人却可以在中年停经，并且继续生活很久。要知道生育是一种极大的风险，停经显然是对女人的一种保护，使得她们可以一直活到老年，来完成传递知识的任务。

人的第二个法宝是合作。有意思的是这一点与性行为很有关系。在动物世界中，人的性行为有两个独有的特点：隐性排卵和隐性交媾。为什么女人没有发情期，排卵没有征兆，以至于科学家直到1930年才搞清楚女人的排卵时刻，此前以为女人任何时候都可以受孕？也许最好的解释是只有这样才能把丈夫长期留住。更进一步，如果排卵和交媾都是公开的，一旦有个女人正好处在发情期，男人们看到她（照抄此书用词）"肿胀鲜艳的阴部"，势必彼此争斗来夺取这稍纵即逝的交配机会。一个这样的社群无法进行有效率的合作，可见人的性生理是多么重要的硬条件。因为没有控制实验，这些理论算不上是严谨的科学，但是其道理是可取的。

创新与合作，这两个法宝合在一起，才是人与动物真正的区别。它们给人带来了无与伦比的优势，从4万年前开始，动物在人的发展史中逐渐出局，剩下的剧情变成了人与人的竞赛。克罗马侬人的后代几乎走遍全球，人群和人群之间已经不存在基因的差异了。但自从1万年前农业被发明以后，各地人的发展差异开始越来越明显。

具体说来，若论技术和政治发展的速度，以欧亚大陆最快，美洲慢得多，而澳洲最慢。这又是为什么呢？根本原因不再是人种硬条件，而是各地区的硬条件不同。大约6000年前，西亚人已经驯化了绵羊、山羊、猪、牛、马这五种家畜，那么为什么美洲的人就做不到？原因不是美洲人笨，而是美洲的对应物种根本就不可能被驯化！就好像在一个设计得不够均衡的电脑游戏里被分配到了贫瘠之地，美洲人缺乏文明发展的战略资源。如果本地没有这些物种，能从外地引进过来也行啊，但能不能引进，同样取决于地理因素。

考察人类发展史，我们极少发现"人定胜天"，我们发现的大多是人奈何不了大自然给的各种硬条件。1944年，29头驯鹿被带到了圣马太岛，它们以岛上的地衣为食，到1963年居然繁殖到了6000头。然而地衣是一种再生缓慢的资源，根本经不起这么吃，结果一年之后正好赶上严寒，这些驯鹿居然就几乎全部饿死了。人类又能如何？为什么古代西方文明的权力中心，不断地发生地理位移？为什么现代超强国家不包括希腊和波斯？因为他们以前依赖的环境被自己破坏了。

眼中尽是这样的历史，戴蒙德必然是个充满忧患意识的人，以至于后来又专门写了一本《崩溃》来提醒人类环境这个硬条件。也许我们可以比他乐观一点。也许有了创新和合作这两大法宝，人类可以摆脱动物的宿命。2010年类似题材的《西方将主宰多久》这本书提出，过去西方比东方发展得快主要是靠地理因素，而未来将不会如此：因为技术进步已经使得地理差异变得不再重要。换句话说，我们已经在一定程度上突破了这一点硬条件。技术再加上全球合作，也许未来终究能找到解决环境问题的办法。

我上大学的时候，《天体物理导论》的老师在课堂上讲过一个道理。他说你们不要困扰于自己生活中那点小事，应该没事多往天上看，想想宇宙之大。考虑大尺度问题的确有利于忽略小尺度的事情，可能这就是戴蒙德这本书带给我们的心灵鸡汤吧。

那我们何不把尺度再放大一点？如果时间尺度是1亿年的级别，那么地球上发生过的最重大事件也许不是人类崛起，而是6500万年前一颗小行星撞击地球导致全体恐龙突然灭绝[1]。要不是这次撞击，我们哺乳动物也许根本没有出头之日。智慧生物的出现是由一系列极小概率事件所决定的，有无数重大劫数和重大机遇。恐龙活得好好的，谁能想到突然祸从天降全体死亡？又有谁能想到当初像老鼠一般大小的哺乳动物居然有一天能进化成万物之灵长。这么想来我们现在讨论的人类的种种兴亡，在更大的尺度上可能根本不值一提，又何必做这般计较？看来思考问题的尺度也不是越大越好。

---

[1] 你肯定听说过关于恐龙灭绝的各种解释，但目前科学家的共识是因为小行星撞击地球。《科学》上的一篇论文：Peter Schultz et al., The Chicxulub Asteroid Impact and Mass Extinction at the Cretaceous-Paleogene Boundary, Science 5 March 2010: Vol. 327 no. 5970 pp. 1214-1218.。

社会为何非得是这样的

人与人之间的社会关系非得是今天这个样子吗？为什么一定要有等级呢？为什么一定要一夫一妻呢？为什么财产是私有的？为什么世界要分成各个国家，各自为政呢？

每当我们看到人间的苦难、面对压迫和不公平、思考社会问题的时候，我们总会想到，能不能建立一个更好的社会。

事实上人类近代史上发生过很多很多次"从第一性原理出发"，直接建立一个新社会的实践，它们的初衷都是美好的。但是它们的结局，要么就是大规模的失败，要么就是只能在很小的范围内存活。一开始都叫"乌托邦"，后来失败的太多，描写这种实践的小说都被称为"反乌托邦"。

但是人们仍然在尝试。美国至今有很多这样的团体，就是一帮人凑起来找个地方尝试一种新的社会生活。英国有个电视节目叫《荒岛求生》，找了 36 个人一起到荒岛上生活，说一切规则都自行建立，观众极多。

然而节目开始没多久，就有 7 个人离开了。其中有一个人离开的理由特别有意思。他说我参加节目就是想体验不同的生活，结果我们在岛上制定的规则还是和外面的世界差不多，这太无聊了。

你完全能理解他的想法。是中国人也不一定非得说中文，是少数民族也不一定非得穿民族服装，人都是自由的，对吧？我们理所应当可以换一套社会规则！难道不是吗？

美籍希腊裔社会学家尼古拉斯·克里斯塔基斯（Nicholas A. Christakis）在《蓝图：好社会的八大特征》一书中告诉你，别想了，人类社会大体上只能如此。

* * *

这可是一个非常强的结论。你要是一个人坐在家里想，怎么想都没法接受这个结论。从逻辑上讲，哪怕前面所有建立乌托邦的尝试都失败了，也不能证明下一次尝试就不能成功。要接受这个结论，我们对人性必须有一个根本的认识。

这个认识就是，人，不是自由的。

这不是一个哲学判断——哲学家现在已经没有资格判断人性了——这是一个科学认识。

可能很多人不知道，今天的科学家对人性有非常强硬的理解和认识。科学家不靠清谈空想，他们有两个最硬的手段。

一个是从脑神经科学入手，考察人的认知能力。这门学问研究大脑的硬件限制。人脑不是可以随便升级的计算机，它并不神奇，它有各种认知偏误，它容易犯错误，它接受不了任意的设定。

另一个是从进化心理学入手，考察人的基因和遗传。如果人类的远亲，比如猩猩，也是这么做事的，几十万年以来的人类也都是这么做事的，那这件事就很可能就是写在基因里的。然后你再找到具体的基因编码。如果事实证明基因就是这么规定的，你又能怎样呢？

人其实是一台有出厂设置的机器，是一种有生理限制的动物。

科学家在这方面的认识其实早就开始了，而且出了很多书。三四十年前就有弗朗斯·德瓦尔的《黑猩猩的政治》、杰拉德·戴蒙德的《第三种猩猩》；近年来有乔纳森·海特的《正义之心》；最近新出的有罗伯特·萨波斯基的《行为》。这些书都是从生理和硬件角度，告诉你人性是怎么回事。

克里斯塔基斯的《蓝图：好社会的八大特征》，延续了这个强硬的解释思路，告诉我们人类社会为什么非得是这样的。

* * *

克里斯塔基斯首先考察了各种你能想象出来的社会关系，包括历史上的王朝、乌托邦的实践、沉船事故之类的极端环境下的小社会、边远地区的奇特婚姻风俗，还包括他自己参与的一些实验得出的一般规律，简单来说，就是成功社会的规则都是相似的，而失败社会各有各的规则。

这些成功规则一共有八点，克里斯塔基斯称之为"社会套件"。它们共同构成了好社会的蓝图：

1. 每个人都有自己独特的身份，可以互相识别。不能所有人都匿名，或者都长得一样。
2. 人会爱自己的伴侣和后代。这构成了家庭的基础。
3. 没有血缘关系的两个人，也可以结成友谊。
4. 整个社会有社交网络，大家连接在一起。
5. 社会中有合作。
6. 人们总是更喜欢自己所在的群体，有时候还会为此敌视别的群体。
7. 存在一个温和的等级制度，所有人的地位不是绝对而是相对的平等。
8. 这个社会促进学习和教育。

这八点听着挺平常，但关键是你不能改。取消家庭行不行？绝对平等行不行？不行。那样就不会是一个长期存在的复杂社会。

这些社会套件是由人类的硬件决定的，它们是人类在演化中经过自然选择的结果。

当然成功社会不可能都是完全一样的，西方社会跟中国社会就不太一样，也许跟自然环境的差别有关系。但是西方社会和中国社会都符合这八个社会套件的设定。这些套件代表了好社会的共性。为什么有这些共性？因为不管怎么自然选择，各地的人类都有一个环境，而这个环境始终都一样。

这个环境就是，有其他人的存在。

只要你是人，你能存活和繁衍，你的身边就必然有其他人的存在。你要和其他人互动，就得遵守一些固定的规则。

克里斯塔基斯找到了这些套件在人类演化中的逻辑，说明为什么这些规则能给一个群体带来演化优势。然后他又挖掘了人类基因上的硬限制。这本书就好像是一本推理小说，用逻辑链条串起各种蛛丝马迹，能带给你思维的乐趣。

我来说说其中几个有意思的理论。

* * *

为什么不同地区的好社会殊途同归呢？有个关键思想叫"趋同进化"（convergent evolution）。

趋同进化是说，生物进化中能遇到的好东西，并不是无限多的。比如你要让一个动物能飞，翅膀的"设计"就只有那么几种。

蝙蝠和鸟类在进化历史上是距离非常远的物种，它们是各自独立地进化出了飞行的能力，对吧？但是它们的翅膀，却是一样的。它们并不需要互相抄袭，它们各自不断试错，最后发现能飞起来的，就是这种翅膀。

最著名的例子是眼睛。人和章鱼，早在 7.5 亿万年前就分道扬镳了，我们和章鱼的那个共同祖先是没有眼睛的——然后我们和章鱼各自独立地演化出来了眼睛，结果这两种眼睛简直就是一模一样的。

而这种眼睛，在不同的物种身上，被独立演化出来了至少 50 次。

趋同进化告诉我们，好东西会被大家都用上。为什么各家出品的照相机镜头都是圆的、手机都是长方形的？因为这样的设计最合适，只有这样的产品才能存活下来。

社会进化也是这样。人类社会也好，大象的、猩猩的社会也好，只要是足够复杂、能够长久存在的好社会，就具备那八个套件，大家殊途同归。

* * *

再比如说，为什么非得是一夫一妻制呢？这是一个漫长的故事，克里斯塔基斯用了好几章解释，我大概给你捋一捋。

不管是人类中的男性女性还是动物中的雄性雌性，不论你是自由恋爱还是包办婚姻，只要发生了性关系并生育了后代，他们之间就会有一种依恋感。这可能是从爱后代引发出来的，也可能是由基因决定的，不管怎么说，这个依恋感，是客观存在的。

依恋感决定了两性关系往往是固定的，不是今天跟这个人生活明天跟那个人生活。最基本的就是男女一加一配对的关系。事实上，从30万年前到1万年前的这段时间内，人类都是一夫一妻制的。进入文明时代以后也都是以一夫一妻制为主。人们都是最爱自己的家庭，然后扩展到爱亲属、爱远亲，以至于爱社会上的其他人。

你可能会说不对啊，很多灵长类动物都是一夫多妻，人类不也有过一夫多妻制吗？这跟环境和社会有关系。如果环境的生存压力特别大，雌性都选择间隔很远的独居，那就只能一夫一妻。如果环境适合，大家可以群居了，那的确有一夫多妻，但是这时候，社会开始起作用了。

随着社会越来越复杂，有些男性发明了一种新的求偶策略。他们不再像以前一样通过战斗去争夺女性，而是改为"追求"女性——比如专门给一位女性提供食物和保护。而女性也会觉得这样很好，就产生了依恋感，这样社会就会往一夫一妻的方向演化。

而到了近代，社会合作变得更加复杂化，必须让男性之间更加平等，一夫一妻制就是最合理的选择了。

这里还有个有意思的点。以前很多学者认为，是因为父亲必须参与照顾后代，人类才是一夫一妻制。克里斯塔基斯的论证则是，因为人类很早就学会了一夫一妻制，父亲才会参与照顾后代。

* * *

再比如说社会套件中的第一点，人的身份识别，是怎么来的呢？

你要不是社会学家可能都想不到这样的问题。为什么每个人都长得不一样呢？这其实对社会有好处。人们能够互相识别，才能记住谁是好人、谁是坏人，社会才能有回报和惩罚机制，才能促进合作，才能是个好社会。

而每个人都长得不一样这件事可一点都不简单，需要在基因上有特别的布置。负责我们脸部形状的基因，得有充分的多样性才行。比如说，人的鼻子宽度和长度之间的相关性，几乎是 0。也就是说，鼻子宽的人既不一定鼻子长，也不一定鼻子短，宽度和长度没关系。

这有什么好处呢？这样人的鼻子才能是多种多样的。否则如果鼻子的宽度能决定长度，人的相貌就少了一个自由度，长得相像的人就会增多。

反过来说，手的宽度和长度有个明显的正相关，这意味着宽的手通常也是长的手，很多人的手会很相像。所以我们都是看脸识人而不是看手识人。

而这是有代价的：控制手的宽度和长度可能用一个基因就够了，而控制鼻子的宽度和长度的必须是两个不同的基因。付出这个代价，我们收获的是更好的社交互动。

* * *

这就是科学的手段。人类社会为什么是现在这个样子的？哪些是基因，哪些是文化，哪些是环境的因素，哪些是偶然的，哪些是不可改变的？现代学者就是这样一点一点，搜集各方面的证据，无比小心地论证，给你过硬的答案。

我们不能说克里斯塔基斯找到的这八个社会套件就是最终答案，你会看到有些推理环节还不够确切——但是这是最值得尊重的答案。

中国社会跟美国社会不一样，民主社会跟专制社会、封建社会不一样，未来的社会肯定也会跟现代社会不一样，你也可以去尝试各种新的组织方式。但是这八个社会套件，从大象到猩猩，一直到人类的今天，都没有变过。

当我们试图变化的时候，首先得注意哪些东西是不能变的。没有这个知识就会犯错误。很多国家尝试过绝对的平等，尝试过取消家庭；太平天国曾经把人分成男营和女营；美国震颤派乌托邦社区也曾经严格禁止男女接触……所有这些实验，要么立即失败，要么只能在极小的范围内存在。为什么？因为它们不符合人类社会的蓝图。

有时候了解一个学说能让人更激进，当我们谈论社会的时候，我们最好还是谨慎一点。科学家，可是非常谨慎的。

技术左右天下大势

我们常常相信历史前进的冥冥之中存在一些逆之者亡，顺之者昌的"大势"，就好像《三国演义》一开头说的"分久必合，合久必分"一样。然而就算真有这样的大势，也很少有人能正确地预见到。

比如 100 年前，一战前夜，世界发达国家的经济已经形成互相依赖的整体，电话和电报这些通信技术的进步使得各国能够充分交流，再加上民主制度的广泛传播，以至于整个欧洲的政治家、知识分子和商界领袖都认为天下大势是和平。他们在 20 世纪之初预言欧洲将不会再出现大的战争了，结果 20 世纪却是人类历史上战争最惨烈的世纪。

但是也不能说天下大势不存在，或者不可预测。实际上，有一个波兰银行家，伊凡·布洛赫（Ivan Bloch），曾经几乎窥破了天机。作为一个业余军事学家，布洛赫在 1898 年出了一套六卷本著作《未来战争的技术、经济和政治诸种方面》。Bloch 也许从来没上过战场，但他却是世界上最了解机关枪意义的人。Bloch 说，机关枪的出现使得传统的步兵和骑兵战术彻底过时——有了机关枪，士兵们只能在战壕里作战，因为他的计算表明，一个战壕里的士兵比地面上的士兵有四倍的优势。这样步步为营的壕沟战会让快速推进成为不可能，以至于任何一个强国攻打另一个强国都不可能速战速决，所以未来战争必然是漫长的消耗战。这样长久的战争会迫使参战国投入百倍于传统战争的兵力，拖垮参战国的经济，引发其国内动荡甚至革命，所以没有哪个大国会愚蠢到在机关枪时代发动战争，于是结论就是机关枪将会给世界带来和平。事实证明除了和平，其他方面布洛赫都说对了。

布洛赫没有预测到一战发生的一个重要原因可能是他高估了世人对新技术的适应能力。这本书的思想是如此先进，以至于在它非常畅销的情况下却没有引起各国军方足够的重视。军队仍然习惯于传统的排兵布阵，一直到十几年以后，欧洲战场上的将领们才意识到机关枪的确是一种防守性，而不是进攻性武器，而且打仗的时候的确应该待在战壕里。即便是这样，机关枪也没有带来最终和平，因为坦克出现了——在布洛赫写书的时候这个终极陆战进攻性武器还没有发明。不论如何，从一种新技术的出现判断天下大势这个思路显然并没有错。

技术不仅仅对人类生活提供辅助性的帮助，而且可以直接改变人类的行为模式和社会制度，我们甚至可以说技术发展的大势决定天下大势。前文提到过的凯文·凯利的书《科技想要什么》就给我们描绘了一幅技术的大势图。

在这本书里凯利提出，技术的发展正在变得越来越独立，就好像有了自己的生命一样，变成了一个活的东西，以至于它"想要"一些东西。人类对技术的控制能力很弱，我们的角色不是技术的主人，而是"技术的父母"，乃至于"技术的生殖器官"。即便如此，技术仍然是个好东西，它的大势总是让我们变得更好。

并非所有人都认为技术是个好东西。空气污染、全球变暖和核辐射，使得有些极端环保主义者认为人类应该放弃技术，回归到原始社会的自然生活。但原始社会既不文明也不环保。我国古代文化常常认为上古是大同社会，人们过着与世无争的安乐生活，而事实是在农业技术被发明之前的原始采集—狩猎时代，部落之间的战争比任何文明社会都要频繁，死于战争的人口比例是农业社会的五倍。再加上食物来源不稳定，没有多少人能活过20岁，考古发掘中从来没有出现过40岁以上的原始人。从保护生物多样性的角度，原始社会生活方式对地球环境的破坏比现在还要严重。从原始人走出非洲开始，人类走到哪里，哪里的乳齿象、猛犸象、恐鸟、犀牛和巨型骆驼就会被灭绝。到距今1万年前的时候，地球上80%的大型哺乳动物物种都因为被原始人屠杀而永远消失了。

也正是在这个时候，农业技术终于出现。人口开始增长，寿命开始延长，一代人到下一代人之间的知识传承才变得可能。有气象学家甚至认为，正是因为8000年前的早期农业带来大量二氧化碳导致的全球变暖，才使得地球避免了另一个冰川期。

农业技术发展的一个杰作是所谓"轴心时代"。在公元前600年到公元前300年之间，各大文明都出现了足以影响后世千年的精神导师，比如中国的老子和孔子，印度的释迦牟尼，古希腊的亚里士多德、苏格拉底和柏拉图。之所以会有轴心时代，是因为当时大规模灌溉技术出现，古代农业产生了一定的剩余，以至于可以养活一帮（像有人说孔子那样）"四体不勤，五谷不分"，一天到晚专门追求精神生活的人。

凯利写道，人类社会组织方式的每一次大的变革都是由新技术的出现引发的。人类必须首先发明文字书写系统，才能把法律写下来，才能谈得上司法公正；是标准化货币的铸造使得贸易流通更广泛，鼓励了经商乃至形成自由的思想；1494年复式记账法的发明使得欧洲的公司第一次可以处理复杂的业务，直接开启了威尼斯的银行业，乃至全球化的经济；是古登堡发明金属活字印刷术使得欧洲基督徒第一次有机会摆脱教堂，直接阅读圣经，形成自己的理解，最终引爆了宗教改革。

一个特别有意思而又影响深远的技术是马镫。在没有马镫的时代，骑马作战时大部分体力都被用于不让自己从马上掉下来，骑兵对步兵没有速度以外的优势。而马镫让骑兵可以在马上从容地使用武器，战马更容易控制，甚至人马一体，从而获得比步兵大得多的优势。从此之后，骑兵成为一个专业兵种，一群未经训练的平民就算组织起来也不可能打败久经训练的骑兵。再加上只有贵族才买得起马，可以说马镫技术直接带来了欧洲骑士制度和封建贵族统治，这才有了漫长的黑暗中世纪。而最后终结这种统治的，是火枪技术的出现——因为训练一个火枪手比训练一名骑兵容易得多。

技术不但改变历史，而且改变人类的思维方式，比如地图和钟表的出现就带给我们抽象思维的能力。跟一个只会看真实风景的人相比，一个会看地图的人拥有一种高级得多的思维能力，他能通过抽象的点和线去感知一种此前的人无法想象的空间结构关系。机械钟表则把时间这个原本不可分割的自然现象变成可计量的单位，而滴滴答答前进的时间感则开启了人类探索科学的序幕。

技术甚至改变人的基因。人类今天的进化速度是拥有农业技术之前的100倍，其中一个重要原因是农业出现以后人类由小部落的游猎变成大规模群居，每个人有了更多的可选伴侣，导致自然选择加速。另一方面，因为人学会了饲养家畜，新的食物也在改变人的体质，比如我们今天对牛奶的消化能力就比远古时代强得多。

可能有人会说，技术是改变人，但难道技术不都是人发明的吗？所以归根结底还是人改变人。这种说法很难说是对的，因为我们将会看到，人基本上控制不了技术。

当考察技术的进步史，我们会发现它跟生物进化非常类似：两者都有从简单演化到复杂，从一般到特别，从一元化到多元化，从单打独斗到种群间合作共生等特点[1]。如果说一个生命种类就是一堆基因的排列组合，那么一项技术也是一组想法的排列组合。

从这个角度，凯利认为我们甚至可以说技术是一种生命，他把所有技术的总和称为"技术界"（technium），和原生生物界、原核生物界、真菌界、病毒界、植物界、动物界等其他六个生物界并列，号称是生命的第七个界。有意思的是，要想真正理解技术进化的历史，我们需要一点关于生物进化的最新研究成果。

传统教科书中的自然选择说认为基因突变完全随机，进化是为适应环

---

[1] 注意，严格说来并不是生物"想要"按这个趋势进化，只是宏观趋势如此。我打个比方，打开一瓶香水，在宏观上香水分子会慢慢布满整个房间——你可以说这个过程是从简单到复杂——但是单个香水分子的运动没有特定方向，也没有变复杂的意愿。

境以决定哪种变异被保留。而在过去 30 年，科学家开始使用非线性数学和计算机模拟的手段来研究进化论，其得出的最关键思想，就是进化不是完全随机的。

所有动物的视网膜上都有同一种叫作视紫红质的特殊蛋白质，它的作用是把眼睛接收到的光能变成电信号传输给视觉神经。在所有可能处理光信号的蛋白质分子中，视紫红质的性能是最好的，生物进化早在几十亿年前就发现了这个完美分子的结构，而且从没有变过。如果进化是完全随机的，那么在所有可能的蛋白质分子中找到这么一个完美分子，就好像在茫茫宇宙中找到一颗特定恒星一样困难。这还不是最可怕的。分子生物学的研究表明，视紫红质是在古细菌和真细菌这两个进化路线上完全独立的分支上分别进化出来的。也就是说，进化不但找到了这个分子，而且还找到了两次！从统计角度看，完全随机的进化绝对做不到这一点。

所以有些最新的进化论学说认为，生物细胞的新陈代谢之类的过程，存在一个自组织的机制，使得基因变异有一个特定的方向。而这种学说的关键证据，在于生命组织的形成方法是有限的。

比如说组成眼睛的方法就是有限的。人眼这个结构不但出现在哺乳动物中，而且出现在六种不同的生物种类中——这六个物种的共同祖先是没有眼睛的，它们是在进化史上分道扬镳以后才各自独立地进化出来了眼睛，而且是同一种眼睛。更进一步，组成眼睛一共就只有九种方法，而这九种方法都被进化所发现了。再比如说翅膀，世界上可能只有一种形成翅膀的方法，所以蝙蝠、鸟类和翼手龙虽然独立进化，其翅膀结构却是一样的。

理论上组成生命所需大分子的元素只有碳和硅，而硅的性能比碳要稍微逊色一点，结果我们这个星球上尽管硅比碳储量丰富，但所有生命都是基于碳的。科学家用计算机模拟了无数种可能组成生命的大分子，发现只有一种组合方式性能最好，而真实生命的 DNA 正是这种结构。

我们可以说，没有哪个物种是真正新的，无非是对有限的可能性进行排列组合而已。将来哪怕真找到外星生命，我们也会毫不惊讶地发现其组成方式跟我们一致。所以生命进化的内在方向，就是在这些有限的可能性中跳跃，正如非线性系统的演化往往是收敛的一样。

技术的进化也是如此。外行的科幻小说作家喜欢天马行空的想象，认为科技的发展是"一切皆有可能"，但事实是技术的可能性也是有限的，人远远不能从心所欲。

如果我们考察几个大陆上相对独立发展的各个古文明，会发现尽管它们之间因为缺少交流而进步的先后不一致，但其技术发展路线图却是相同的。先有石器，然后才能学会控制火，然后才能出现刀，然后才有染料、渔具、石像和缝纫技术。最新的考古发现表明，农耕技术并不是在一个地方先发明然后传播到世界各地，而是各个古文明独立发明的。结果用于农耕的各种工具，乃至于不同家畜的驯养，都是按照同样的顺序被各文明发明和掌握。在技术进步的任何阶段，都不是你想要什么就能研发什么。技术不听我们的，我们得听技术的。

人不能控制技术的另一个证据是，一项技术如果到了"该出来"的时候，它就一定会出来。因为它会被好几个人同时发现。现在公认是贝尔发明了电话，但实际上伊莱沙·格雷几乎同时完成了这项发明，两人甚至是在同一天申请了专利，贝尔仅仅比格雷早了两个小时！达尔文和华莱士同时发现进化论，牛顿和莱布尼兹同时发现微积分。有人在 1974 年对 1718 个科学家进行调查，调查表明，其中有 62% 的人曾经在研究中被别人抢了先，这还不算没有报告的同时发现。

在外行眼中科技突破都是由英雄的科学家和发明家做出来的，而事实则是就算你把这个科学家杀了，别的科学家也能在几乎相同的时间把它做出来。统计表明一个科学家要想多干出一点东西，不被别人抢了功劳，最好的办法是……多干一点东西。

这是因为技术的进步不可阻挡。技术不仅仅是被人类需求或者人类天才的创造推动，它自身就是自身的推动。正如生物进化一样，每一次技术突破都孕育新的技术突破，整个的技术进步是一个自组织和正反馈过程。有了文字就会有书，有了书就会有图书馆。有了电力就会有电话，有了电话就会有互联网。有了图书馆和互联网，就会有互联网上的图书馆，维基百科就不可避免。任何正反馈过程都会导致演化加速，而技术进步正是加速进行的。以摩尔定律为代表，微电子技术的发展速度成指数增长。而在1900年到2000年这100年内，我们的科学论文总数和技术专利总数的增长，也完美地符合指数曲线。如果这个趋势保持不变，到2060年地球上将会有11亿首不同的歌曲和120亿种不同的商品可供选择。

作为一个电脑游戏爱好者，我发现《文明》和《帝国时代》这样的战略游戏中有三个设定相当符合人类历史。第一，你必须先研发出来某种特定的技术，才能去做某些事情。第二，你不必担心自己够不够聪明，只要你的经济达到相应的程度，该出来的技术就一定会出来。第三，你无权选择什么样的技术"该出来"，它们的种类和次序都是设定好了的。借用Google前研究员吴军的话，技术革命就如同大潮，我们只不过是弄潮儿，而我们中的幸运者将处在浪潮之巅。

评估当前技术的影响，预测下一个技术突破，正在成为政策制定者的重要课题。比如，如果未来20年内人工智能技术取得突破，使工业机器人的能力超过现在的生产线工人，那么穷国的劳动力优势就将不复存在，全世界都得面临高失业率。今天我们并不知道这种突破能不能实现，但将来一旦实现，就会有识时务者在新闻出来的当天启动应对方案。

本书的一个遗憾是它没有预测目前技术发展带给我们的下一个天下大势是什么。但这也没办法，因为很多技术就算出来了，我们也很难立即看到它真正的影响。当初爱迪生发明留声机，他设想的最重要功能是播放有声书，怎么也没想到录音技术的最大用武之地居然是在音乐市场。

凯利热情地欢呼技术进步，认为技术总是带给我们更多的选择，而更多的选择是幸福生活的最重要标准。从大时间尺度上讲这当然不错，但在小时间尺度内，某些特定技术的出现未必对所有事情都是好消息。比如互联网对世界和平是个好消息吗？如果本文开头提到的伊凡·布洛赫能一直活到今天，他也许会有一个比凯利这本书和自己100多年前那本书中的观点都更不乐观的看法。

哥伦比亚大学教授罗伯特·杰维斯（Robert Jervis）曾经在 1978 年提出一个关于技术进步与人类和平的非常有意思的理论。罗伯特·杰维斯发现历史上进攻性武器技术和防守性武器技术是交替进步的：每当进攻性武器取得主导地位，战争就会变得更频繁；而每当防守性武器更强大，战争就会减少。

比如欧洲历史上在 12 世纪和 13 世纪因为广泛修筑堡垒而相当和平。但 15 世纪大炮的出现使得战争增加。而 16 世纪星形要塞（也就是小说《窃明》里说的棱堡）的发明使威尼斯这样的城市几乎不可攻破，欧洲重回和平，一直到 18 世纪拥有更长炮管的自行火炮出来才打破僵局。这种武器的交替上升包括一战和二战中机关枪对坦克，直到冷战时代终极防守武器，也就是核武器带来恐怖平衡下的和平年代。

根据这个理论，乔舒亚·库珀·雷默在《不可思议的年代：面对新世界必须具备的关键概念》一书中提出这样一个问题：互联网是进攻性武器还是防守性武器？他认为是进攻性武器——因为互联网使得组织恐怖袭击比阻止恐怖袭击的成本低得多。

技术想要变得更高级，想要变得更无处不在，它有时候也想要帮助我们，但更重要的是，它想要独立地发展。

你爱，或者不爱它，技术就在那里，不悲不喜。

放诸古今皆准的权力规则

19世纪末的比利时国王利奥波德二世完全有理由成为一些人心中的偶像。他大力推动民主自由，在40多年的任期内，成功地把比利时从一个专制独裁国家变成了一个西方现代民主国家。他赋予每个成年男子选举权，甚至比美国提前半个世纪立法允许工人罢工。他对妇女儿童的保护领先于整个欧洲。比利时1881年就普及了基础教育，确保每个女孩都能上初中，并且在1889年通过法律禁止12岁以下儿童工作。在利奥波德二世治下，国家的经济也获得了大发展，他比罗斯福更早采取建设公路和铁路基础设施的手段来减少失业和刺激经济。

然而在非洲刚果自由邦（现在的刚果民主共和国）这个比利时殖民地，确切地说是利奥波德二世本人的殖民地，他完全是另外一个形象。刚果人，包括妇女和儿童，在利奥波德二世的统治下没有任何人权，完全是奴隶。他们在警察的强制下劳动，动辄被施以断手之类的酷刑，有超过1000万人被迫害致死，而这一切都是为了保证利奥波德二世在橡胶贸易中获得巨额利润。

为什么同样一个人可以在一个国家推行西方式民主却在另一个国家施行最残暴的独裁？有人可能立即会说这是制度问题。但"制度"在这里与其说是答案还不如说是问题本身。为什么比利时的制度越来越民主，而同一时期、同一领导人的刚果，却越来越独裁？难道是因为利奥波德二世只爱本国人或者有种族歧视？但后来刚果自己"选"出来的领导人并没有比他做得更好。在 The Predictioneer's Game（《预测师的博弈论》）这本书里，斯坦福大学胡佛研究所和纽约大学的政治学教授布鲁诺·德·梅斯奎塔指出，真正原因是在刚果，利奥波德二世只需要让少数人高兴就足以维持自己的统治；而在比利时，他必须让很多人满意才行。我认为这个答案跟"制度论"的区别在于必须让多少人满意，这个人数不是制度"规定"出来的，而是实力的体现。

布鲁诺·德·梅斯奎塔和合作者研究多年，得出了一个能够相当完美地解释很多政治现象的理论。这个理论认为不管是国家、公司还是国际组织，其政治格局不能简单地以"民主"和"独裁"来划分，而必须用三个数字来描述。以国家为例，这个"三围"就是层层嵌套的三种人的人数——

- **名义选民**：在名义上有选举权和被选举权的全体公民。然而他们中的很多人，可能对谁当领导人根本没有任何影响力。

- **实际选民**：那些真正对谁当领导人有影响力的人。对美国来说这相当于选举这天出来投票的选民，对沙特阿拉伯王国这样的君主国来说他们是皇室成员。

- **胜利联盟**：领导人维持自己权力必须依赖的人。对美国总统来说他们是在关键选区投出关键一票让你当选的人，对独裁者来说他们是你在军队和贵族内部的核心支持者。

看一个国家是不是真民主，关键并不在于是否举行选举，而在于胜利联盟（以下简称"联盟"）的人数。其领导人工作的本质是为联盟服务，因为联盟对领导人有推翻权——如果你不能保证人们的利益，那么人们有能力随时换一个。如果联盟的人数比例很大，那么这个国家就是我们通常所说的"民主国家"；反过来如果联盟的人数比例很小，那么不管这个国家有没有选举，它都是事实上的"独裁国家"。这个理论看似简单，其背后必须要有大量的数学模型、统计数据和案例支持，它们首先出现在政治学期刊上，然后被总结成一本学术著作 The Logic of Political Survival（《政治生存的逻辑》），并在 2011 年形成一本通俗著作《独裁者手册：为什么坏行为几乎总是好政治》。

人们经常通过通俗史书和影视剧来研究权术，惊异于为什么像慈禧和魏忠贤这种文化水平相当低的人能够把那些饱读诗书的知识分子玩弄于股掌之间。难道政治斗争是一门需要特殊天赋的非常学问吗？现在梅斯奎塔的"三围"理论，可以说是抓住了政治的根本。

西方国家领导人，不论什么体制，做事的终极目的只有两个：第一是获得权力，第二是保住权力。

要知道即使最厉害的独裁者也不可能按自己的意志为所欲为，他们必须依靠联盟才能实施统治。为此，领导人取悦的对象不是全体人民，而是联盟。这就是为什么那些一心为民或者能从长远筹划国家发展的领导人即使在民主国家中也常常干不长，而那些腐败透顶的独裁者却常常可以稳定在位几十年。

从这个根本出发，"三围"理论可以回答我们对政治斗争的种种不解之处。朱元璋为什么要杀功臣？变法为什么困难？为什么美国民主党欢迎非法移民却反对给高技术移民提供特别渠道？天天讲民主的美国为什么会推翻别人的民选政府？为什么往往一个国家的自然资源越丰富，它就越难民主化？为什么经济发展并不一定能带来民主？所有这些问题都可以用领导人和联盟的互动来解释。三围理论能把种种帝王之术解释得明明白白，可以说是学术版的"厚黑学"和现代版的《韩非子》。

政客搞个什么政策，常常从意识形态出发来给自己找理由。比如美国共和党经常谈论家庭价值，反对同性恋和堕胎。这些所谓的自由或保守思想都是说给老百姓听的。真正重要的是不同政党各自代表一部分选民的利益，并都争取中间派。政客，是一种比老百姓理智得多的动物，他们并不从个人好恶出发做事，背后完全是利益算计。《独裁者手册》提出了五个通用的权力规则。不管你是独裁者还是西方民主国家领导人，还是公司的CEO，哪怕你对如何治理国家和管理公司一无所知，只要能不折不扣地执行以下规则，你的权力就可保无虞。

1. 要让联盟越小越好。联盟人数越少，收买他们要花的钱就越少。

2. 要让名义选民越多越好。名义选民多，一旦联盟中有人对你不满，你就可以轻易替换掉他。

3. 控制收入。领导人必须知道钱在哪儿，而且必须能控制钱的流动。

4. 好好回报联盟对你的支持。一定要给够，但是也不要过多。

5. 绝对不要从联盟口袋里往外拿钱给人民。这意味着任何改革如果伤害到联盟的利益就很难进行。恺撒大帝曾经想这么做，结果遇刺身亡。历史上变法者常常以失败告终。

也就是说领导人要做的事情其实非常简单：通过税收、卖资源或者外国援助拿到钱，用一部分钱把联盟喂饱，剩下的大可自己享受——或者，如果是好的领导人的话，也可以拿来为人民谋点福利。一个有意思的问题是既然联盟必须拿到回报，而警察又是一个重要的联盟力量，为什么独裁国家的警察工资反而都比较低？答案非常简单：因为对领导人来说，纵容警察腐败是比直接给他们发钱更方便的回报办法。

联盟是领导人的真正支持者，但由于其掌握推翻领导人的手段，他们也是领导人的最大敌人。领导人对付联盟，除了收买，还有一个用外人替换的手段。路易十四继位初期，联盟里的贵族都不是自己人，他的做法就是扩大名义选民，给外人进入政治和军事核心圈子的机会，用新贵族替代旧贵族，甚至把旧贵族关进凡尔赛宫，使这帮人的富贵只能依靠他。对领导人来说，联盟成员的能力并不重要，甚至反而有害，忠诚才是最重要的。朱元璋为什么要屠戮功臣，就是要削弱联盟的能力，同时证明联盟成员是可替换的。我们完全可以想象中国皇帝的统治之所以相对稳定，一个很大原因就是通过科举制度扩大了名义选民，让功臣和贵族始终保持一定的不安全感。

联盟和名义选民的相对大小关系，是政治格局的关键。有没有投票选举，有没有自由媒体，有没有三权分立，有没有监督机制，都是细节而已。只有当联盟人数足够多，成功的民主政治才有可能实现。如果联盟人数少，哪怕在西方民主国家也会发生独裁式腐败。此书中有个好例子。美国加州贝尔市人口不足4万，经济很差，然而其市长却给自己定了个78万美元的高年薪，其市政委员会成员年薪也有10万美元——要知道洛杉矶市长年薪才20万美元，美国总统才40万美元，其他地方的市政委员会工资不过每年几千美元而已。贝尔市长能做到这些，恰恰是因为其成功设计了一场参加人数很少的投票，把贝尔市从普通城市变成"宪章城市"。这意味着很多事情可以关起门通过少数几个联盟成员自己做。

西方国家的上市公司虽然有很多小股东（名义选民），但是董事会往往只有十几个人，联盟人数极少，这对CEO来说是一个容易形成"独裁"的局面。一般人可能想象CEO的工资应该跟他的业绩密切相关，而据《经济学人》2012年报道的最新统计[1]，CEO工资跟业绩根本没关系！事实上，CEO的最佳策略不是搞业绩而是搞政治。他们必须在董事会安插自己的人马。研究表明，越是在董事会有亲信的CEO，他们在位的时间就越长。比如惠普女CEO卡莉·菲奥莉娜因为行事高调和错误收购康柏，现在已经成了IT史上的笑话，但是她在任内做的每个动作都符合权力规则。菲奥莉娜一上台就不断在董事会排除异己，减少联盟人数。而她不顾市场反对坚决收购康柏，正是为了扩大名义选民，进一步冲淡董事会中的反对势力。然后她给新的董事会加薪，正是为了收买联盟。当然最后因为惠普的业绩实在太差，股价一跌再跌，菲奥莉娜任职6年后被迫在2005年下台。即便如此她仍然得到一笔巨额遣散费。其实菲奥莉娜被赶下台的关键还是董事们都有股票，他们对股价的关心最终胜过了对菲奥莉娜的"喜爱"。我们完全可以设想倘若惠普不是一个公司而是一个国家，也许菲奥莉娜就会在领导人的位置上一直干下去。

那么在人民享有广泛的投票权，联盟人数理论上可以达到全体选民的

---

[1] 参见http://www.economist.com/blogs/graphicdetail/2012/02/focus-0。

一半的西方民主国家，权力规则是否还起作用呢？答案是西方民主国家领导人与独裁国家领导人并无本质区别：他们都必须优先保证自己铁杆支持者的利益。

梅斯奎塔提出，当我们谈论民主政治的时候必须了解一点：所谓"国家利益"，其实是个幻觉。国家作为一个抽象概念并没有自己的利益——是国家中的不同人群有各自不同的利益。政客们无非是代表一定的利益集团进行博弈而已。因为联盟人数太多，西方民主国家领导人没有办法直接用钱收买联盟，但是可以给政策。以美国大选为例，奥巴马的铁杆支持者就是穷人、以西裔和黑人为代表的少数民族、年轻人和女人。那么他当选后就一定要把大量税收用于社会福利，加强医保和社区服务。罗姆尼败选后就此大加抱怨，但是罗姆尼当选也得回报自己的支持者。美国政界常见的"专项拨款"（earmark）和"猪肉桶"（pork barrel）现象，就是政客回报自己选区的特定选民的手段。《独裁者手册》列举了权力规则在西方民主国家美国的种种体现：搞集团投票（block voting），国会选举要划分选区，就是为了减少联盟人数；民主党倾向于增加移民并给非法移民大赦，就是要扩大名义选民；两党都特别重视税法，就是要控制钱；民主党搞福利，共和党支持把大量研究经费投入到疑难杂症等往往只对富人有利的研究，就是为了回报各自的联盟；共和党反对给富人加税和医保改革，就是因为绝对不能动自己联盟的利益。在美国以外，各国种种选举中的政治手段也是屡见不鲜。有些国家存在直接买选票的情况，而更高级的做法则是哪个地区投给我的选票最多，我当选之后就给哪个地区修条路。

有这么一帮人，他们相信西方民主国家的领导人真心热爱民主，希望能借助外国力量推动国内的民主。这帮人太天真了。西方民主国家领导人的确要取悦人民，但仅限于其本国的人民。事实上，西方民主国家领导人在国内处处受限，但在对外政策上却可以像独裁者一样行事。美国总统爱说美国要在世界范围内推进民主，而此书指出，这全是胡扯。美国对外政治的唯一原则是确保美国人的利益。为此美国要求外国政府施行有利于美国的政策。这有两个办法，不常见的办法是战争，常见的办法则是对外"援助"。

2010年，女经济学家丹比萨·莫约出了一本书，*Dead Aid*（《援助已死》），列举了大量事实证明西方发达国家对非洲的种种所谓援助，根本没有起到任何正面作用。实际情况是绝大多数援助资金和物资被当地独裁者占有，他们正好可以用这笔收入回报联盟。你想给独裁国家饥民提供直接援助，该国政府会首先要求你缴税。然而明知援助无效的情况下，为什么西方发达国家和国际组织仍然要继续提供援助呢？因为援助本来就是为了收买独裁政府。援助其实就是一个幌子，就好像以对方小孩上大学为名义的行贿一样，你要当真去考察这钱是不是交了学费就荒唐了。美国曾经通过对埃及援助来促成埃以和谈，埃及政府拿了钱办了事却并未在本国宣传美国的好，埃及老百姓反而更恨美国了。

梅斯奎塔使用一个简单的数学模型证明，越是联盟人数少的国家，它的政府就越容易被收买，因为收买少数人花不了多少钱。同样一笔钱投给西方民主国家可能什么问题都解决不了，投给独裁国家却可以立即让该国政策发生一个改变——所以越是独裁国家，越容易出内奸。给一个独裁国家援助，等于帮着独裁者收买联盟来巩固自己的地位。此书介绍了一个很有意思的研究，统计发现那些当选联合国安理会成员国的国家，在其任期内，经济发展和政治自由都变得更落后了！为什么？因为更大的发言权可以换来更多援助！很明显，这个安理会效应在独裁国家更强。

从容易收买的角度看，美国领导人更喜欢独裁的外国政府。在历史上，如果一个民选的外国政府对美国人不利，美国甚至可能直接出兵干掉这个民主政府，然后换上一个独裁傀儡，比如智利的皮诺切特。有人可能会说难道美国人不喜欢推行民主吗？没错，但这种喜欢仅限于口头说说，如果你要让他们拿自己的利益换别人的民主，那就不干了。《独裁者手册》生动地说，什么叫民主？民主就是 government of, by, and for the people at home。

尽管此书对美式民主的弊端多有披露，有人对此书的一个批评仍然是其大大美化了美国的民主，而且高估了美国胜利联盟的人数。有研究表明很多美国选民的意志并没有在获胜后得到体现。但不论如何，这本书的基础论述是可取的。在我看来此书并没有把民主神圣化，它只是用一个有点愤世嫉俗的态度告诉读者，独裁体制收买少数人，西方民主体制收买多数人，本质都是收买。

我们甚至可以说，西方民主制度就是一种以满足公众短期利益为目标的福利制度。一个最能说明问题的现象就是几乎所有政府都乐于借钱，因为借钱可以自己花，还钱则是下届政府的事。而且就算你不借钱，你的竞争者也会借钱，还不如你借了钱，让政府负债，反而让竞争者不好接手。政府借来钱不必生利，直接分给联盟用于收买人心就行。唯一能限制独裁政府借钱的是别人愿意借给它多少钱。唯一能限制西方民主政府借钱的是它万一还不上债会被降低信用等级。本来经济增长的时候正好还债，但西方政府没有这么做，它们有钱了也不还。当一个政客批评别的政客不顾国家长远利益借钱花，他的实际意思是说怎么这钱不是我借的！

尽管民主也有很多弊端，它仍然比独裁强得多，绝大多数人恐怕还是宁可生活在民主国家里。我读此书的一个突出感受是民主的本质就是让老百姓过好当前的小日子。有人认为民主是一个手段，其实民主本身就是目的。书中列举好几个研究数据，说明在相似经济发展条件下，民主国家的教育与医疗水平都明显优于独裁国家，民主国家的地震等自然灾害死亡人数都明显少于独裁国家。那么到底怎样才能成为真正的民主国家呢？民主的一个先决条件是政府必须是人民纳税养活的。如果这个国家拥有丰富的石油之类的自然资源，独裁者只须把这个资源控制在自己手里就能确保有足够的收入去喂饱联盟，那么他在任何时候都不需要什么民主。只有在国家收入必须依赖税收的情况下，独裁者为了获得收入才有可能给人民更多自由，经济发展才有可能。

实行民主的另一个条件是最好在这个国家的建政之初，联盟的人数就比较多。有人把华盛顿施行民主而不称帝归结于他的个人美德，这大错特错，其实华盛顿哪有称帝的资本！美国建国靠的军事力量本身就是各州组成的一个联盟，根本不是谁一家独大的局面。

那么现在世界上这些独裁国家，怎样才能过渡到民主呢？一个常见的论点认为经济发展会带来民主。这个论点的逻辑是说，经济发展必然会让人民变得更加自由，而富裕和自由的人民必然会要求更多的民主权利。此书对这个论点不屑一顾。问题是当一个国家的经济增长，其政府的收入也会上升，领导人手里有足够多的钱可以很好地安抚联盟，他日子过得好好的为什么要搞民主？历史的经验表明，反而是一个国家经济出现严重问题，乃至于领导人没钱了"按不住"联盟的时候，这个国家更有可能突然实行民主。从这个角度说，经济危机的时候借给独裁者钱等于帮他维持统治。为什么十年前埃及发生了革命？此书提出这是因为军队没有像以往一样镇压上街游行的群众。而军队之所以旁观是因为穆巴拉克没钱了，联盟感到他已经不能保证他们的利益了。穆巴拉克之所以没钱，则是因为正好在经济不行的时刻美国减少了对埃及的援助。

归根结底，西方民主的本质不是选举，而是联盟人数多。所以其民主化的根本办法就是增加联盟人数。但是这一点不能指望领导人，因为根据权力规则，领导人在任何情况下都希望减少联盟人数。而另一方面名义选民则在任何情况下都希望增加联盟人数。真正能让联盟人数增加的，其实是联盟本身。独裁国家的联盟成员本来是不希望联盟扩大的，因为联盟人数越少，每个人能得到的利益就越大。然而人数少也意味着存在不安全感，领导人可以随时替换他们，这还不算在政权更迭的时刻联盟本身能不能继续存在都成问题。这时候，联盟才有可能会愿意以增加人数来换取安全感。

《独裁者手册》进一步使用了一个相当简陋的数学模型来说明，如果联盟人数继续增加，他们反而会因为这个增加而获得经济上的好处。这个模型是这么算的：联盟人数增加意味着国家更民主，于是税率会降低，于是人民会更加努力工作，于是经济增长，于是每个人的收入都增加。在我看来这个模型相当不可靠，单说"民主国家税率低"这个论点，就让欧洲那些高福利国家情何以堪。

我想，经济发展带来民主这个论点还是有道理的。正如 2011 年出版的 The Rational Optimist[1] 这本大肆鼓吹商品交换给人类带来一切好处的书所论证的，所谓民主和法治这些东西，并不是哪个强人自上而下赐予人民的，而是人民在市场交换过程中互相磨合和演化出来的。随着经济的发展，国家中会涌现出越来越多的敢于要求更多权利的人来。这些人如果足够多，他们将是所有政党都必须争取的对象。

他们想加入胜利联盟！

---

[1] 作者马特·里德利（Matt Ridley），中译本叫《理性乐观派》。

该死就死的市场经济[1]

我想讲两个关于进化的故事和一个关于垄断的故事，听完你可能会发现，一般人对市场经济的理解是错的。

进化生物学家约翰·恩德勒（John Endler）拿南美洲的孔雀鱼做过一次特别有意思的实验。他搞了十个鱼池来养这种长度只有两厘米的小鱼，每个池子底部有不同的鹅卵石或者碎石图案，并在一些池子中放入强弱不一的捕食者。结果仅仅过了 14 个月各鱼池的情况就变得很不同。没有捕食者的鱼池中的孔雀鱼多有漂亮多彩的花纹，而那些生活在有捕食者的鱼池中的孔雀鱼都长得非常平庸，没什么色彩，身上的纹路也与池塘底部的石头相一致，就好像为了自我保护故意长成这样似的。

从外人眼光看来，宽松的环境有利于文艺青年，长有彩色花纹的雄鱼更容易获得交配机会；而如果连生存都受到威胁，那还是低调点好。

除了速度特别快，恩德勒的实验与一般生物进化并无区别。我们可以借助这个简单实验体会一下进化的智慧。

其实鱼生育的时候，并不能主动选择自己的后代长什么样，遗传变异完全是随机的。面对自然选择，鱼与鱼之间并非互相厮打着搞"竞争"，

---

[1] 本文中孔雀鱼进化故事来自蒂姆哈福德的《试错力：创新如何从无到有》一书；梅拉妮·米歇尔遗传算法的故事来自她的《复杂》一书；AT&T 的故事来自 Tim Wu 的 The Master Switch: The Rise and Fall of Information Empires 一书。

而纯粹是各自分别和环境对赌，谁赌对了谁就生存和繁衍下去。表面上看，盲目的变异和赌博似乎是一种落后的"生产"方式，但这其实是适应各种复杂多变环境的最佳办法。

如果你根本不知道未来会怎么变，你最好还是什么样的后代都随便生一点。

关键词是"不知道"。跟一般人的直觉相反，进化其实是没有方向的，自然选择并不考虑物种的意见，物种能不能适应纯属偶然。进化看似盲目，却可能是在复杂世界中找到答案最有效率的办法。事实上，科学家从20世纪60年代就已经开始用模仿进化的办法寻找各种问题的答案。这个做法叫作"遗传算法"。

设想一个有 10 × 10 总共一百个格子的棋盘，每个格子代表一个房间，其中一半的房间被随机选中放了一个易拉罐作为垃圾。一个只能看到自己当前以及前后左右临近房间的机器人的任务是收集这些易拉罐。你能不能给机器人编制一个策略，让它根据自己看到的不同情况采取不同动作，从而在规定的时间内捡到最多的垃圾？

这是圣达菲研究所的女计算机科学家梅拉妮·米歇尔用来研究遗传算法的一个例子。米歇尔自己先设计了一个尽可能智能的策略。这个策略也不太难，比如说，作为一个视力有限而且没有记忆力的机器人，如果你所在房间内正好有一个易拉罐，你要做的显然是把它捡起来；如果没有，你就往别处找找。在理论上的最高分是 500 分的情况下，这个人为设计的策略得了 346 分。可是米歇尔用遗传算法，让计算机模拟进化出来的一个策略，却得了 483 分。

遗传算法的进化过程是这样的。你要把所有可能的策略都用数字编码表示。

1. 首先随机生成 200 个策略，当作 200 个生物。这些策略可能是非常愚蠢的，也许一动就撞墙，但是别管那么多，进化的要点是人完全不参与设计。

2. 计算这200个生物的适应度——也就是说，用很多个有不同垃圾布局的游戏去测试这些生物，看最后哪些生物的得分更高。

3. 把适应度高的生物选出来，让它们两两随机配对——适应度越高的生物获得的交配机会也越多——以此来生育下一代。每一个孩子，都从其父母那里各获得一半基因，而且别忘了变异，也就是给每个孩子随机地再改变几个基因。这样得到下一代又是200个生物。

4. 对新一代的生物重复第2步。

这样过了一千代之后，你得到了200个非常优秀的策略生物。其中最牛的策略做到了什么程度？在缺乏全局视角的情况下，它居然能让机器人自动从外围绕着圈往里走，从而能在有限的时间内遍历更多的房间。

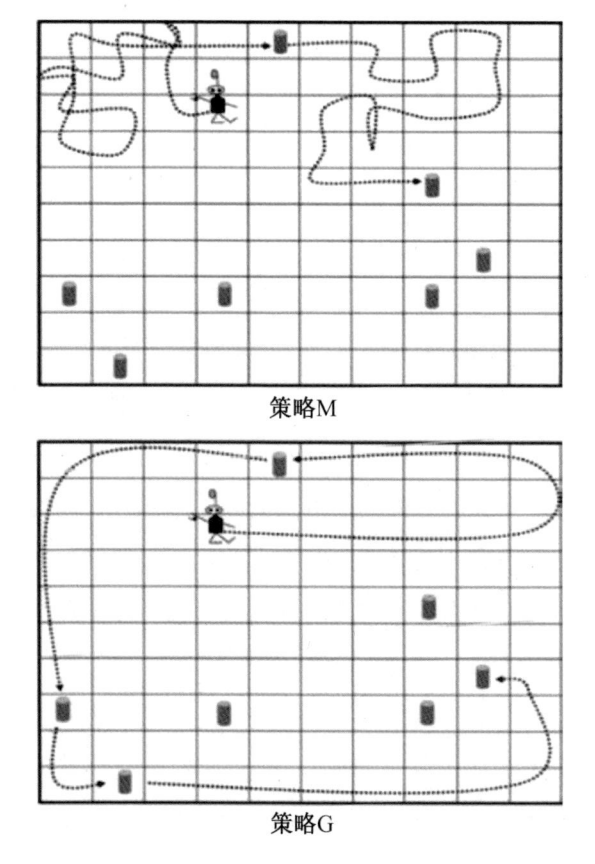

策略M

策略G

（上图是个不太好的策略，下图是个比较好的策略。图片来自梅拉妮·米歇尔的《复杂》一书。）

　　如果我们把面对每种具体情况采取的动作作为其所在策略的一个基因，最佳策略的最惊人之处还不在于这个策略中某个具体基因特别高明，而在于它的这些基因之间的配合。有一个基因居然会做出反直觉的事情——在自己当前房间有易拉罐的时候不捡——而这是为了配合别的基因，给未来的行动路线做一个标记！

　　让人设计一个基因也许容易，可是让人设计出不同的基因相互配合，则是非常困难的事情，你甚至很难想明白为什么这么配合对提高适应度有好处。遗传算法已经被广泛应用到很多实际领域。工程师经常用遗传算法进化出来一个新的设计，比如说一个有怪异形状的天线，它非常好使，可是人类工程师解释不了它为什么好使！

　　所以进化论者对"智能设计论"者的一个最好反击，也许就是生物世界实在太神奇，我无法相信有什么智能能把它设计出来。进化出来的东西比设计出来的东西更厉害。你既不知道未来环境会怎么变化，也没有那个智能去设计，所以与其操心给什么东西指引方向，还不如坐等进化的惊喜。

　　如此说来，进化竟可以被视为一种创新手段。事实上，进化也许是实现大规模创新的唯一手段。想想如果采用遗传算法来促进中国在某一领域的创新，先随机生成 200 个小公司……是一种什么景象。

　　人们对比计划经济和市场经济，经常说的是计划经济下商品的质量和服务的态度不够好，因为计划经济搞大锅饭，人们干活不为私利就没干劲。但市场经济更明显的好处其实不是商品的质量好，而是商品的种类之多！五花八门无所不有，各种层次的需求都能满足。这其中的原理当然是因为市场经济本质上是去中心化的，任何人有任何想法都可以立即付诸实施，而不必向上级请示，更不必等着上级指导。

　　市场的关键词不是"为私利"——难道计划经济中人们就是不为私利的？市场的真正关键在于"不知道"。政府计划不行，并不是说政府不够聪明或者政府的计算机不够快，而是政府不知道未来会怎么变——没人知道未来会怎么变。市场经济，深得生物进化之道。

第一，随机变异。任何人开公司都是冒险，而有限责任公司制度的好处是你可以拿别人的钱冒险。没有人知道哪个方向肯定对，但如果所有方向上都有人尝试，最后该出来的好东西必然能出来。

第二，自由交配。双性繁殖是生物进化的一个神来之笔，它的效率比单性繁殖高出太多了。好东西要互相结合来产生更好的东西。乔布斯说苹果的 DNA 就是从来不单靠技术，而是让技术跟人文艺术结合。实际上大部分所谓新发明都是把旧的想法连接起来。这里关键还在于，有些东西你单独看它可能不是什么好东西，可是一旦与别的东西结合就不得了。

第三，无情淘汰。如果环境永远不变，我们绝不可能看到这么多新物种；而当环境改变，我们欢呼新物种出现的时候，别忘了有无数旧的物种因为适应不了这个改变而被淘汰了。历史上不知有多少烜赫一时的伟大公司已经不复存在。谈进化不谈灭绝，谈市场不谈破产的，都是文艺小清新。

所以要参与市场得有这样的精神：想生就生，该死就死。凡是能做到这个八个字的系统，不论参与者较量的是商品、体育、艺术还是学术，不管其中有没有价格信号，都能繁荣创新。如果一个系统做不到这一点，恪守传统抱残守缺，那就别想继续发展壮大。

但是且慢。我们知道中国的政府机构能进行强有力的宏观调控，似乎与纯粹的自由市场原则不符，但是中国经济的成绩比纯粹的自由市场经济还好，这又是什么道理呢？

这个道理可能在于"知道"。当前中国模式的巨大成功，很可能恰恰是因为起点低。如果你落后于人，最大的好处是你"知道"路应该往哪个方向走，根本不需要自己尝试，把别人已经证明好使的东西拿过来就可以了。这时候最好的办法不是让一帮小公司瞎搞，而是国家直接组建人公司，集中力量办大事。此时你的关键任务仅仅是模仿和做大，创新是别人的事。

但是当你的经济发展到一定程度，想要自己搞点创新，甚至决心当领先者的时候，也许你还得效法进化搞自由市场。

创新，也许是坚持自由市场的唯一理由。一般人以为市场经济的最大好处是有竞争,其实竞争被高估了。考察历史上的著名垄断公司,我们会发现垄断在某些阶段发挥了它的优势。

AT&T 垄断美国电话业务的时代不管对该公司还是对美国人民来说都是一段美好时光。20 世纪初 AT&T 主席 Theodore Vail 非常反感无序竞争,认为公司最好垄断,而且垄断公司有义务为国家服务。他的理念是公司不应该把股东利益放第一位,而应该把(为人民)服务放第一位!

Vail 治下的 AT&T 把电话线路铺设到了不能带来利润的边远地区,确保全国用户享受最高质量的通话,而且把电话业务的定价权直接交给了政府!即使因为垄断产生了利润,这些利润也没有直接分给资本家享受,而是在相当程度上被用于资助贝尔实验室的科学家搞基础研究!贝尔实验室给美国带来七个诺贝尔奖,其伟大成就包括晶体管、激光、太阳能电池、计算机编程语言和操作系统,甚至还有天文学。

如果故事一直按这个方向走下去,那么我们的结论就是公司做大后变成垄断公司,然后与国家合作,甚至干脆收归国有,是一条利国利民的必然之路。但是故事还有一个转折。

贝尔实验室曾经搞出过很多足以改变电话业务的创新。可是这些创新,都被 AT&T,给扼杀了。

比如录音磁带做的电话留言机,早在 20 世纪 30 年代就被贝尔实验室发明,可是 AT&T 却下令所有相关研究停止,资料封存,包括录音带技术!而这仅仅是因为公司担心人们有了电话录音会更少打电话。这显然是个非常愚蠢的想法,事实证明现在有了电话留言机人们仍在打电话。然而结果就是美国最后是从德国进口的磁带录音技术!类似的被扼杀的技术还包括 DSL 和免提功能等。

这就是为什么有些创新被称为"破坏性创新":这个东西一出来就把别人的业务给破坏了。谁不希望自己干得好好的业务能够永远这么干下去?而 AT&T 这个例子说明,哪怕这个新东西对业务的可能影响其实没那么大,哪怕它是自己公司发明的,也不行。所以大多数人谈创新都是叶公好龙,在局面很不错的情况下没有人真的喜欢改变。

历史证明 AT&T 对新技术的畏惧很有道理。有家公司搞了个可以给电话加上静音和免提功能的外设，这个设备一直被 AT&T 以影响通话质量甚至危害维修人员安全的理由打压。结果打了八年官司之后，法院裁定个人在家里给电话加外设是合法的。以此为开端，很多新的设备进来，电信业进入百家争鸣时代。

这是 AT&T 衰落的开始。

但那也是互联网兴起的开始。至今仍然有很多人为 AT&T 这么一个伟大的公司后来被以反垄断为名分拆而深感遗憾，可是你得把这当成是创新的代价。

世界上没有白给的好东西，搞创新也是有代价的。创新的代价除了烧钱冒险，还包括让伟大的公司死亡，还包括容忍坏东西出现。

效法进化，这个智慧是随便尝试，等东西出来以后让市场选择，而不是让某个政府部门先行选择，因为也许你眼中的某个坏东西将来跟别的东西结合以后恰恰能产生特别好的东西。

在互联网界，这个智慧叫作"先发表后过滤"。你怎么可以仅仅因为自己觉得它可能会造成伤害就禁止它出现，为什么不等它已经造成了伤害再行动呢？

现在中国按购买力计算的 GDP 已经超过美国，如果要成为领先者，建设一个创新型国家，就得想想我们愿意为创新付出多大代价。

技术、国家、生物和公司的存活率问题

我们说一个生死攸关的大事：存活率。这里我们举个例子，比如说一家公司，它现在活得挺好，那你如何判断，它在未来是否能够继续存活呢？我积累到几个有意思的说法和研究结果，我感觉这里面有高级的道理。

不同类型的东西的存活规律是不一样的，咱们先说无形的东西。

❶ 技术和思想

纳西姆·塔勒布在《反脆弱》这本书里有个说法，这么多年过去了还被人记得，我相信这个说法是有道理的。

你打开一个卖书网站的图书畅销排行榜的年度总榜，会发现上面有些是新书，有些却是很老的书。比如我看到一本进入 2019 年度最畅销前十名的书是余华的《活着》。而这本书，是 1992 年出版的。它已经卖了将近 30 年。

那么塔勒布会说，我们可以估计，《活着》大约还能再卖 30 年。这本书已经用时间证明了自己的"强韧性"，它既然这么强韧，就有理由继续活下去。

反过来说，排行榜上有些特别新的书，刚出版不到一年，虽然也卖得很好，塔勒布会判断，我们的合理估计是它还能再卖一年。这是因为它可能是个 hype——偶然的流行，来得快去得也快。

当然这一切都只是概率判断。也许十年之后中国来了个文艺复兴，好的小说家层出不穷，个个都远超余华，以至于都没人再读《活着》了；也许今年新出的一本叫《和这个世界讲讲道理：智识分子 2020s》的书就成了经久不衰的经典——但那都是小概率事件。

塔勒布的判断方法是，像书、技术、思想这样的不像人一样会变老、不会自然消亡的事物，它未来的预期寿命和它当前的寿命成正比：它已经存活过的时间越长，未来继续存活的可能性就越大。寿命就是它实力的证明。

塔勒布这个说法提醒我们，新东西大多会很快消亡。你比如说某个新型手机，一般过几年就被淘汰了；而你喝水用的那个杯子，因为其中没有新技术，反而会一直存在而不会被淘汰。

但据我理解，塔勒布说的这些都是技术、思想等这些不是活的东西，不是具体的存在。那如果是别的东西呢？

比如说国家，是不是也能用寿命证明实力呢？

❷ 国家

作家冯敏飞 2019 年出了本书叫《历史的季节》，其中他提出了一个有意思的理论，叫"七十年的坎"。冯敏飞统计了中国历史上历代王朝的寿命，发现其中有个有意思的规律。

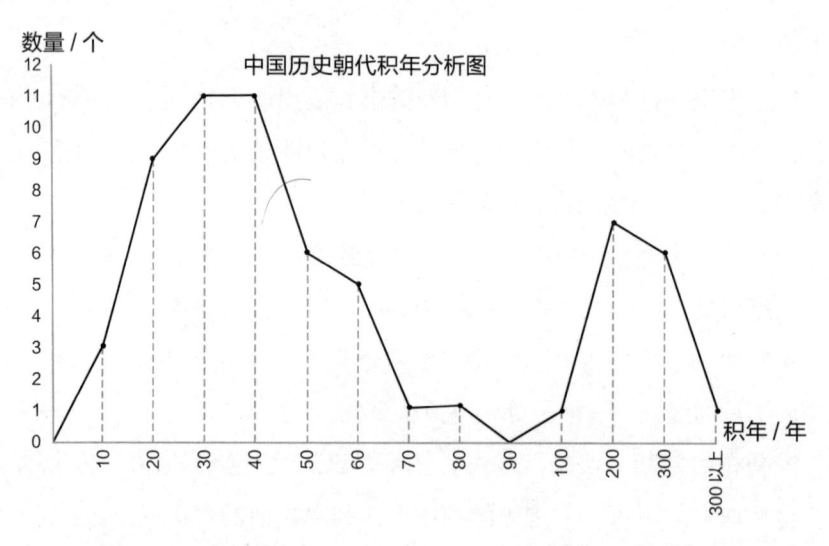

[图表：中国历史朝代积年分析图，横轴为积年/年，纵轴为数量/个]

如上图所示，在总共 62 个王朝之中，寿命在 70 年以下的多达 46 个，占 74%；超过 70 年的只有 16 个。但是只要你能超过 70 年，比如达到 100 年，那么你这个王朝的寿命就很可能不止这么多年，你会达到 200 年甚至 300 年。整个曲线呈现 M 形。

这也就是说 70～100 年好像是中国王朝的一个瓶颈。大多数王朝过不去这道坎，但只要过去了，就能赢来一个很长的发展时间。冯敏飞说，70 年节点对于短命王朝来说是绝望的天花板，而对于绝大多数长寿王朝来说"轻舟已过万重山"，发展前景广阔。

冯敏飞这本书有深意。他发现的一般规律是一个王朝哪怕在开国前后做了很多极端的事情，只要在 70 年节点成功实现转型，就能把天花板变成喇叭口，打开未来；不能转型，就有危险。比如，元朝就没转型，曾经那么强大，90 多年就灭亡了；清朝开国做过很多坏事，结果康熙大搞"永不加赋"之类的仁政，就取得了人民的认可，成功转型。

我不知道这个理论是不是对的。为什么是 70 年呢？是不是因为开国者的影响力正好持续这么长的时间？这个理论对外国也适用吗？

但我们能够欣赏冯敏飞这个理论。跟塔勒布只论一个寿命变量相比，冯敏飞相当于是把国家的存活分成了"创业"、"转型"和"守业"三个阶段：转型像创业一样难，甚至可能比创业还难。但只要转型成功，守业似乎比较容易。

那公司也是这样吗？这可不一定。在说公司之前咱们先说生物，生物的演化就不是这样的。

❸ 生物

20世纪70年代，芝加哥大学生物学家利·范·瓦伦（Leigh Van Valen）搞了一项在那个年代来说绝对是大手笔的"大数据"研究。他考察了各种生物物种在漫长的演化史上的存活时间。有的物种刚一出来没多少年就灭绝了，有的物种却能不断地繁衍，一直存活了几百万年、几千万年才灭绝。范·瓦伦想知道的是，如果一个物种已经存在了很长时间，那是不是说明它具有某种超出一般水平的演化优势，是不是能保证它继续存活很长时间呢？

我们可以想象从古生物化石中收集这些数据有多么不容易，而且数据必定有各种误差。范·瓦伦画了很多张图，这些图表现出相当一致的结论：

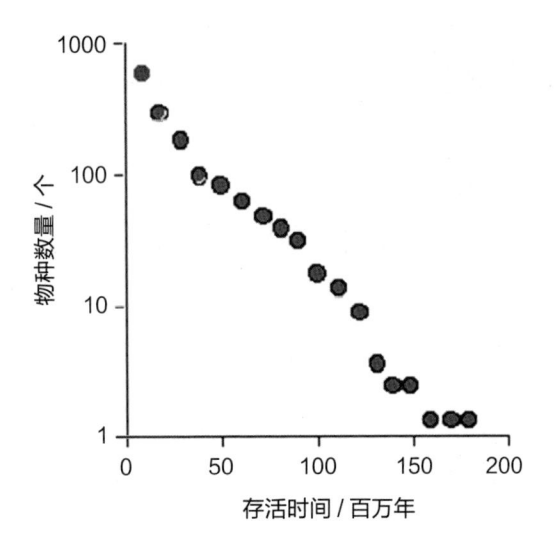

横坐标是物种存活的时间（百万年），纵坐标是有多少个这样的物种的对数坐标。这条曲线是近似的直线，说明物种每年灭绝的概率是一样的。[1]

没有哪个物种有长期演化优势。

刚出来的新物种也好，已经存活了 1000 万年的旧物种也好，不管是什么物种，未来这几年内灭绝的可能性，是完全一样的。灭绝概率与物种的年龄无关。

请注意这里说的物种灭绝跟人类活动可没关系，并不是人类这个超级力量在无差别地消灭物种——人类在地球生物演化史上没有多少年，化石证据研究的都是几千万年尺度上的故事。

也就是说，演化不管你是谁。你是老资格也好，新贵也罢，今天这场比赛你们谁输谁赢的概率是一样的。那些继续活下来的物种不是因为发现了什么一劳永逸的演化优势，只不过是运气好没遇到灭绝它的环境而已。这个结论叫作"灭绝定律"（Law of Extinction），也叫"范·瓦伦定律"（Van Valen's Law）。

为啥是这样呢？范·瓦伦提出了一个假说。我们设想有个物种，突然因为基因突变获得一个演化优势。它在一段时间内可以活得不错，但是别忘了别人也在演化。它的捕食者，也会演化出新的优势来，抵消它的那个优势。所以演化中没有一成不变的绝对优势。再者，你这个优势也不会仅仅是优势：兴一利必生一弊，优势换个场合就是劣势。所以物种永远都面临这样的挑战：要么突变，要么灭绝。

这个说法现在被叫作"红皇后假说"（Red Queen Hypothesis），用的典故是《爱丽丝梦游仙境》里红皇后对爱丽丝说的一句话：

你必须尽力地不停地跑，才能使你保持在原地。

这是一个比"逆水行舟不进则退"更严酷的法则：不变则死。以前的

---

[1] 图片是根据 Leigh Van Valen 重画的，来自 Wiki Commons。

所有成就在演化面前都不好使，你得一直"发明"新的优势才行。

公司，也是这样的。

❹ 公司

公司的故事得分两个阶段讲。首先是初创公司。因为大家创业开公司常常是一腔热血过度自信，初创公司的存活率是比较低的。

下面这张图[1]说的是美国的公司从成立之日起，每一年的存活率曲线。

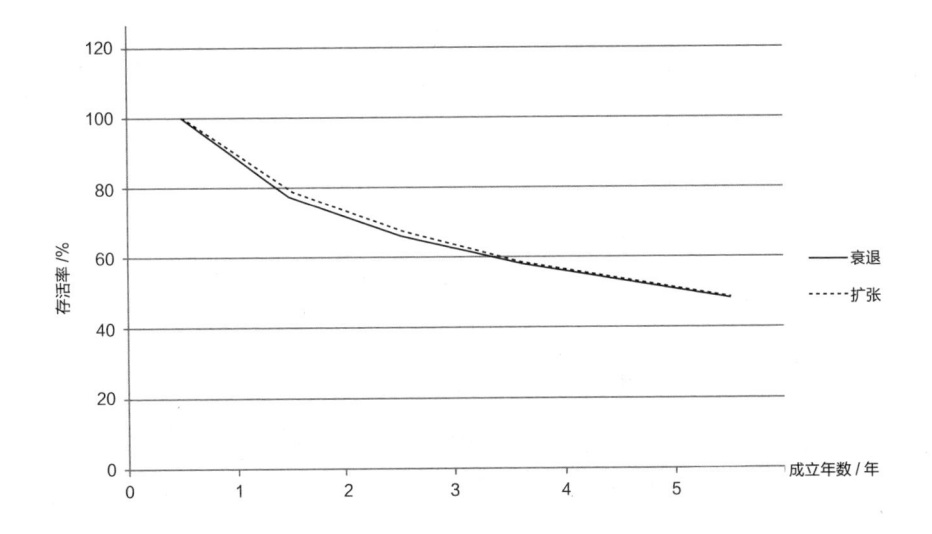

你可以看出来，这些公司从创立第一年就倒下了 20%，但以后倒下的概率会慢慢变小。换一个角度，我们还可以看看创业公司拿到各轮融资的情况[2]：

---

1 图片来自 SCOTT A. SHANE, *Failure Is a Constant in Entrepreneurship, boss*.blogs.nytimes.com, July 15, 2009。
2 图片来自 https://techcrunch.com/2017/05/17/heres-how-likely-your-startup-is-to-get-acquired-at-any-stage/。

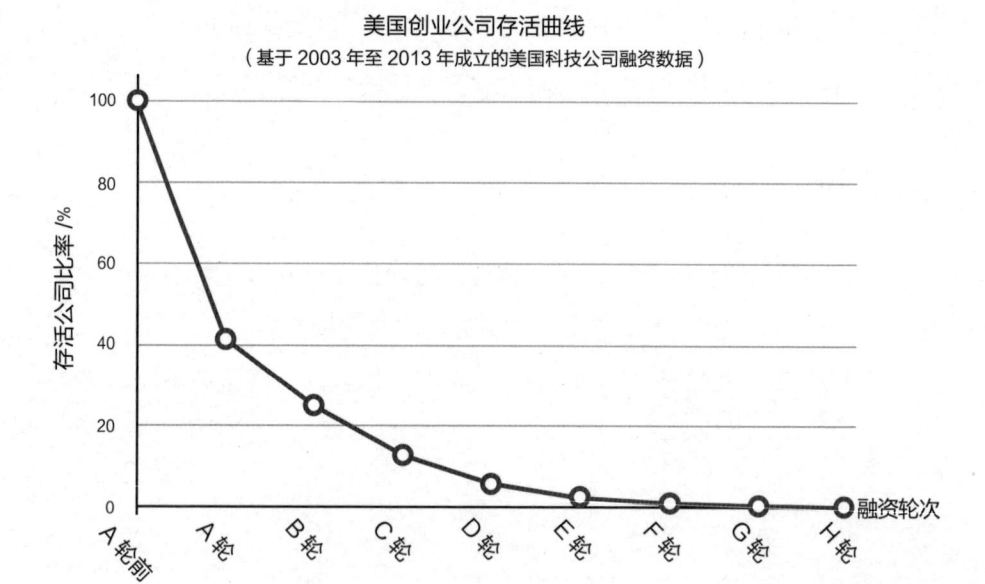

美国创业公司存活曲线
（基于 2003 年至 2013 年成立的美国科技公司融资数据）

（图：纵轴为存活公司比率 /%，横轴为融资轮次，从 A 轮前、A 轮、B 轮、C 轮、D 轮、E 轮、F 轮、G 轮、H 轮，曲线从 100% 急剧下降至接近 0%）

从第一笔投资，坚持到拿到 A 轮融资的公司，只有 40%。到 B 轮就只剩下了 20% 多，此后逐渐减少，最终能成功上市的少之又少。

所以公司创业之初是个大坎。但是如果你能坚持 5 年，存活到 10 年以上，甚至已经成功上市了，你的存活是不是就稳了呢？也不是。

合作基金会学者摩根·豪泽尔（Morgan Housel）专门把存活了 10 年以上的公司和生物物种做了类比，发现二者面临的死亡风险局面是一致的[1]。

下面这张图说的是存活时间从 10 年到 25 年之间的公司每年的死亡概率。

1　Morgan Housel, *Keep Running*! collaborativefund.com Jun 30, 2020.

公司倒闭概率与年龄的关系

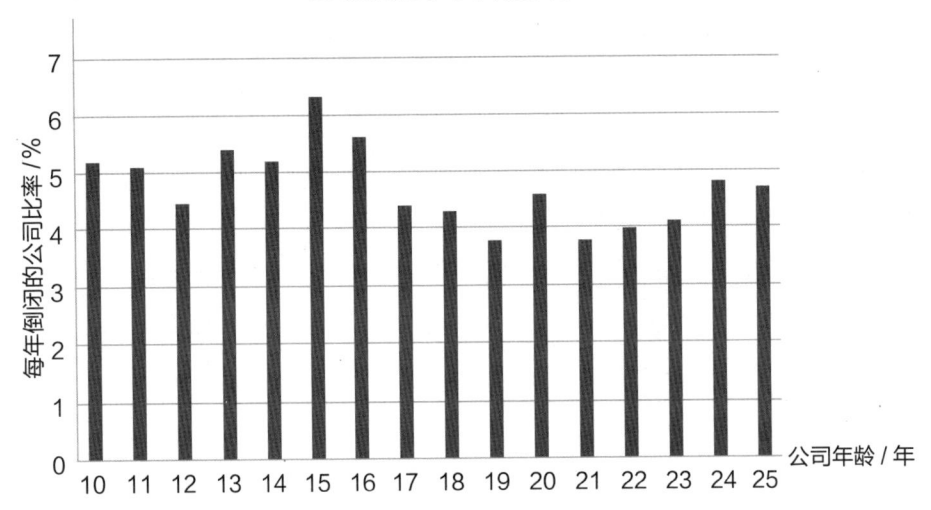

这些公司存活的概率几乎是一样的。你这个公司已经成立了10年也好，25年也罢，你们的存活机会是一样的。正如演化不管你是谁，市场不尊敬老公司。

只要熬过最初几年，你就获得了上场正式跟人竞争的资格。而在这个正式的市场上，公司的年龄就没意义了。年龄既不是优势也不是劣势。

所以公司也遵循红皇后假说。和生物演化一样，没有哪个公司能找到绝对的、一劳永逸的竞争优势。你必须不断发明新的优势、不停地跑，才能活下去。

"罗辑思维"的罗振宇总爱说"存量"如何如何，"增量"如何如何——这就是关于公司的存量和增量的现实：公司根本就没有存量，市场只认增量。

* * *

总结一下，我们说了四种事物的年龄和存活关系：

1. 技术和思想，年龄能证明它们的强韧性，已经存在多长时间就意味着以后还会继续存在那么长的时间。"老"意味着经久不衰，"老"意味着真厉害。

2. 国家，有个瓶颈期。过不了这个瓶颈期就会灭亡，过了就能长期存活。老牌国家没有那么容易失败。

3. 生物物种不分新旧，存活概率都一样。物种必须不断演化出新的优势才行。

4. 公司，则集中了国家和生物物种的"缺点"：前期有个瓶颈，后期也不能放松。

乍看之下这些规律都跟个人很不一样。个人只要攒够了钱就可以保证这辈子衣食无忧，弄几套房子什么的还可以搞个"睡后收入"。但是这也仅限于攒钱。

攒钱之外你还有很多别的追求。只要你想出来跟别人比画比画，你就需要一个竞争优势，你就会受到"红皇后假说"的诅咒。

小时候听说考上大学就好了，考上大学又听说工作了就好了，然后是结婚买了房子就好了，然后是孩子大了就好了……其实永远都"好"不了。这就是大自然的设定，认命吧。

到底什么叫"内卷"?

"内卷"是近几年来中文网络上特别流行的一个词,一般用于形容某个领域中发生了过度的竞争,导致人们进入了互相倾轧、内耗的状态。典型的内卷现象比如高考,大学录取的名额有限,家长又都希望孩子上好大学,大家只好都没日没夜地备考。"内卷"这个词如此流行,以至于现在只要看起来是让人难受的竞争,就被称为内卷,比如程序员996加个班,也叫内卷。

而"内卷"这个词之所以这么流行,主要是"键盘政治家"的功劳。这些活跃在网上的"国师"们认为人多空间小是中国最大的问题,必然导致内卷。那如何解决内卷呢?"键政界"在"内卷学"之后,又搞出来一个"入关学":我们必须扩张,要像明朝末年满洲人进入山海关一样,用中国产品强行占领全球市场……

我要说的是,这个所谓的内卷和入关理论没有任何新意,其实就是三个老东西:一个是囚徒困境,一个是马尔萨斯陷阱,还有一个就是我们中学课本上那一套帝国主义扩张论,都是非常简单的东西。

这帮人辜负了"内卷"这么一个好词儿。"内卷"的本意,是一个特别有意思的现象,是个很别致的观察,可惜被误读了。

最早把"内卷"这个词引入中文世界的,是一位从海外回国的历史社会学家,名叫黄宗智。黄宗智1985年出了一本书叫《华北的小农经济与社会变迁》，其中提到中国的小农经济，劳动力过多，土地又有限，形成了一个"过密化增长"。特别是黄宗智发现，单个劳动力的产出已经出现了边际生产率递减的情况。也就是说，投入到土地中的人越多，平均每个人就越穷，可以说已经是内耗了——黄宗智把这个现象叫作"内卷"。

但是这个用法是对的吗？

* * *

"内卷"，英文叫 involution，最早的拉丁文写法还是康德发明的，跟它对应的词是 evolution，也就是演化。直观地说，内卷就是"向内演化"。

北京大学社会学系的刘世定和邱泽奇，2004 年专门写了篇论文[1]，考证了"内卷化"这个概念的流变。

"内卷"作为一种现象，最早是由美国人类学家亚历山大·戈登威泽（Alexander Goldenweiser）从艺术角度提出来的。比如你看下面这张图，这是新西兰毛利人的装饰艺术。它的特点是特别精细，看起来相当复杂，有各种细微的层次。这可是手绘的，你一看就知道花了很多工夫。

但这个复杂是一种单调的复杂。精细倒是精细，但是精细得没有太大

---

1 刘世定、邱泽奇，"内卷化"概念辨析，《社会学研究》，2004 年 5 期。

意思。它就是几种模式不断地重复,没有什么创造力和多样性。从事这门手艺的人,我们只能称之为"匠人",不能叫"艺术家"。因为精细,你会觉得挺厉害,这钱花得值,但是这种艺术其实没有太多欣赏价值。对吧?

这就是内卷——向"内"演化,越来越精细,越来越复杂,其实都是几个固定模式的重复,没有能跳出模式的创造力。戈登威泽说,哥特式建筑艺术其实也是内卷。

乍一看很震撼，你们真是花了大工夫！越弄越复杂，每一个小地方都要精雕细刻，但是总是这么几下子。

* * *

1963 年，美国文化人类学家克利福德·格尔茨（Clifford Geertz）出了本书叫《农业的内卷化：印度尼西亚生态变迁的过程》，把内卷这个概念引入了社会生活的领域。

格尔茨直接借鉴了戈登威泽的概念，他总结内卷就是"某文化达到某最终形态后，无法自我稳定，也无法转变为新的形态，只能使自己内部更加复杂化。"格尔茨发现了印度尼西亚农业的内卷化。

印度尼西亚有个爪哇岛，土地条件很好，适合种植水稻，但是人口众多，又没有资本进来，只能让越来越多的人耕种这有限的土地。请注意，人多地少并不意味着内卷，内卷有个关键特征。

随着爪哇岛上劳动力的增加，人们对土地的耕种变得更加细致了。格尔茨说，"对土地的使用变得更加错综复杂，租佃关系变得更加复杂，合作性的劳动力安排变得更加复杂"，正是这种变着法地精耕细作，"一种过分欣赏性的发展，一种技术哥特式的雕琢，一种组织上的细化"，才叫内卷化。

而精耕细作是起作用的！爪哇岛在人口增加的同时，每个人的生活水平并没有显著下降，"能够稳定地维持边际劳动生产率"。

爪哇岛上的人并没有陷入马尔萨斯陷阱。

这跟黄宗智说的事儿正好相反。黄宗智在《华北的小农经济与社会变迁》一书中明确引用了格尔茨，但是他把自己描写的那个因为人多地少导致边际生产率下降的现象叫作"内卷"，恰恰是对格尔茨的误读。黄宗智说的那个意思应该叫马尔萨斯陷阱，是马尔萨斯人口论的核心论点，是一种对人口增长速度超过土地产出增长速度的担心。黄宗智想用个新词，结果他搞错了。黄宗智在此后的著作中多次使用"内卷"这个词，都是误读。

那你可能会说这不公平！语言本来就是自由演化的，很多词汇一开始都是误读，现在既然大家都说内卷是这个意思，为什么就不能是这个意思呢？

事实上，黄宗智和键盘政治家心目中的内卷——也就是马尔萨斯陷阱，为了方便区别，下面我们称为"内耗"——在真实世界中很少发生。刘世定和邱泽奇论证，黄宗智对整个中国农业历史的评估——所谓"没有发展的增长"——是有问题的。即便在古代，中国农业的种植结构、产业结构、分工深化也一直都在发展。

其实这个道理很简单，内耗式的危机不会长久存在。如果你觉得这里已经都开始内耗了，没希望了，那你直接走不就行了吗？如果你说大家都走不了，那这个社会肯定是不稳定的，会出大问题。

而内卷，却是一个能够长期稳定存在的现象。咱们来看几个例子。

* * *

内卷并不一定降低生活水平。内卷的关键不在于有竞争，而在于"向内演化"，是精细化，是低水平的复杂。内耗是危机，内卷却是一种无声的悲哀。陷入内卷的人很可能乐在其中，都不觉得那是悲哀。

中国高考的确是内卷，但这并不是因为它的残酷性。彩票、诺贝尔奖、奥运冠军、电影明星，这些都是"中奖者"极少而"炮灰"极多的项目，但是这些项目并没有内卷化。高考的内卷之处在于考试内容呈现低水平的复杂。

如果人多名额少，选拔优秀人才的直观办法是增加难度。美国名校录取的一个重要项目是在高中开设大学课程——这有点囚徒困境的意思，但是因为优秀人才可以尽量发挥，所以不能叫内卷。然而中国高考受到大纲的限制，题目如果超纲就对不起边远地区的考生，可是又要能把人淘汰掉，结果只能向大纲之"内"发展，把题目出得很怪。

"红学"——也就是对《红楼梦》的研究，在我看来是内卷。这就这么一本小说，一两百年来无数学者翻来覆去地发掘，你还能整出什么来呢？但是研究仍然在深入，精细还能再精细：现在已经有人拿红楼梦研究管理学、经济学、研究菜谱。你不能说这种研究是胡扯，它的确是个学问，但这是"鼻烟壶"学问，是低水平的复杂。

请注意，红学是内卷可不是内耗。红学家有着很好的声望，整天写书做报告，日子过得很不错。曹雪芹一本书，养活了多少人。

一些政府部门办手续，大企业走流程，也是内卷。其实就这么简单的一件事儿，系统会把它搞得越来越复杂，你得盖很多章，有时你还得为你的证明提供更严格的证明。个别办事的人看似一本正经，给人感觉专业又正规，其实什么都不是。他们也不是在内耗，他们过得也很好。

截至清朝末年，中国人积累下来的诸多封建礼教、各种规矩、各种讲究、禁忌和迷信，形成了内卷。什么正月里不能剃头，什么风水如何，搬家应该怎么做，这都是因为人们没有新思想、没有新的事情可以琢磨，一天到晚只能把平淡的日子过得越来越精细，搞低水平的复杂。

现代人的婚礼、生日、一些节日的仪式也越来越复杂，特例变成惯例、惯例变成规矩。可你要说升华出来什么新的精神来了吗？没有。可以说正在走向内卷。

我儿子在美国上学，我才知道美国小学没有班干部。当然初中有学生组织，你可以竞选一个什么主席之类的职位，名额很少，但那不是内卷。而我在国内上小学的时候，那个班干部系统却是内卷。全班总共才50多个人，竟然有"少先队"和"班级"两套领导班子——有班长、大队长、中队长、小队长、小组长、学习委员、体育委员、生活委员、各科的课代表等，恨不得一半学生都是干部。

再比如文艺，我看春晚和抗日神剧，包括有些好莱坞类型片都是内卷化的产物。就这么几个类型可以拍，翻来覆去越来越精细化越来越花钱，其实都是低水平重复，没有新东西。

*　*　*

内耗是迫在眉睫的危机，内卷是更长期的忧患。内卷给我们的教训是复杂不等于高级，更不等于先进。中国仍然在高速进步，现在并不是一个马尔萨斯陷阱局面，而且就算是，解决方案也不是"入关"。你把鼻烟壶卖到全世界又能挣多少钱？结果只能是整个世界变成一个更大的马尔萨斯陷阱。

不论是内卷还是内耗，真正的解决办法都是创新。你不是要"入关"，而是要"出关"：你得跳出当前这个发展模式。如果到了 S 形曲线的平台区，你就要寻找第二曲线，你要积极探索蓝海。

而且我们都应该不断学习真正的新思想才行。把几百年的老思想用新词包装一遍再拿出来用，这也是一种思想上的内卷。

暴力在边缘

我们说一个有关"帝国和暴力"的历史规律，也许这个规律能对你有所启发。

因为中国历史是读书人、特别是儒家读书人写的，而儒家读书人都喜欢秩序，所以我们作为老百姓的视角都是谴责暴力，我们想的都是怎么限制暴力。每当读到历史上中国被野蛮人侵犯，我们都是代入角色到中国百姓这一边。但是这里我想请你换一个视角。

想象你是一个掌握暴力的野蛮人。你站在中国外围，看到中国这么好这么富裕。请问你有什么想法。

当然不是现代中国，也不是特指中国。我们这里谈论的是农业时代的那种"帝国"，比如中国从秦到清两千年间的那些大大小小的帝国、罗马帝国、波斯帝国、拜占庭帝国等。不论中外，这些帝国有三个共同特点：

第一，有税收。这个税收不是现代国家的税收。在现代国家，公民缴税是一种义务，是购买公共服务，也是政府搞福利搞建设的必要手段。而帝国的税收，则更多地是征服者对被征服者的汲取，更接近于土匪收保护费：这个钱收上来帝国爱怎么用就怎么用，征服者大可自己享受，老百姓无权过问。

第二，有暴力。帝国的税收是靠暴力实现的。和平时期的老百姓常常忘记这一点，把官员称为"父母官"，但帝国的最核心业务就是暴力收税。马克思·韦伯说："国家是一个要求独占合法暴力的集团，不能以别的方式来定义它。"

第三，有疆界。前现代化国家没有现代国家这样精确的领土意识，但是帝国都有边疆：哪里是你能直接收税的地方，哪里是你有影响力的地方，哪里是你管不到的地方，帝国心里有数。

这三个特点就足够我们推出有关帝国的一个重要规律了。

* * *

这个规律最早是14世纪至15世纪的阿拉伯穆斯林学者伊本·赫勒敦提出来的。我们知道中世纪伊斯兰世界的文明程度相当高，出了很多智者。赫勒敦原本是个大臣，他亲身经历过政治，懂得东西方的历史。45岁这一年，赫勒敦突然离开政治，专心写历史书。他写的书叫《殷鉴书》，书中有一部分叫《历史绪论》，就讲述了帝国兴亡的规律。

赫勒敦的思想一直流传到现代，被一个法国历史学家，加布里埃尔·马丁内斯-格罗发扬光大，系统性地用历史上世界各地的帝国情况印证他这个规律，写成了一本书，叫《历史上的大帝国：2000年暴力与和平的全球简史》。

这个规律并不复杂，其实中国也有很多人感受到了，只不过没有人像赫勒敦那样把它说得那么直白和系统。

这个规律是，帝国的暴力，只能来自帝国的边缘地带。

我来大概把这个逻辑讲一遍，马丁内斯-格罗在书中列举了很多国家的例子，咱们还是专注于中国历史。

* * *

帝国的兴亡过程差不多是这样的：

第一，一个最强暴力集团扫平所有抵抗者，取得了天下。这个集团的人就是帝国的统治者。

第二，统治者对老百姓征税。古代帝国是以农业为主，没有那么多商品交换，没有什么"双赢""投资"的概念，这个财富被人拿走，就不是你的了。所以在赫勒敦看来，缴税是一种屈辱，是对暴力的屈服。

而为了维持征税能力，同时也是为了保护"自己的"百姓不被外人征税，帝国必须维持一支强大的军事力量。

第三，军事力量会和纳税的百姓分开。这是关键的一步。

也许一开始的时候，古代帝国还有一些既是农民又是战士的人，但是到了一定时间之后，战士和农民将会分开。帝国会让纳税人解除武装。

这首先是为了帝国的安全。有武装的老百姓不容易压榨，万一惹急了容易出事儿。帝国将会逐步安排纳税人老老实实地从事生产、服务、经商、读书考试这样的和平事业。帝国的主流文化将是厌恶武勇、崇尚文弱的文化。

而这个分工会极大地促进帝国的经济繁荣。现在社会有良好的秩序，只要你老老实实缴税就能得到充分的安全保障。你不需要练武也不需要操心跟周围哪个势力的关系好坏，你当个良民就行。

帝国中心的日子越过越好。

但是帝国仍然需要暴力啊，那暴力从哪里来呢？只能从边缘得到。

第四，帝国向边疆部落购买暴力服务。

古代帝国的统治力度亲疏有别，对于边界线以内，但是地处边缘地带的人们，帝国并没有那么强的控制力。帝国不向他们征税，他们也享受不到帝国的繁荣。但是他们仍然掌握着暴力。

其实，"自然"条件下，古人都应该掌握暴力。中国的汉人并不是不能打，三国、南北朝时期的汉人都是骁勇善战的。后来不能打了不是因为失去了"尚武精神"，也不是因为没有马匹——而是帝国生活导致的。古代战争，如果是一个平时没有任何训练的人，不可能上阵就变得能打。等到帝国需要能打的人，就只能在边缘地带找。

有时候是边缘部落的人以个人身份加入帝国武装，有时候是直接组成自己的武装。汉武帝打匈奴的部队里有很多匈奴人。后来匈奴人更是成了汉朝的重要防卫力量。唐朝后期也是大量使用少数民族的人。

宋朝的情况很特殊。北宋名义上是跟辽结盟，但是宋年年给辽进贡，辽事实上等于是给宋提供了屏蔽北方暴力的服务。同样，金事实上是被南宋收买了，如果搞得好，原本应该帮着南宋屏蔽蒙古。这样的安排使得宋的经济高度发达。只是宋没有坚持购买暴力服务的政策，一次联金抗辽一次联蒙抗金，都是自己作死。

清朝的情况更特殊，本身就是少数民族统治中华，而这个少数民族保留了自己的暴力功能，跟汉族人分开。

第五，帝国统治者自己的暴力能力逐渐消亡。

赫勒敦的说法是只需要三代人，一代 40 年，总共 120 年。第一代靠的是马上得天下，自然重视暴力。第二代坚持重视暴力只是为了不辜负第一代的重托。到第三代人，就已经失去暴力能力了。

那么这就必然迎来帝国的灭亡。

第六，边疆的暴力集团升级，夺取帝国的天下。

明朝的政策是在边疆让少数民族互相打，有时会专门扶植一个代理人，让他打其他所有人。努尔哈赤的建州女真原本就是大明扶植起来的。

边疆部落的问题原本在于没有统一的领导，而努尔哈赤的崛起恰恰给了他们一个领导。于是边疆暴力集团形成了。

而这时候，因为帝国内部已经没有暴力能力，边疆攻打帝国会非常容易。同时打败了波斯帝国和拜占庭帝国的阿拉伯人，总人口还不到 50 万人。蒙古人征服欧亚大陆，他们征服的人口是他们自己人口的 100 倍到 200 倍。

然后故事将会回到第一步，开始新一轮循环。

* * *

这个帝国兴亡循环不是精确的，取决于各个帝国具体的措施和条件，有时候快一点有时候慢一点，但是大体上都是类似的过程。

如果农民不掌握暴力，元朝为什么被朱元璋的农民起义给灭了？因为那不是"农民"起义——义军的主力有船工、采盐工和走私犯：他们原本就是帝国的边缘人士，他们至少在思想上没有被帝国完全驯化。明朝把首都直接放在靠近边缘的地方，一定程度上"延长"了自己的暴力能力。

这个道理是，帝国的暴力，总是在边缘。

这是和平的代价。

* * *

不过马丁内斯 - 格罗特别提出，西方——也就是欧洲大部分地区——的历史，不适用这个规律。11 世纪以后的欧洲不存在中央集权的帝国，政府并不能把一个地方的税收收上来运到千里之外的首都享用。

当时欧洲是封建国家，也就是有贵族、有城堡的分权制。这使得欧洲精英从未放弃武装，没有把暴力职能交给蛮族，也没有让人民彻底解除武装。

当然，让这个规律彻底不适用的还是工业革命。工业革命使得武器在战争中的作用远远超过了人的体力，让生产者拿起枪就能成为战士，边疆野蛮人就再也没有暴力优势了。

其实宋朝就有点这个意思。宋军虽然缺少马匹，但是对契丹人作战其实是胜多负少，只是受到马匹限制无法追击，不能把击溃战变成歼灭战而已。而宋军的武力优势来自技术，特别是神臂弓、火枪和火炮。只可惜那些装备的作用还是不够大。

* * *

暴力出在帝国边缘，这个规律对今天的我们有什么启示呢？今天没有帝国也没有暴力，但是我们可以做类比。

我们可以把帝国想象成一种秩序，暴力是秩序的打破者和建立者。

如果帝国是一个企业，那么暴力就是创新和颠覆的力量。如果帝国是一个经济体，那么暴力就是这个经济体的活力所在。如果帝国是一个产业，那么暴力就是淘汰这个产业的新科技。

那么这个规律就是说，创新和活力来自边缘地带。科技创新总是发生在技术的边缘。

现在中国制造的最大优势是产业链，而中国那些产业集群都不是在传统的工业基地发展出来的——它们出现在当初中国工业的边缘地带。它们起源于乡镇企业。

一个公司内部，对公司格局颠覆式的创新也常常是从边缘发起的。微信最早只是腾讯的一小部分人搞的一个小项目。现在手机业务是华为销售额的大头，而华为以前不是做手机的。阿里巴巴的金融服务也起源于阿里巴巴业务的边缘。

为什么我们把帝国和暴力的定义都改变了，暴力在边缘这个道理仍然适用呢？因为这里说的其实是对秩序的适应和打破。

身处帝国中心的人是秩序的受益者，他们最关心的是如何更好地适应这个秩序，是如何让自己从这个秩序中获取最大的利益。他们没有打破秩序的意愿，也就没有打破秩序的能力，他们不掌握暴力。

如果帝国只依靠这样的人，那就终将灭亡。

而处在秩序边缘的人，因为无法从秩序中受益，他们自然就想建立自己的秩序，最起码也是无视当前的秩序。他们一心想要占领帝国的中心，他们充满进取精神。而因为他们不折腾就没有福利，他们非常愿意使用暴力，所以他们拥有暴力。

* * *

创新在边缘发生是个很普遍的现象，不过我们还可以把暴力类比成别的。比如说自主和冒险的能力。美国开国元勋约翰·亚当斯有句话：

我必须研究政治和战争，这样我的儿子们才会拥有研究数学和哲学……的自由，他们的孩子们才有研究绘画、诗歌……的权利。

这句话听着挺好，可是用帝国和暴力这个视角看，这说的不就是拥有暴力的统治者的后代一代不如一代吗？

老一辈企业家充满狼性敢打敢拼，他们的儿子辈只想守成，到孙子辈干脆对做企业根本没兴趣了。这很值得庆贺吗？

再比如领导力。革命者充满领导力，可是他们给下一代规定的教育内容讲的全是服从力。那接下来让谁领导呢？

如果你身处帝国的中心，你固然会享受各种特权，你的各方面条件，包括受教育的条件都是最好的，可是你得居安思危：你不掌握暴力。

美国社会的主要矛盾

咱们中国有个特别有意思的说法叫"社会的主要矛盾"。我们认为在每个历史时期,中国社会都有一个主要矛盾。比如说,现在的说法,当前中国社会的主要矛盾是"人民日益增长的美好生活需要和不平衡不充分的发展之间的矛盾"。

那当前美国社会的主要矛盾是什么呢?当然美国两党并没有定期发布官方版的"当前社会主要矛盾",我们要讲的只是学者的认识。我想借助这个话题,跟你探讨一下如何认识"历史趋势"。

* * *

历史是怎么前进的呢?

这个问题有两个简单的答案。第一个答案是历史存在某种浩浩汤汤,顺之者昌,逆之者亡的"天下大势"。就好像黄河的水一定是自西向东流向大海,每个水滴都被裹挟着前进,就算偶有抵抗也是螳臂当车。

这个答案的毛病在于事后说总是很有道理,但是在事前,你不能用它准确预测任何事情。试问 1945 年的中国人,有谁能想象到今天的中国能发展到这个程度?同样道理,1945 年的美国人民——包括经济学家在内——也完全没想到今天的美国是这个样子。

英国历史学家汤因比以前在中国有很多粉丝。汤因比认为世界各个文明的发展都符合一些宏观的规律，他希望别人能把他总结的这些规律当作历史定律，就好像物理定律一样——但是他失败了。今天的历史学家都不买汤因比的账，甚至还有人把他当作"确认偏误"这个认知误区的典型案例。

第二个答案是认为这个世界根本就没有什么必须遵循的天下大势，所谓历史，不过就是一系列偶然事件的集合。这个答案是客观的，绝对不会犯科学方法的错误。

但这个答案的缺点是它没有用处：我们不但不能预测未来，而且也不能解释过去已经发生的事儿。那学历史还有啥用呢？

那么我有一个想法。也许一个更好的答案应该是介于二者之间。我们不承认历史有必然规律，但是我们承认历史上有各种**趋势**。

比如说，技术进步是一个趋势，人口增长是一个趋势，生活改善是一个趋势，贫富差距的扩大或者缩小，也都是可能的趋势。

这些趋势就是历史赛场上的参赛选手。有的趋势会在一段时间内占据主导地位。有的趋势一直进不了决赛，但也是一个角色。有的趋势辉煌一阵儿就消亡了。趋势跟趋势可以合作可以对抗，互动的结果还可以孕育新的趋势。

那什么叫预测呢？我们无法预测比赛的结果。但是我们可以看出来一段时间之内，赛场上都有哪些参赛选手。最厉害的足球专家也不知道下届世界杯冠军是谁，但是专家至少知道当今世界的强队都有哪些，球星都有谁，最先进的打法是什么。你不知道刘邦和项羽谁能夺取天下，但你至少知道这两个人是争霸天下的主角，别轻易得罪他俩——这就比什么都不知道强得多。

所谓"主要矛盾"，就是现在正在对抗的两个大趋势。

美国合作基金会学者摩根·豪泽尔（Morgan Housel）有一篇文章[1]，回

---

[1] Morgan Housel, How This All Happened, collaborativefund.com, Nov 14, 2018.

顾了美国经济从二战结束到今天的历史。他的思路很清楚，综述和援引了学界的认识。我们用这个视角看看美国过去这几十年都有过哪些大趋势。

* * *

1945年，美国取得了二战的胜利，但是国家面临一个巨大的问题。当时美国有800万名士兵在海外参战，其中650万名将在18个月之内回国并且退伍，请问国家应该怎么安置这些人。这些老兵的平均年龄是23岁，他们想成家立业。那国家让他们住哪里？干什么工作？

在当时的人看来，老兵的安置问题是个影响国运的大趋势。经济学家普遍很悲观，当时的美国要房子没房子，要工作机会没工作机会，国外一片废墟也不能靠出口贸易拉动经济，人们以为大萧条可能就要来了。

当时美联储还不是一个非常独立的机构，美国总统可以干预联储的政策。结果他们就搞了一个长期的低利率政策，让老兵们可以以极低的利率借钱买房、借钱买大件家用电器、借钱生产和做生意。老兵贷款买房，每个月要还的房贷，比租房的房租还便宜。

结果房产市场起来了，经济繁荣了，工作机会多了。不但老兵的问题解决了，连整个社会都是欣欣向荣。

老兵这个趋势，孕育了新的两个大趋势：

第一，借贷消费成为主流，美国家庭负债率节节升高。

第二，社会各阶层变得更加平等。

但要理解这个转变，你得知道一个前传。

* * *

为啥老兵问题这么容易就解决了呢？难道都归功于民主党的政策好

吗？不是。关键因素是在老兵之前，甚至在整个二战之前，美国还有一个更大的趋势，那就是技术进步。

一提起1930年代的美国，人们马上想到的是大萧条。关于大萧条发生的原因有各种各样的说法，我更喜欢卡托研究所的经济学家阿诺德·克林（Arnold Kling）在2016年出版的《分工与贸易》这本书中的解释，大萧条本质上是由技术进步引起的。新技术实现了很多工作的自动化，一时之间大量蓝领工人被淘汰，于是经济萧条。但萧条是暂时的，新技术会带来很多新工作，只是需要时间。

1930年代的美国新技术新事物层出不穷，电力迅速普及，工农业生产迅速机械化，像电冰箱、洗衣机、洗碗机甚至电视机都是那个时候冒出来的。

技术积累已经到了那里，只是因为战争而没有普及开来。试想哪个家庭不想要电冰箱、洗衣机、洗碗机和电视机呢？

一方面有需求，一方面有低息贷款，而更重要的是，生产这些产品恰恰需要很多工人。而且当时国外一片废墟。美国人消费、美国人借钱、美国人生产——美国经济岂能不繁荣。

繁荣的结果是全社会上上下下达成共识：

第一，消费刺激增长。借贷消费不但不丢人而且是理所应当的，存钱是老土的行为。

第二，人与人应该平等。你富人开卡迪拉克，我穷人也能开个雪佛兰，而且咱俩喝的可乐、看到的电视剧都是完全一样的。

而经济增长真的让阶层更平等了。美国普通家庭的收入增长比富人快很多，以至于家庭负债率涨到一定程度就停止了，借贷消费并没有导致什么问题。20世纪五六十年代，美国女性得到了解放，美国黑人的权益得到了保障，美国人民底气十足。当然也有越战和民权运动的痛苦回忆，但那都是插曲，不是大趋势。

所以，两个旧的大趋势——技术进步和老兵——带来了两个新的大趋势：要借债消费，要阶层平等，而且新大趋势运行得挺好。

* * *

进入 1970 年代，又出现了一些新的趋势，使得"要阶层平等"这个大趋势出了一点问题。豪泽尔没有展开讨论，经济学家也有很多争论，但是这个问题是，贫富差距缩小停止了——现在的实际趋势是贫富差距在拉大。

我理解，一个原因肯定是全球化。以前国外是一片废墟，现在外国更廉价的工人开始争夺美国工人的饭碗了。还有一个原因则肯定是老的一轮技术进步的红利已经吃完了，而新的技术进步是信息技术，信息技术暂时不需要很多工人。

里根和克林顿时期，美国经济继续增长，但是增长方式跟以前有个本质区别。以前的增长惠及所有阶层，扩大了中产阶级。可是现在的增长，主要是富人的财富在增加。

总而言之，现在的趋势是阶层经济地位正在变得更**不**平等。

但是，人的**期望值**变化，总是比**事实**的变化要慢一些。事实是美国人的经济地位已经越来越不平等了，而人们的期望仍然是我们就应该越来越平等。

在这种期待之下，"要平等"和"要消费"这两个趋势继续左右美国。

* * *

你年收入 90 万美元，我年收入 8 万美元。你儿子上大学，难道我儿子就不应该上大学吗？你住大房子、开 SUV、去国外度假，我为什么就不能？我至少可以借贷消费。

结果就是美国家庭负债率进一步增加。

最终导致了 2008 年的金融危机。

金融危机之后，很多债务被抹掉了，再加上利率低，家庭还债占收入比一下子降低到了35年来的最低水平——所以这就是爆发危机的一个好处，有问题实在解决不了可以抹掉。

现在美国社会的两个大趋势已经变成了：

第一，各阶层越来越不平等。

第二，人们在心理上，仍然认为各阶层就应该是平等的。

这两个趋势的矛盾，就是当前美国社会的主要矛盾。特朗普能被选上台，美国非得跟中国打贸易战，拜登想让制造业回美国，要搞基建，要发福利，都是为了这个矛盾。

* * *

这一切都起源于二战前的技术进步趋势和二战后的老兵趋势。历史没有必然的规律，只有此起彼伏互相影响和对抗的各种趋势。

考察这段历史，我们会有一些感悟。

第一，经济规律是你必须服从的东西。你要借贷消费，就要面对债务问题。这不是哪个政府说了算的事儿。规律是趋势的定律。

第二，但是，有这个趋势，可不是说你的命运就被这个趋势定死了。因为这个趋势之外还有别的趋势。如果借贷消费的同时收入也在增长，那规律虽然还是规律，但已经不对你构成威胁了。

第三，有些变量纯粹是不可控的。技术进步什么时候出现，它会带来什么样的需求，它又需要什么样的工人？国外有没有你的竞争对手？这些你只能被动接受。如果美国运气好，因为某一项特殊技术，高科技产业突然开始大量雇用普通工人，那问题就自然解决了。

第四，但是，人仍然有可能做出一定的选择。比如说当年美国政府为了应对老兵趋势而选择维持低利率。

再比如说现在美国两党的争论。是由政府采取措施让各阶层更平等一点,还是干脆改变人们对平等的期望?

你只能看见参赛选手,你很难预测谁取胜。洞见历史趋势并不能保证让你做出正确的选择——正如足球专家并不能通过买足球彩票赚大钱——但是总比两眼一抹黑要强一点。

突破辉格史观

咱们说一种历史观，也可以说是"历史感"。有些道理你想不到就想不到，一旦想到了就会发现它简直到处都适用，这里说一个你以后可能会经常用的名词。

历史观其实是个大问题。我们都说要"以史为鉴""读史使人明智""欲亡其国，先灭其史""忘记历史就意味着背叛"，但是也有的人说"历史是胜利者书写的""历史是个任人打扮的小姑娘"，还有"一切历史都是当代史"。前者说我们要尊重历史，后者则说历史都是主观的，可能根本都不真实，那又何谈尊重呢？

历史学家看历史跟老百姓非常不一样，我们学一点现代历史学家的眼光。这个眼光的关键是，你要突破执念。

我先说一个场景，你看看你有没有执念。

* * *

在某个研究所成立 60 周年的纪念大会上，所长徐先生动了真感情。他回顾了研究所在老首长的安排下如何建立，在特殊时期如何保护了人才，在改革开放初期如何力排众议引进了国外的先进仪器，在后来的建设中如何顶住压力扩大对外交流，如何立军令状拿下最难的课题，如何给国家做出一个又一个重大成果……他说，我们研究所一定会继续取得更大的成绩！

徐所长说得真挚，台下众人也是频频点头。可是研究员秦先生的神态，徐所长怎么看怎么别扭。秦研究员听得不是很认真也就算了，他还时而露出一个有点怪的笑容，时而摇头，时而还直撇嘴。

会后徐所长找到秦研究员，说怎么着？你认为我是在夸耀吗？我说的可都是事实，你不认同吗？秦研究员说没有没有，你说的都是事实，而且这其中你的功劳我最服气，你是咱们所史上最强的领导。我笑是因为我最近正好听说一个历史观，你这篇讲话完全符合。

那个历史观，就叫"辉格史观"。

* * *

什么是辉格史观呢？现在英国一个主流政党叫自由党，自由党的前身叫"辉格党"（Whig）。辉格党从 1688 年光荣革命时期兴起，长期支配英国政治。辉格党的理念是要自由、要限制王权、要进步等，都是今天的主流意识形态。现代英国之所以是现代英国，辉格党可以说是功劳巨大。

那么到了 19 世纪的时候，英国历史学家总结英国光荣革命以来的历史，就把它几乎描写成了一部辉格党的党史。在这些人笔下，辉格党是英国进步的力量，英国在辉格党的带领下不断走向进步是历史的必然，而当初那些反对辉格党的力量则都是落后势力，他们的失败是不可避免的。

你看这跟徐所长作报告的思路是不是很相似？我们早就习惯了这种历史叙事——很多人甚至会以为历史就应该这样写。这些确实都是事实啊，英国确实在进步啊，落后势力确实失败了啊，这么写历史有啥毛病？

1931 年，英国历史学家赫伯特·巴特菲尔德（Herbert Butterfield）出了一本书，叫《辉格史观》（*The Whig Interpretation of History*），对这种历史观提出了强烈质疑。简单来说，巴特菲尔德认为辉格史观是作为胜利者的、现代的、我们的，执念。

"辉格史观"这个词就是巴特菲尔德发明的。此前的历史学家一直都在日用而不知，但是巴特菲尔德这么一说，历史学家们立即就意识到了这是个毛病。

现在"辉格史观"是个毫无争议的贬义词，代表一种原始落后的、不够现代化的历史叙事。如果有个历史学家写一本《哈尔滨人民的奋斗史》，你要说他这是辉格史，他肯定会感到强烈的冒犯。

* * *

辉格史观为什么是个毛病呢？

首先，辉格史观让你觉得今天的一切都是历史的必然。

这种写法，就如同让你讲讲 2018 年世界杯足球赛的历史，你以法国队为主人公，描写法国队如何如何奋斗，遇到了怎样的强敌，如何如何战胜强敌，最终夺得冠军。你的字里行间把法国队写成了天命所归的主角，把强敌都写成了必然失败的配角。你觉得这样写历史好吗？

足球是充满偶然的运动！法国队只是世界杯其中的一支球队而已，别的球队也有机会，不是来给他当配角的。

其次，辉格史是用今天的价值观去评价历史上的人物和事件。

我给你举个最简单的例子，岳飞。曾经有一段时间，中国有人说"岳飞不是民族英雄"——为啥呢？因为第一，岳飞抗击的是金国，而金国现在已经是中华民族大家庭的一部分，那个抗击只能算内战，必须"降级"；第二，岳飞曾经镇压农民起义，而农民起义是好的，所以要再降一级……这就是辉格史观。

辉格史把一切历史都写成当代史，是被今天的人"打扮的小姑娘"，是胜利者书写的历史。

巴特菲尔德反感这种写法，他主张历史学家要学会用历史上的人的视角看历史。你说辉格党的自由主义是进步，放在当时可真不一定，保守有保守的道理。你要想理解岳飞，就得把自己想象成当年那个真正的岳飞。

我在《精英日课》专栏经常说要"重返历史现场"，就是这个意思。

* * *

你可能会说，任何叙事都是主观的，世界上根本就没有绝对客观的视角，我们为什么就不能采用辉格史的视角呢？没错，辉格史也是一个视角，而且还是胜利者的视角，这个视角能让你迅速找到历史事件的意义，这是一个好处。

但是如果你只有这一个视角，你的历史观就很幼稚。特别是如果你想从历史中吸取经验教训，想要把历史的经验用于自己做事，或者预测未来，那就一定要跳出辉格史观。

弗朗西斯·福山 1992 年出了本书叫《历史的终结及最后之人》，论证全世界都会走向自由民主，现在已经被当笑话讲。福山这个说法听起来就是辉格史观。但是现在的福山好像有点醒悟了，他在 2011 年出的《政治秩序的起源》这本书里还特意批评了辉格史观，提醒读者，自由、繁荣和代议政府，进步肯定是进步，但并不是人类制度**无可阻挡**的进步。

福山举了个例子。1922 年，匈牙利的皇家侍从阶层，曾经迫使匈牙利国王安德鲁二世签署了一个"金玺诏书"，其被誉为是东欧的大宪章。你要根据辉格史观，这件事可以跟英国大宪章相类比，应该赞美吧？应该代表进步吧？但是并没有。

匈牙利这个大宪章只是把统治权从皇帝转移到了贵族集团手里，不但对普通人没好处，而且还"阻碍了强大中央政府的出现，以致国家无法抵抗外来侵略……到了 1526 年的莫哈奇战役，匈牙利完全丧失自由，成为奥斯曼帝国的战利品"。

你要是认准了辉格史观，像这样的事件就会让你无所适从。

事实是各国有各自的发展路径，并没有哪条路径是必然的。

* * *

用今天的价值观评价古人,你不但不能从古人身上学到东西,而且根本就不能理解古人。美国历史上有很多英雄人物,有的是建国的国父,有的为自由民主做出了卓越贡献,可是现在就有很多美国大学生要把他们的雕像给推倒——为啥呢?因为他们曾经是奴隶主,拥有过黑人奴隶!

你要按这个标准的话,中国古代历史上可能就没"好人"。美国白人奴役的毕竟是外族,中国古人都是奴役自己人。事实是当时的人没有现在这种价值观!

真正研读历史,我们应该多注意古代跟现代的不同之处。看看在当时那种限制条件之下,人们是如何应对的,然后再举一反三。历史规律不能生搬硬套,应该抓住实质,灵活运用。

所以我们看现在特别是西方的一些历史背景下的影视剧,常常描写那些公认的好人的缺点,描写公认的坏人的优点,有时候把"反动势力"写得有血有肉,这其实恰恰是历史观的"进步"。如果你不知道后来的大结局,不知道谁会是胜利者谁会是失败者,你在现场看,其实很难看出来谁是"好人"谁是"坏人"——好人坏人跟历史前进方向没有必然联系。

* * *

而在现代历史学家看来,历史到底有没有一个明确的前进方向,都是个问题。

辉格史学认为历史有一个至少是大致的方向,比如说自由、民主和进步。当然历史在前进过程中总会遇到阻力,有些曲折,但是那都是小插曲,用咱们中国话说叫"螺旋式上升""前途是光明的道路是曲折的"。

但是现代历史学认为这个观点至少是**不一定**正确——就算正确,也没什么用。因为你永远都不知道这一次遭遇的阻力能阻碍你多少年,这一个曲折会拐到哪里去。进步最多只能算是一种信念。

甚至就连老百姓心目中最没有争议的进步——科学的进步,到底应不应该是一部辉格史,在历史学家那里都有强烈争议[1]。

你可能会说,政治和文化,那什么是进步什么是退步可能不好说,但是对于科学来说进步难道不是显然的吗?现代化学是进步,炼金术是落后,这有啥可说的?

如果你的目的不是赞美科学,而是想要学习如何做科学研究,想要从科学史里获得一些启发和心法,那就很有可说的。我们今天的学术争论和过去的学术争论其实没有本质区别:将来的人看我们可能也会像我们看古人一样。今天被一些人坚持的学说,比如精神分析,会在未来被新的学说取代;今天令人痴迷的理论,比如说股票技术分析,将来会被当作炼金术。

我们要跟古人学的是如何参加比赛,而不是如何相信自己这一派必胜。

* * *

一个有意思的事实是,谁也不可能完全避免辉格史观。只要你要讲一个故事,就难免会设定一个主人公、一个主题,并且对故事中的人和事做出评判,而你评判的标准一定会被今天的价值观所影响。

巴特菲尔德是第一个批评辉格史观的人,但是他本人写了一本讲科学史的名著,叫《近代科学的起源》——这本书的观点,也被人批评是辉格史观。这本书把科学史写成了"正确的科学"的革命史,把古代那些炼金术、巫术之类的东西都忽略了。

你不能完全避免,但是你应该有一个突破辉格史观的意识[2]。

这个意识能让你理解事情是复杂的。每一场胜利都是当时的人拼命努力取得的,没有哪个事业会必然胜出,没有哪个英雄知道他自己是天命所归,也没有哪个价值观绝对不会变。

---

1 吴国胜,《科学史笔记》;戴维·伍顿,《科学的诞生》;方文,《转型心理学》。
2 Rebekah Higgitt, *Why Whiggish Won't Do*,参见 https://www.theguardian.com/science/the-h-word/2012/oct/03/history-science。

历史教给我们的不是什么**必然性**，而恰恰是**可能性**：过去的人其实看不到今天的样子，正如今天的人看不到未来的样子；过去的某些人可以实现他们的任意想象，正如今天的我们也有可能实现我们的任意想象。

害怕时候的勇敢才是真的勇敢。不知道天命在不在我们，不知道历史在这一刻能否往我们想的那个方向转折，但是我们非得干，这才是真英雄。

* * *

徐所长听得一脸茫然，说，我不这么讲，又该怎么讲呢？

秦研究员说，今天这种庆典场合讲讲辉格史很恰当，但如果要给下一任所长传授经验，可就不能这么讲了。你看今天台下听得如醉如痴的人，都不适合当所长。

徐所长点点头……突然又说：谁说要选所长了，我退休还早着呢！

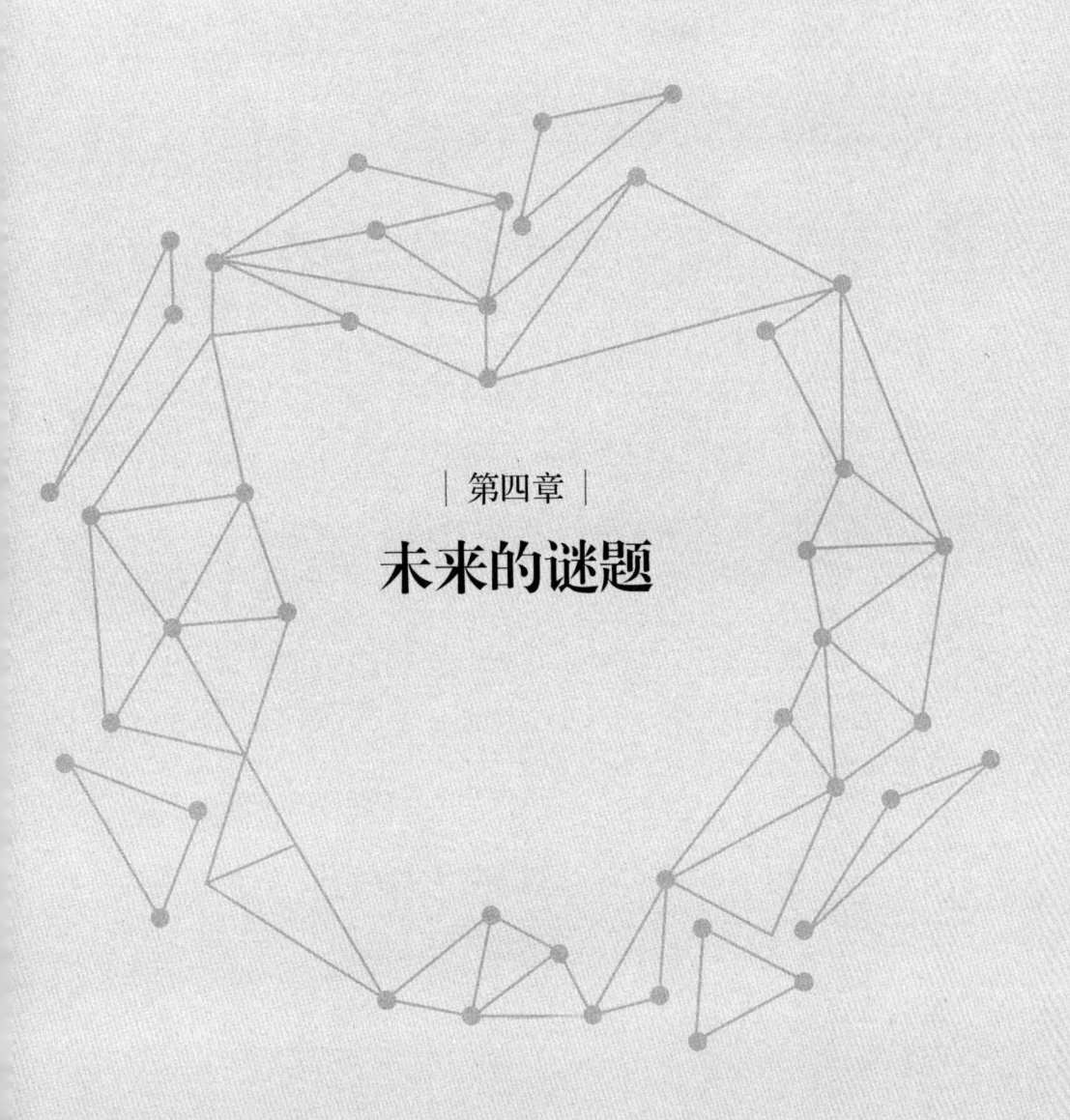

| 第四章 |

未来的谜题

我们对人工智能可能有点想多了

随着 AlphaGo 在围棋上轻易战胜人类世界冠军，近年来有关人工智能（AI）的话题越来越热。有一阵子媒体似乎得了"人工智能恐惧症"，做一些夸大的报道，让人感觉 AI 对人类的威胁已经迫在眉睫。

比如说 2017 年，Facebook 关闭了一个聊天机器人项目，这件事儿本来很正常，但是有些国内媒体对此的报道标题竟然是"Facebook 关闭'失控'AI 系统，因其发展出人类无法理解的语言"！报道说，Facebook 开发了两个聊天机器人，让它俩互相聊，想看看能聊出什么。结果两个机器人聊着聊着就不用人类语言了，它们似乎发明了一种自己的语言！Facebook 工程师已经看不懂它们聊天的内容了，担心这么下去可能会失控——也许两个机器人会演化出一个什么危险的技术毁灭人类——于是赶紧把插头拔了，终止了这个项目。

这个说法不仅仅是危言耸听，而且是胡说八道。事实是 Facebook 想用两个聊天程序模拟人类谈判的过程，事先的设定没有搞好，导致机器人说着说着说出来的话就不符合标准英文语法了——但并不是发明了什么新的"高效"语言——工程师完全理解他们的"语言"，都是一些低效率的、语法错误的话。

Facebook 关闭这个项目，并不是因为 AI 太强了超出了工程师预期。正好相反，是因为这两个程序的表现太弱了，没有达到预期，项目不值得继续进行[1]。

事实是，离毁灭人类的 AI 诞生还远着呢。没错，现在的 AI 已经在围棋上超过人类，已经能在某些情况下做出更好的医疗诊断、能在一定程度上实现机器翻译、能开车……但是距离对人类产生威胁还有本质的差距。

新东西往往是这样，刚开始出来的时候人们不怎么重视，一旦重视了就会过分重视。学术界——大概除当年的霍金——没有几个人相信 AI 对人类有迫在眉睫的安全威胁。

学术界的确曾经有很多人担心 AI 会导致人类的大规模失业。不过这个观点，最近这几年也慢慢冷静下来了。

我想，根据我所了解的情况，给你梳理一下学者们——特别是经济学家——对人工智能取代人类工作这个问题的认识演变。

关于机器取代人类工作的担心，从工业革命以来一直都有，但是历史给人类的一直都是同样的教训，那就是别担心——人类总会发明新的工作，无非是蓝领工作被机器取代，大量的人转去做白领工作。这个道理非常简单，本来严肃学者并不在乎什么人工智能对工作的威胁。

然而大约从 2010 年开始，问题变得严肃了。

* * *

2012 年，麻省理工学院的两个管理学教授，埃里克·布林约尔松（Erik Brynjolfsson）和安德鲁·麦卡菲（Andrew McAfee）出了一本书，叫《与机器竞赛》（*Race Against the Machine*），从经济学的角度，把人工智能取代人类工作这个问题严肃地摆在世人面前。2014 年，他们又出了第二本书，叫《第二个机器时代》（*The Second Machine Age*），说了类似的意思，这本书还被认为是近年以来最重要的一本商业管理类书籍。

让这两个人变得这么严肃的，主要有两个原因。首先是以前机器取

---

[1] "品玩"网有个很好的分析：《不好意思，Facebook 的 AI 并没有"失控"》，https://www.pingwest.com/a/127254。

代人，都是取代简单的劳动——比如说自动化生产线取代蓝领工人，或者自动提款机取代银行职员之类——而这一次人工智能要取代的是放射科医生、翻译，甚至是律师这种"高端"工作。

第二点，也是最重要的一个证据，是当时美国居高不下的失业率。两人发现，2008年金融危机导致的经济衰退，其实到2010年的时候就已经结束了，美国公司的利润率几乎已经是历史最高水平——只有失业率没有好转。所以两人判断，这是因为自动化！资本家用机器把活儿干了，不再需要那么多工人了。

这就是一个有点可怕的局面：自动化的确在帮助经济增长，但是大多数人享受不到，因为你的工作被人工智能抢走了，不带你玩了。

但是那是2012年。

今天再看，以我之见，这两人的话说得有点太早了。下面这张图是金融危机以后、截止到2021年2月底，美国失业率的变化情况——

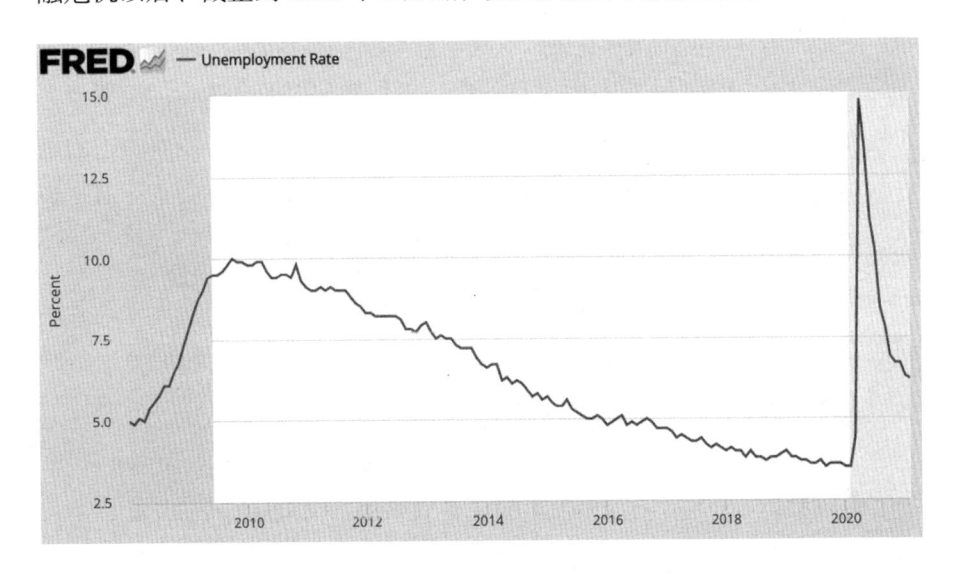

注意2020年3月以后那个失业率的暴涨是因为新冠肺炎疫情，那个咱们不论。单论之前的"正常曲线"，如果你站在2012年看，失业率接近8%，那的确是很高的，而当时美国经济的整体增长早就已经复苏了。所以布林约尔松和麦卡菲当时写书判断"机器抢走了人的工作",的确是一个很好的猜测。

可是谁能想到,此后失业率竟然是一路下降呢?在疫情之前的 2020 年 2 月,美国失业率只有 3.5%,那可是 1970 年以来的最好成绩。要不是新冠肺炎疫情,现在也许是发达国家就业状况最好的时期!人类的工作哪里被抢了?

但是经济学家的担心并没有停止。

* * *

故事还在继续。到了 2016 年,经济学家都承认当时失业率已经很低了。不过罗格斯大学(Rutgers University)的经济历史学家詹姆斯·利维斯通(James Livingston)有一个说法[1]。他说现在虽然失业率低,一般人都能找到工作,但是找到的都不是什么好工作。普通人的工资水平太低了。

造成这个局面不一定是因为自动化,更可能是因为全球化,美国工人面临发展中国家低工资工人的竞争。但是这个局面跟人工智能威胁论的逻辑是一致的,因为人工智能的确是取代某些办公室工作比较容易,但是取代园丁、餐馆服务员这样的体力工作反而比较难。

所以从长期看来,人们有理由继续担心人工智能。比如尤瓦尔·赫拉利在 2016 年出版的《未来简史》一书中就提到一项研究,列举了一系列高端工作,说这些工作终将被机器取代。

与此同时,乔治梅森大学的经济学家泰勒·科文(Tyler Cowen),贡献了另一种担心。科文在 2017 年的《自满阶级》(*The Complacent Class*)一书中有个重大观察。他说过去这几十年以来,美国的技术进步都是一些小打小闹、让生活更方便一点的东西,而不是真正能带来重大改变的突破。你要是这么看的话,现在问题根本就不是应该担心 AI 太厉害了,而

---

[1] James Livingston, Fuck work, aeon.co, Nov. 25, 2016.

是应该担心 AI 进步太慢了。

对低失业率的另一种解释是，人类已经适应了 AI 目前为止的冲击，人类已经找到了新工作。科文有一篇专栏评论是这么说的："在一个机器人主导的经济里，人类都成了市场营销者。"[1] 他认为现在人工智能的确没有大规模取代人的工作，但是人工智能改变了人的工作结构。人类工人正在从生产领域，向市场营销领域转移。

比如说自动提款机刚出来的时候，人们担心银行是不是要裁掉很多服务员？结果发现根本没有。现在满大街都是自动提款机，可是你走进银行，还是有很多笑容可掬的服务员等着为你服务。但是他们的角色变了——现在更多的是提供一种更人性化的服务，其中最重要的一项，可能是给你介绍理财产品。

机器更适合生硬的操作，市场营销需要理解人，所以人类在这方面似乎不用担心很快被机器取代。这听起来似乎挺不错，但是这里面有个问题。

科文注意到，现在一个企业用于市场营销的成本越来越高，等于说生产东西不重要，能卖出去最重要。工程师研发设计、工人生产都不怎么挣钱，大部分钱都被市场营销人员挣去了，那这么一来，真正的技术进步、真正的经济增长又在哪里？难道人类从此只能干"软"活了吗？

* * *

可能不至于。同样在 2017 年，几个德国经济学家发表了一篇论文[2]，重新评估了"自动化危险"，认为人工智能取代工作的能力其实没那么可怕。

这篇论文说，以前的经济学家估计人工智能会占领多少种人类工作，用的方法太粗糙了。前人动不动就算出来说各个领域会有一半的工作被自动化取代，但是这些计算方法没有考虑到，每种工作中都有一些任务是自

---

1 Tyler Cowen, In a Robot Economy, All Humans Will Be Marketers, Bloomberg, Jul 26, 2017.
2 M. Arntz et al., Revisiting the risk of automation, Economics Letters, July 2017.

动化不好取代的。

比如说财务人员、会计这些工作，他们干的大部分事情似乎是计算机算法很容易取代的。但是如果你仔细观察一个财务人员的日常工作，你会发现她也要灵活解决一些突发性的、出乎意料的小麻烦；她还可以发挥个人的影响力，帮你做些决策——这些事情都是机器所不擅长的。

还有，以前经济学家说年薪 30 万美元的放射科医生会被 AI 取代这种事情，也没有发生。事实是，放射科医生并不仅仅会阅读 X 光片，他们还有研究和创新的任务，而 AI 可没有这种能力。

考虑到这些，德国人计算，真正会被人工智能取代的工作种类比例，从原来有些人估计的 38%，下降到了 9%。

* * *

到了本书出版的 2021 年，人们对 AI 的态度已经从几年前的热情变得冷静了。我们看到了 AI 的更多应用，我们看到了 AI 在更多真实场景中的商业应用，AI 在现有的技术框架内已经相当成熟了，但是我们更看到了 AI 的局限。

一个重要的例子是 IBM 公司的人工智能项目，沃森（Watson）。沃森是一个大规模的智能专家系统，它动不动就号称读过一个领域所有的论文，拥有无比强大的知识和经验。它 2011 年一出道就在一个电视综艺比赛节目（*Jeopardy!*）中打败了人类选手获得冠军。几年之前，它就在医疗诊断方面取得了超过人类医生的准确率。人们曾经对沃森给予厚望，甚至认为它将会彻底改写医疗行业……

然而，在 2021 年 2 月，却传出了 IBM 有意把沃森项目整体出售的新闻。而很多以前对沃森充满热情的医疗机构，现在已经终止了跟 IBM 的合作。现实是，沃森遭遇了几乎无法克服的困难。

什么困难呢？就拿肿瘤诊断来说，如果是清晰的、定义明确的医疗诊断，沃森的准确度的确非常高，往往比人类医生高，确实是又快又好。但是对于非结构化的、简略的、通常是主观的病患信息——比如说医生写的治疗笔记或者出院总结——沃森很难做出好的判断[1]。事实上，它连看懂那些信息都很难。

而那样的信息，恰恰是医院里最常见的信息。那种信息占到了医疗信息的 80%。那你说沃森怎么可能抢走医生的工作呢？

沃森的问题非常典型，这是一个当前所有 AI 项目都有的困难。AlphaGo 下围棋很厉害，但是围棋恰恰是个"清晰的、定义明确的"项目，围棋有简单而明确的规则，围棋再怎么下也下不出花样来——围棋，不代表真实世界。

真实世界里的问题不是围棋。要理解当前 AI 的困难，我们先要了解它的原理。

---

[1] Sylvia He, The Hype of Watson: Why Hasn't AI Taken Over Oncology? Technologyne-tworks.com, Apr 17, 2020.

人工智能祛魅

大多数人并不真的理解人工智能究竟是什么，人们对这个技术有太多神话般的期待。这里我想用尽可能简单的语言，给你讲讲现代人工智能技术的基本原理，希望你能够就此理解它的种种局限性，这样也许你就能做出更好的应对。

人工智能（Artificial Intelligence，简称 AI），简单说，是让机器去做需要一定"智能"的事情。那么机器到底得有多智能，才能叫"智能"呢？

你一点火炉子就开始烧，一开开关排油烟机就开始转，一摁按钮秒表就开始计时，炉子、排油烟机和秒表都在为你做事，但是没有人觉得它们有智能。它们只是听命于你，它们做的是最简单枯燥的动作，它们自己没想法。

一个小学老师把 60 名学生的期末考试成绩输入计算机程序，一个命令之下，程序立即就帮她把学生按照总分排出了名次。这个工作如果让人做，可能又费时又容易出错，如果是没有受过教育的人可能根本就不会做，可是计算机程序做得又快又好。那你说这个可以叫人工智能吗？

语言名词都是社会约定俗成的——而按照当今学术界的约定，这不叫人工智能。这叫"算法"。排序算法是最简单、最初级的计算机算法，一个中学生稍微学一学编程就能给你写一个。如果你深入了解一下，那个给学生排名次的算法也只是一些机械化的、固定的、简单枯燥的操作。这种操作跟平常的机器没有本质区别,如果我们有足够的耐心、资源和时间,我们在理论上可以用木头制造一台靠水力驱动的、能完成排名任务的机器。

那你可能会说,不对啊,要这么说的话人也没有"智能"。难道人脑就不是一台机器吗?人脑跟机器有什么本质区别?难道说人有灵魂吗?

人脑的确也是一台机器。当前科学认为人脑跟排油烟机没有本质的区别,最底层都是一些物理上的操作,跟"灵魂"没关系。这里的意思是"智能"是个连续光谱:这一头是排油烟机,那一头是人脑,排序算法位于距离排油烟机比较近、距离人脑比较远的一个位置。我们说人脑有智能而排序算法没有智能,这只是一个约定俗成的、没有太多道理的说法。

但是,请注意,这个约定俗成的名词,"AI",可不是泛指,而是特指。现在它特指某一种类型的计算机智能。

广义的 AI,比如像科幻作品里那种像人一样什么都会、甚至各方面都比人厉害的智能,我们称之为"AGI"(artificial general intelligence,人工通用智能)。现在的技术水平距离 AGI 无比遥远,所以我们不谈论 AGI。

我们现在常说的、形成了各种商业应用的、被创业者和风险投资人热烈追捧的"AI",都是特指**一种**方法。有时候人们把这个方法叫作"大数据",有时候叫"深度学习",有时候叫"机器学习",有时候叫"神经网络",有时候叫"模式识别"……其实在数学上,所有这些名词对应的都是同一个意思——统计方法。

所以有个业内笑话说:用 Python 编程语言写就叫"机器学习",用 PPT 演讲稿写就叫"AI"。

咱们先说说 AI 的基本原理。

❶ AI 与数据

AI 并不能模拟人脑所有的功能。现在，科学家尚不知道人脑所有的功能。现在 AI 所能模拟的，是人脑的一种特定的功能，也就是模式识别。这是一个你可能日用而不自知的功能。

比如给你一张有小猫或者小狗的照片，你一眼就能识别出来其中那个猫或者狗，对吧？可你是怎么识别的呢？你能给"猫"这种动物下一个精确的定义吗？再比如说，下面图中这两个人[1]——

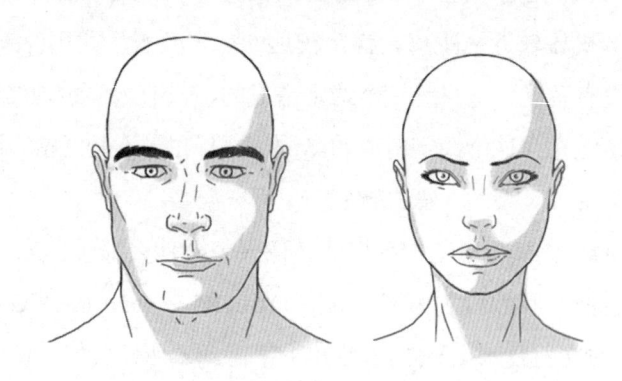

你一眼就能看出来，左边是一个男人，右边是一个女人。你是怎么看出来的呢？你可能会说女性长得更秀气一些——那什么叫"秀气"？是说眉毛比较细吗？是轮廓比较小吗？

你体会一下，这是一个非常奇怪的感觉。你明明知道猫长什么样，你明明一眼就能区分男性和女性，可是你说不清你是怎么看出来的。

这就是模式识别。现代 AI，就有这个"虽然说不清我是怎么识别的，但我就是能识别"的能力。这个能力通往非常强大的功能。AI 能看照片认人，能在各种路况中开车，能把语音转换为文字，能把文字翻译到另一种语言，能发现 X 光片中的疾病特征，能下赢围棋，能自己写文章……本质上都是靠模式识别。

就拿开车来说，或者直行，或者左转，或者右转，或者减速，或者刹

---

[1] 图片来自 design.tutsplus.com。

车……其实可以操作的行动就那么几种。行动是简单的，行动不是问题。真正的 AI 问题是在这么多可能的行动之中，选择哪一个——而选择来自对局面的判断，判断局面就是模式识别。

现在 AI 的模式识别能力非常之强，有时候简直是不可思议地强。为啥能这么强呢？因为它模拟了人脑的神经网络。

* * *

神经网络方法符合人脑的原理，但是一开始并不符合计算机科学家的直觉。以前想让计算机识别一个什么图形，科学家想到的直观方法是设定一些明确的规则。比如说如何识别三角形？三角形是有三个边、三个角的几何图形。那什么是"边"、什么是"角"呢？你又要进一步定义，比如你得先定义"直线"是什么。你必须把所有这些定义、定义的定义都用计算机能听懂的语言表述清楚，作为判断的规则，才能教会程序去识别三角形。

然而科学家很快就意识到，这条路走不通。一个是规则实在难以都说清楚，一个是规则好像是近乎无限多的。到底什么样的图形可以判断为是一只猫？猫和狗、猫和老虎有什么区别？你能全面说清吗？而且就算你能说清什么是三角形，你说的也是抽象的概念，那计算机又如何能判断照片中的一块不规则的蛋糕是三角形的呢？这实在太难太难了。

可是另一方面，我们人类从小就会识别各种物体，而我们可没用过什么明确的规则。我们一看就知道哪个是猫哪个是狗，我们对三角形能举一反三，我们不需要说清楚什么规则。

20 世纪 80 年代，计算机科学家特伦斯·谢诺夫斯基（Terrence Sejnowski）等人开始推广神经网络的思想[1]。有一次他去麻省理工学院访问，临场以一只苍蝇为题，发表了一段特别引人思考的讲话。

---

[1] 详情请见谢诺夫斯基的《深度学习：智能时代的核心驱动力量》（2019）一书。

谢诺夫斯基说，这只苍蝇的大脑只有 10 万个神经元，它消耗的能量那么低，但是它能看、能飞、能寻找食物还能繁殖。麻省理工学院有台价值一亿美元的超级计算机，消耗极大的能量，有庞大的体积，可是它的功能为什么还不如一只苍蝇？

在场的教授都未能回答好这个问题，倒是一个研究生给出了正确答案。他说这是因为苍蝇的大脑是高度专业化的，进化使得苍蝇的大脑只具备这些特定的功能——而我们的计算机是通用的，你可以对它进行各种编程，它理论上可以干任何事情，但实际上什么复杂事情也做不好。

这个关键在于，大脑的识别能力，不是靠临时弄一些规则临时编程发挥作用的。大脑的每一个功能都是**专门**的神经网络**长**出来的。那计算机能不能效法大脑呢？

谢诺夫斯基说，大脑已经给计算机科学家提供了四个提示。

第一个提示是，大脑是一个强大的模式识别器。人脑非常善于在一个混乱的场景之中识别出你想要的那个东西。比如你能从满大街的人中，一眼就认出你熟悉的人。

第二个提示是，大脑的识别功能可以通过训练提高。

第三个提示是，大脑不管是练习还是使用识别能力，都不是按照各种逻辑和规则进行的。我们识别一个人的脸，并不是跟一些抽象的规则进行比对。我们不是通过测量这个人两眼之间的距离来识别这个人。我们一眼看过去，就知道他是谁了。

第四个提示是，大脑是由神经元组成的。我们大脑里有数百亿个神经元，大脑计算不是基于明确规则的计算，而是基于神经元的计算。

这就是神经网络计算要做的事情。正是这个思路拯救了后来的 AI 研究。我们现在所有的实用 AI，都是基于神经网络计算发挥作用的。

* * *

下面这张图中表现的就是计算机用的两个神经网络[1]——

简单神经网络　　　深度学习神经网络

● 输入层　　● 隐藏层　　○ 输出层

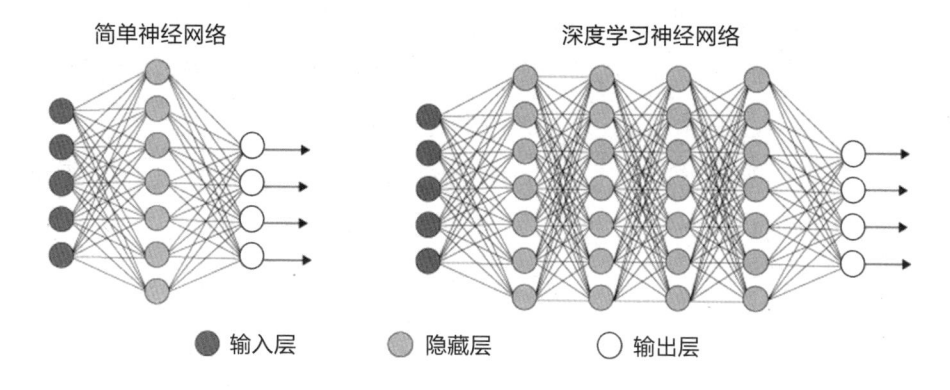

图中每个圆点代表一个神经元，神经元组成了从左到右若干个层。两个神经网络都由输入层、隐藏层和输出层组成。左边这个只有一个隐藏层，是简单神经网络，右边这个有多个隐藏层，就叫"深度学习"神经网络。神经网络有大有小，有的用几百万个神经元，分为好几十层，但是结构都差不多。决定一个神经网络识别知识的，是其中各个神经元的参数。

怎么调节那些参数呢？你要做的是"训练"。

比如我们要做一个能识别手写阿拉伯数字的神经网络[2]。给出一个固定大小、有几百个像素的图形，你如何知道其中的内容对应于 0～9 之中的哪个阿拉伯数字呢？比如说，你如何判断，下面图中是个数字"5"呢？

1　图片来自 Towards Data Science 网站，本书将英文进行了翻译。
2　关于这个例子的手把手详细操作，网上有个迈克尔·尼尔森（Michael Nielsen）做了个深度学习在线教程：http://neuralnetworksanddeeplearning.com/chap1.html。另见《精英日课》第三季，《学习一个"深度学习"算法》。

具体的过程非常技术化，这里就不细说了，我们说说大致的思路。首先你要把图形用一系列像素数字代替，作为神经网络的输入层。比如这张图的分辨率是 28×28，那我们就用 28×28=784 个像素值代表这个图。那么我们的神经网络的输入层，就有 784 个神经元。

将神经网络的输出层设定为十个神经元，代表数字 0 到 9。整个神经网络是下面这样的——

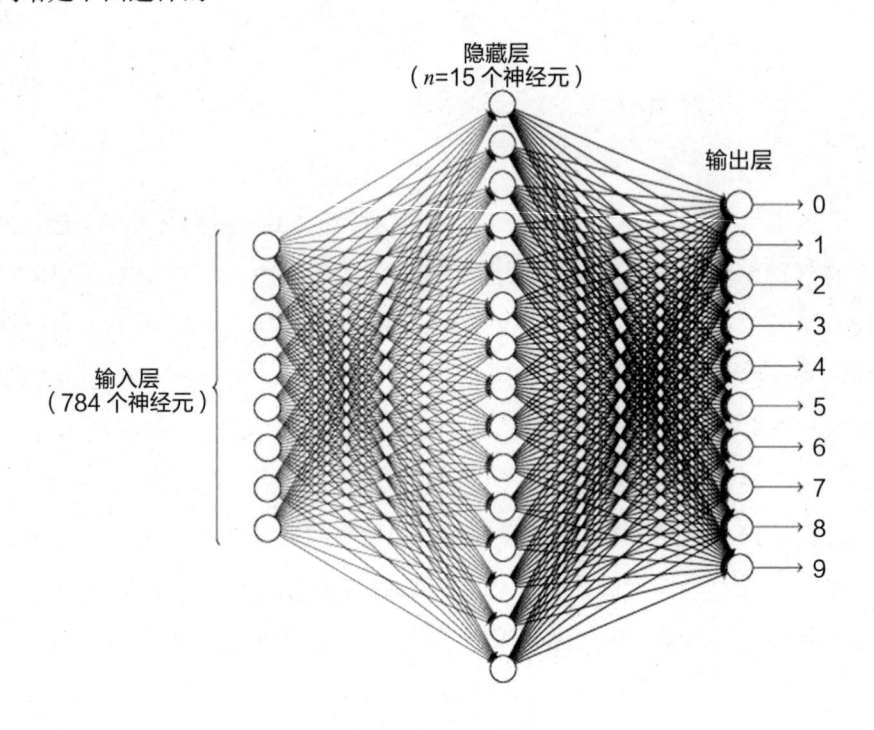

输入一张图形——也就是一组像素值——神经网络会经过中间层的传导计算，通过输出层发出一个信号。如果输入图形中是数字"5"，我们希望输出层代表数字"5"的那个神经元的数值最大。

首先，我们随机选定每个神经元的参数。如果输入图形"5"，结果输出的不是"5"，怎么办呢？这里有个关键技术叫"误差反向传播网络"，也就是通过输出值和正确答案之间的误差，反过来修改各个神经元的参数。

这样输入一次，跟正确答案对比一次，把各个参数修改一次，就叫完成了一次"训练"。

而数学家可以证明，随着训练的次数越来越多，你对参数的调整幅度会越来越小：那些神经元的参数会慢慢收敛到稳定的数值。这时候你这个神经网络就算练成了。

于是再来一个图形，你就能用这个网络算出来它代表哪个数字——而不再需要别人给的正确答案。

这就是"机器学习"的最基本原理。

对于复杂的图像，比如要从一张照片中找到一只小猫，或者识别房子的门牌号码，我们需要更复杂的神经网络。你需要增加很多中间层，还可能需要在层上再加层，使用所谓"卷积网络"[1]。随着层数的增加，训练会变得越来越困难，以至于现在包括华为和 Google、英伟达在内的一些公司都开发了专门用于神经网络计算的 AI 芯片。

但是万变不离其宗，所有 AI 都是模式识别，所有模式识别的方法都是机器学习，所有机器学习都是训练神经网络，所有训练都包括四个步骤：

1. 输入数据；
2. 用神经网络计算数据；
3. 把计算结果跟正确答案进行对比；
4. 根据对比结果修正神经网络的参数。

其中"正确答案"可以是明确的也可以是不明确的，学习方式可以分为"有监督的"和"无监督的"，但是基本原理都是用大量的数据训练神经网络。

这就是现在我们所谓的"AI"。

---

[1] 关于卷积网络算法的一个详细介绍见于 Timothy B. Lee, Deep Learning — How Computers Got Shockingly Good at Recognizing Images, arstechnica.com 12/18/2018。

❷ 数据是深度愚蠢的

了解了 AI 的基本原理，我们就可以讨论它的两个关键性质了。这两个性质也正是现在 AI 的两个致命缺陷。

第一个性质是，AI 其实并不**理解**它自己在做什么。

一切都只是神经网络的参数而已。为什么这样的一组参数识别的就是阿拉伯数字，那样的一组参数识别的就是几何图形？这个特定神经元的具体参数有什么意义？我们不知道。这就好像你用眼睛能识别到这本书中的文字，可是具体的识别过程是眼睛和大脑非常非常多个神经元配合的结果，我们不知道那些神经元是怎么一点一点地把眼睛里的光电信号转化为思想的。细节没有意义，我们只知道结果。

正因为细节没有意义，我们才能在不掌握任何明确规则的情况下，自动识别各种物体。你不需要知道自己是**怎么**看出来这个东西是个三角形的，你只需要能看出来就行。

那你说这有啥问题，这不很好吗？人脑不就是这样吗？人脑是这样的，但人脑不仅如此。我们下围棋不仅仅靠模式识别，我们使用了一些围棋战斗教条，比如"金角银边草肚皮""立二拆三，立三拆四""二子头必被扳"。我们是模式识别结合理解和推理，我们所做的并不是纯粹的模式识别。

但 AI 则是纯粹的模式识别。AlphaGo 下围棋，只会告诉你走在这里的胜率会更大一些，但是它不会告诉你**为什么**这里胜率大：它判断胜率大是因为它的神经网络输出了这么一个结果，它并不真的理解围棋。

神经网络本质上是个"黑盒子"。当神经网络判断这个图形代表数字"7"的时候，它利用了"7 的左下角都是空白"这个规律吗？你不知道。各种规律和规则都已经体现在了神经网络的无数个参数之中，可是没人知道哪些参数代表哪个规律。

这是神经网络的妙处，但这也是一个大麻烦。这意味着你没法跟 AI 讲理。AI 说你应该这么做。你说我不想这么做，我想那么做。AI 说不行，你必须这么做。你说为什么非得这么做？你有什么理由能说服我？AI 说我不知道，反正你就得听我的……你能接受这样的 AI 助手服务吗？

* * *

第二个性质是，AI 的行为本质上是由训练它用的数据决定的。

训练 AI 需要数据。不是任何数据都能用，必须得是有内容、有答案的数据才能作为训练素材。下面这张图是斯坦福大学计算机科学家李飞飞组织的 ImageNet 机器学习图形识别竞赛给参赛队伍提供的训练用数据。图中用彩色方框标记了四个物体：一个人、一只狗和两把椅子。这个标记工作是由人类完成的。现在有个新职业就叫"AI 数据标记员"，适合兼职，自己在家里就能做，只是工资不高。

李飞飞每年给 ImageNet 参赛者提供 **100 万**张这样标记过的图片。AI 优异表现的背后，是这样海量的数据。据我所知现在所有的 AI 算法都是公开的，AI 的训练方法不是秘密，各大 AI 公司比拼的真正竞争优势，是谁拥有更多、更好的数据。

那么很多人据此认为，数据就是新的石油——而既然中国有全世界最大的中产阶层消费人群，这些人群会产生最多的数据，所以中国必将是 AI

最强国……但是我对此有不同的意见。我认为数据不是石油。

石油是一种通用的、不会过期的资源。数据不是。

现在各个有志于自动驾驶的汽车公司都在搜集路面交通数据，用于训练自己的 AI。他们的方法是，让汽车在大街小巷到处开，熟悉各种路面、天气和交通状况。这些数据不是通用的。一个 AI 在美国积累的"驾驶经验"再丰富，也不能直接在中国上路。这是因为中国的交通信号、交通法规、道路设计、行人和自行车的运动习惯都跟美国截然不同。一个美国人类司机可以在中国开车，但是 AI 不是人类，它没有思考能力，它做事只凭经验。不用说中国，对 AI 来说，英国、德国都跟美国很不一样。

这就意味着 AI 的训练数据没有很高的交易价值。你必须对每一个不一样的地区专门重新做有针对性的训练。除非一个美国公司想在中国做生意，不然中国消费者的购物习惯数据对它没有太大意义。

而且今年的购物习惯数据对明年也可以没有太大意义。流行趋势和人的行为习惯都会变的，今年的经验未必适合明年。这就是为什么"大数据"不能用于预测一部电影会不会大卖。有人曾经以为 Netflix 拍电视剧《纸牌屋》是用大数据算出来的，其实根本不是。出色的剧情都是编剧创造的结果——而再厉害的编剧也不能保证自己的下一部作品一定火。世界上根本就不存在"一定火"的配方，因为要想"火"，你这个作品首先就得是一个**跟以前不一样**的东西——而 AI 做出来的，本质上是**跟以前一样的东西**。

在有一种情况下，AI 不需要外界给数据。最初的 AlphaGo 学习围棋是使用了真人对战的棋谱做训练，但是到了 AlphaGo Zero 这一步，AI 已经能从零开始，用自己跟自己下棋的方式，完全自学围棋。这样练成的 AI 不受任何人类的经验束缚，可谓是"终极"学习法。但是请注意，这个 AI 仍然是基于经验的——只不过它用的是自己摸索出来的经验。其实同样的方法在理论上也可以用于比如说自动驾驶 AI，只不过城市交通比围棋复杂多了，而且摸索训练的成本太高。

数据并不神秘。数据不是 AI 的动力，而是它的限制。

AI 的这两个特点——不理解自己在做什么，做什么都是模仿以往的经验——大大限制了它的能力。

* * *

有很多学者并没有充分认识到 AI 的局限性。像当红的尤瓦尔·赫拉利，在《未来简史》《今日简史》这些书中谈论未来，凡是谈到 AI，都将其当成了近乎无所不能，即将全面取代人类工作的超级智能。那其实是科幻小说水平的认识。那样的认识只会让人虚妄地期待和无端地害怕。

头脑最清醒的是那些在 AI 研发第一线工作的科学家和工程师们。他们列举了现在 AI 的种种缺陷。

因为不理解自己做的事情，AI 没有道德感。一辆自动驾驶汽车遇到危险，到底是应该优先保证车内乘客的安全，还是应该优先避让车外的行人？这样的问题必须由人类手动设定。可是你怎么设定呢？是让 AI 先看看哪边的人多吗？是看谁是儿童和女性吗？是根据死亡相对于受伤的概率大小决定吗？你事先的设定再详尽，也不如到时候具体情况具体分析。

再比如说，一个汽车厂商告诉你，我们这个车是讲道德的，我们的自动驾驶系统在危险情况下一定会首先确保行人的安全——请问这样的车你会买吗？我如果要牺牲我自己，必须是我自己的决定。我不能让汽车替我做决定！万一我临时不想死怎么办？万一汽车判断错了怎么办？我不想开一辆在某种情况下会牺牲我的车。

因为训练完全依赖于以往的数据，AI 天生就具有歧视的特点。美国的统计数据表明黑人的犯罪率更高，那么当 AI 试图判断一个人犯罪的可能性的时候，黑人一定就会吃亏。人类警察也许会从临场的蛛丝马迹中做出更好的判断，比如这个人虽然是黑人，但是他的行为看上去没有危险性，他的表情很友善——AI 不是不能考虑这些，但是它的训练数据决定了它不可能全面考虑所有的因素，因为大多数因素都是平时不可见的，根本就没有在训练素材上标记出来。

如果一个男人站在厨房里,他就很有可能被 AI 识别为女人——毕竟对大数据来说,女人在厨房出现的可能性更大。快下雪了,市政当局在公路上预先洒下了盐,形成"盐线",特斯拉汽车的自动驾驶系统没见过这样的线,结果就发生了功能紊乱。

这个原理是**经验最怕意外**。训练用的数据再多,也难保在实际应用中遇到意外情况。路边有几个小孩在追着一只鸭子跑,AI 能预测孩子的运动轨迹吗?激光测距仪万一失灵了怎么办?路上有个交通标志牌写得不规范怎么办?一辆自动驾驶的汽车也许在 99.9999% 的情况下都能完美运行,可是那 0.0001% 的意外我们也受不了。2016 年,就有一辆特斯拉轿车在自动驾驶状态下把前方一辆白色卡车给误判成了天上的白云,因而发生车祸,导致驾驶员死亡。

那你说我们多考虑一些意外情况行不行?当然可以。但那是没有办法的办法,这意味着训练用的数据量必须大到不可思议、不切实际的程度。

事实是,现在各家的自动驾驶技术都到了"平时能用一用"的水平,但是都远远没到值得信任的水平。AI 在可以预见的将来都不太可能彻底代替人类驾驶。

最近几年,科学家不但没有发现 AI 的更多希望,反而找到了 AI 的更多"命门"。

比如说图像识别。我们知道现在基于卷积网络和深度学习的图像识别已经非常强大了。智能监控摄像头会自动识别人脸,而为了识别人脸,它必须知道图像中哪个东西是"人",对吧?2019 年,比利时鲁汶大学的几个人发明了一种彩色图形[1],可以骗过 AI 识别。你只要把这个图形打印到一张纸上——不用太大,差不多是一张 A4 纸的那么大,然后把这张纸挂在身上——不用蒙住脸,挂在肚子上就行——AI 就不会把你当作"人"。

---

[1] 智东西,《神奇贴纸骗过 AI!人类被"隐形",智能监控的危机来了?》,参见 https://zhidx.com/p/146179.html。

再比如说[1]，一个男性研究者戴上一副特殊的眼镜，AI 就把他识别成了一个著名女演员。

1　以下几个关于 AI 缺陷的例子和图片来自梅拉妮·米歇尔，《AI 3.0》（2021），英文版书名是 *Artificial Intelligence: A Guide for Thinking Humans*（2019）。

还有，一张普通的、其中有一辆校车的图片，研究者只要稍微做一点调整，你用肉眼完全看不出来有什么毛病的情况下，AI 却把它识别成了"鸵鸟"。

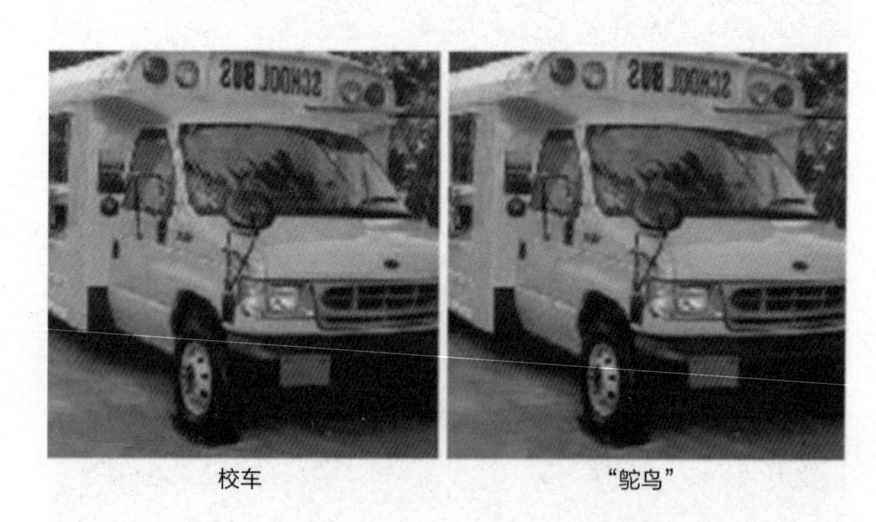

校车　　　　　　　　　　　　"鸵鸟"

这些都是怎么回事儿呢？因为 AI 的图像识别都是从细节入手的。AI 并不像人眼这样看图先看个大概轮廓，它不知道物体占图像面积的比例是多少，它必须注意图中哪怕很小的物体。而人眼忽略掉的一些细节，在 AI 那里却是至关重要的特征结构。

据计算机科学家梅拉妮·米歇尔（Melanie Mitchell）在 2019 年出版的《AI 3.0》一书，她组里有个研究生，自己用现成的图形库训练了一个能判断"这张照片中有没有动物"的深度神经网络。这个网络的准确度非常高，但是研究生仔细研究之后，发现一个大问题：原来那个网络是通过"照片中有没有虚化的背景"来判断其中有没有动物的。这纯粹是因为在那些训练用的照片中，如果有动物，摄影师会聚焦在动物身上，背景就是虚化模糊的，没有动物的时候背景就是清晰的。那个 AI 把背景是否模糊当作了判断有没有动物的标准，这非常有效率，但是这真的没有实际用处：换一组不带虚化（即景深很深）的照片，它就失去了正确的识别能力。

而因为 AI 自己都说不清自己的判断标准——别忘了它只有一大堆神经网络参数——你要不测试就永远都不知道它漏掉了什么。

归根结底，这里面的深层原因是，AI 不理解它看到的各个元素之间的逻辑关系。AI 只有经验，而经验是由训练素材决定的。有研究发现只要换机器人去房间里各个地方随机地拍照片——而不像人类摄影师那样选择合适的角度拍——AI 就很难识别这些照片中的东西：因为它们没见过这么拍照片的。

所以 AI 哪里聪明了？AlphaGo 下围棋厉害那只是凭借无穷的经验和无穷的蛮力在计算而已，那不叫聪明。现实是 AI 不但不是聪明得离奇，而且是笨得离奇。

AI 不理解它做的事情。AI 只有经验。AI 本质上是用一堆数据喂养出来的，它表现的好与坏、它在什么情况下能有什么表现，完全取决于那堆数据。而美国计算机科学家和哲学家朱迪亚·珀尔（Judea Pearl）有一句名言[1]——

数据是深度愚蠢的。

这根本不是什么"人工智能"，这是"人工不智能"。

❸ 人工怎样智能

现在你到全世界任何一所大学学习人工智能，你学到的一定是我们前面讲的这些东西：数据、神经网络、深度学习、卷积算法，没别的。现在投入实际应用的只有这一套，这就是 AI。但是你看到了，这一套根本走不远。其实科学家一直在探索让机器真正拥有人的智能——或者至少是比统计方法更智能——的方法。这里咱们说三个比较热门的、有希望的方向。

第一个方向是让 AI 学会因果关系。

犯罪嫌疑人开枪，受害者死亡，开枪是因，死亡是果，这在我们人类

---

[1] 英文原话：Data are profoundly dumb.

听起来非常简单——但是 AI 可不懂这个。首先，你这只有一个数据，不能说明什么，也许纯属巧合。再者，如果不开枪，受害者就不会死吗？计算机无法判断，因为它不理解人为什么会被枪打死。

严格来说，计算机是对的。因果关系只是我们人类方便思维的一种模型而已。关于这个世界上到底有没有真正的因果关系，哲学家们有过激烈的争论[1]。但是因果关系对我们做出决策判断非常重要，掌握了因果关系，我们不需要什么数据和训练就能做出正确判断。

朱迪亚·珀尔提出[2]，只要掌握因果关系，计算机就能回答三个问题：

1. 观测：这件事儿发生了，那件事儿是否也跟着会发生？
2. 干预：我采取这个行动，会有什么后果？
3. 想象：如果当初我没有这么做，现在会是怎样的？

能回答这三个问题，AI 才真正可以去做决策。珀尔和很多研究者发明了基于贝叶斯方法的因果关系传递网络，使用这个网络编程，可以让 AI 至少看起来能理解距离可能很遥远的两件事情之间的因果关系，从而做出明智的判断。

但是我估计，这个路线未来最适合的应用场景大概是一些特定领域的"专家系统"，比如说医疗。它的判断范围将会非常有限。如果放在一个不设限的真实世界中做决策，AI 就必须理解环境中可能出现的各种东西，而那些东西的因果关系实在太多太复杂了。这就必须结合第二个方向。

* * *

---

1 这里我们就不细说了，详情请看《精英日课》第四季，《科学思考者》系列。
2 Judea Pearl, The Book of Why: The New Science of Cause and Effect(2018)，另见《精英日课》第二季解读。

第二个方向是让 AI 有"常识"。

常识，是我们日用而不自知的知识，是"隐性知识"（tacit knowledge）。一个最好的例子来自计算机视觉专家安德烈·卡帕蒂（Andrej Karpathy）[1]，请看下面这张照片——

照片中是几个穿着西装的男子，其中一个是美国前总统奥巴马。有个人在体重秤上站着称体重，其他人都微笑地看着他。

你用不了一秒钟就能理解那些人为什么笑。称体重的那位老兄不知道，站在他身后的奥巴马正在用脚压那个体重秤——这样会让他称到一个更重的重量。你能看出来所有人的笑都是友善的。你设想，可能大家觉得这个玩笑很好玩，也可能是大家觉得奥巴马以总统之尊开这个玩笑，这件事儿更有意思。

现在我们的问题是，AI，得发展到什么程度，才能看出来这张照片的"有意思"？

卡帕蒂说我们距离那一天非常非常遥远。这张图只是一组很短的二维

---

[1] Andrej Karpathy, The State of Computer Vision and AI: We Are Really, Really Far Away. Oct 22, 2012, http://karpathy.github.io/2012/10/22/state-of-computer-vision/

颜色数列而已，可是它代表的是人类知识的冰山一角。

为了看懂这张照片，你得知道体重秤是干什么用的，你得知道施加压力能增大体重秤的读数，你得知道为什么这个事情会让人笑，你得知道奥巴马是谁等。一个还没上小学的人类儿童都能看明白这张照片，而她的知识就已经太多了，多到计算机科学家不知道怎么才能让 AI 掌握的程度。

怎么才能教会 AI 所有这些常识呢？现在有人正在尝试一个硬办法。Cycorp 公司有个项目叫 Cyc，就是打造一个专门针对 AI 的人类常识系统。Cyc 中的一些常识是下面这样的——

- 一个实体不能同时身处多个地点。
- 一个对象每过一年会老一岁。
- 每个人都有一个女性人类母亲。

…………

然后 Cyc 还会基于这些常识做逻辑推理。比如，如果你告诉它现在你在北京，它就知道你不在哈尔滨。可是这里面有个大问题。

像这样的常识，都是我们都知道——可是我们**不知道**我们知道——的知识。你知道你会多少条常识吗？你能把它们一条条地都写出来吗？你不知道，也不能。Cyc 系统中像这样的常识已经有了 1500 万条——我都不知道那些研究者是怎么列举出来这么多的——而据 Cycorp 公司判断，这个数值还只是最终所需要的常识总数的 5%。

这条路想一想都无比困难，而且这不是又回到了发明神经网络算法之前的设定无穷规则的老路上了吗？

可是问题来了，让 AI 有智慧这么难，那我们人类为啥这么有智慧呢？我们人类的小孩也没整天都学习，怎么好像突然间就什么都会了呢？这就引出了第三个，也是最重要的研究方向。

* * *

第三个方向是让 AI 进一步模仿人的大脑。

我们现在并不真的理解大脑。过去这 30 年间,脑科学有了巨大的进步,现在脑科学是最活跃、最易出成果的研究领域,但是我们对大脑仍然知之甚少。我们不知道大脑是如何从神经元的微观连接组合形成宏观的情绪、想法和思想的,我们不知道"意识"到底是怎么回事,我们并不完全知道人类是如何学习的。

但我们的确知道一点。我们知道,尽管 AI 模仿了人脑的神经网络,但是人类的学习方式,跟 AI 非常不同。

法国心理学和认知科学家斯坦尼斯拉斯·迪昂(Stanislas Dehaene)一直在研究人脑的学习原理,他提出,相对于 AI,人脑有几个特别的学习优势[1]。

人脑学习不需要大数据。妈妈指着一只蝴蝶告诉女儿:"这是蝴蝶!"一句话就够了。女儿只学这一次,就能知道什么是蝴蝶。人脑善于理解抽象概念。给你看一眼字母"A"的样子,你记住了,下一次看到换了字体的字母"A",哪怕变成英文花体字,你也能立即识别出来。你抓住了字母"A"的抽象内涵。人脑善于类比,给你一个例子,你就能照着做出别的应用,你举一反三。人脑善于传递知识。你买个烤面包机,自己看说明书学会了怎么用,然后给你妈妈也买了一个。她收到之后你给她打电话,三言两语就能教会她怎么用。人脑还有一套内在的思想语言,能让我们进行逻辑推理。

这些能力,AI 都没有。为什么人脑这么厉害呢?因为人脑有一套特定的学习方法。我们总是在暗中猜测、总结和运用世界的规则。我们是主动学习。比如妈妈指着一只小狗对孩子说,"dog",请问这是什么意思呢?

孩子不需要分析 100 万个妈妈的大数据。这一次互动,他就立即有了

---

[1] Stanislas Dehaene, How We Learn: Why Brains Learn Better Than Any Machine… for Now(2020),另见《精英日课》第四季解读。

自己的猜测。也许妈妈的意思是所有的狗都叫 dog，也许是这只小狗的名字叫 dog。然后他等着找机会验证。

换个场合，妈妈指着另一只狗，又说了"dog"——孩子立即就明白了，dog 这个词是泛指所有的狗……当然严格说来这个结论并不严格，但是孩子还可以在下一次训练中再修正自己的猜测。

发展心理学家叫艾莉森·高普尼克（Alison Gopnik）认为孩子这个学习方法暗合了科学家思维。你看这不就是提出假设、验证假设、总结规则吗？这种学习方法是最快的。

那么孩子为什么会这个方法呢？他们怎么学会的逻辑推理的呢？当前科学理解是，这可能是天生的。孩子一出生的时候，大脑并不是一块空白的白板——我们的大脑中已经由基因预装了逻辑能力、一定的物理知识和数学知识、从声音中提取语言的能力，甚至包括道德的直觉。本书前面讲"人的正义思想是从哪里来的"，说的就是大脑预装了道德模块。

AI 可没预装这些能力。那怎么才能给 AI 提供这样的能力？现在有研究者正在试图用计算机模拟一个完整的人类儿童的大脑，但是目前所有的工作仍然很初级。对我们来说，在未来很长的时间里，大脑都是这个宇宙最神奇的东西。

所以说"智能"，哪有那么容易。先别太担心 AI，当今这个世界值得我们操心的事儿实在太多了。

如果想法挖掘越来越贵……

我有一个关于我们这个时代的坏消息。2020年以来，你已经听到太多坏消息了，我这个没有那么紧急……但可能是更坏的消息。

几年前，关于中国要不要花钱建设一个新一代基本粒子实验装置——叫"环形正负电子对撞机"（CEPC），引发了很多争议。特别是杨振宁先生提出了反对，他的理由是"盛宴已过"，花这个钱不值得。而很多现役的物理学家和科学爱好者则认为物理研究代表大国实力，这个钱应该花。《精英日课》专栏的很多读者问我怎么想。

我支持杨振宁的意见，而这个事儿的结果也是国家决定不建，但是这不重要。重要的是，用对撞机和加速器这些实验装置研究基本粒子物理学，本质上是一个比特币挖矿游戏——你的投入会越来越多，你的产出会越来越少。而这个规律也适用于其他创新领域。

我们将来会遇到一系列类似这样的选择，你自己在生活中也会面临同样的选择，你也可能会像杨振宁一样，不得不做出自己不喜欢的决定。

咱们中国人对未来最乐观。我们习惯了经济不断增长，我们习惯了每一代人的生活都比上一代人好，我们习惯了为未来投资都是值得的，我们习惯了科技改变生活，我们习惯了只要付出努力就能有相应的回报。

但是你想过没有，世界没有义务是这样的。

* * *

人类因为技术进步而获得经济高速增长也就是最近这 200 年的事情，历史上的常态是，所有人辛辛苦苦地劳动也只能换来非常有限的财富。中国经济高速增长也是最近这 40 年的事情，而中国是个发展中国家——发达国家的常态是每年能涨个 2% 就已经谢天谢地了。

我们没有任何理由相信有什么东西应该一直都增长。特别是高速增长，那就更像是不可持续的。

经济学家早就知道，如果你不是一穷二白的发展中国家，那么靠增加投资和增加劳动力拉动的经济增长就是有限的。长期看来，经济增长的真正驱动力，只有技术进步。

那也就是说，技术如果停止进步，世界经济就会迅速到达一个平台而不再增长。有很多人担心技术停止进步，比如泰勒·科文写过《自满阶级》和《低垂的果实》两本书，认为美国的技术进步正在陷入停滞。我们对此感受不深，因为现在技术进步的速度似乎仍然是挺快的。

但是这里面有个重大隐忧。斯坦福大学和麻省理工学院的四位经济学家，通过一系列的数据分析，告诉我们一个坏消息[1]：

技术进步的总体速度似乎没变，但是技术进步的**成本**，却是越来越高了。

这项研究的关键思想可以用一个公式来概括——

经济增长率 = 研究生产率 × 研究者人数

而现在的局面是，研究者人数越来越多，但是研究生产率却是越来越低了。你仍然能维持一个看起来不错的经济增长率，但是你付出的代

---

[1] Bloom, Nicholas, Charles I. Jones, John Van Reenen and Michael Webb (2017) "Are Ideas Getting Harder to Find?" NBER Working Paper No. 23782. 全文在 https://web.stanford.edu/~chadj/IdeaPF.pdf

价——也就是技术研发的成本——却是越来越高。这样的研发是不可持续的。

比如说摩尔定律。这是一个非常著名的规律，说一块芯片里晶体管的个数，每 18 个月增加一倍。这么多年以来一直都有人怀疑摩尔定律是不是要到头了，但是半导体工业一直发挥稳定，芯片仍然在持续进步。咱们看看下面这张图，从 1971 年到 2011 年，一块芯片所包含的晶体管个数一直在稳定地指数增长，大约每年增长 35%（图片来自 Bloom 等人的论文）——

The Steady Exponential Growth of Moore's Law

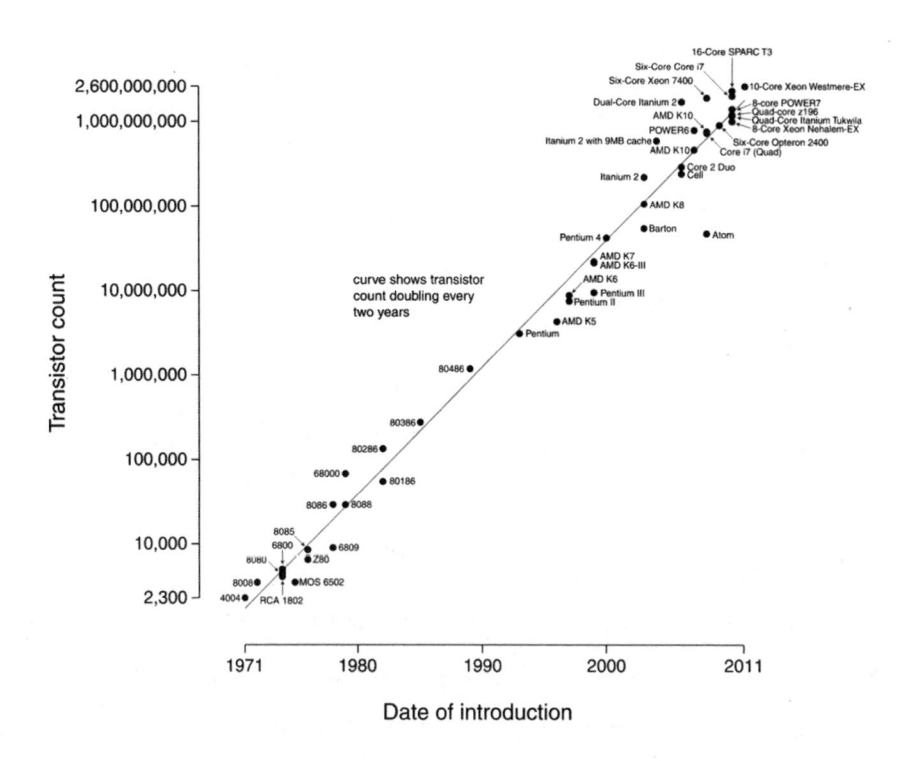

这真是令人赞叹。你要是单看这张图，确实看不出来芯片研发面临什么困难，摩尔定律并没有要失效的迹象！但是这个增长图掩盖了一个问题。

那就是研发的成本。新技术不是从天上掉下来的，芯片工艺从几十纳米到 10 纳米，到 7 纳米，到 5 纳米，每一步都可能面临很不一样的物理学和制造技术难题，你需要投入大量的资金和研究人员。咱们单说研究人员的人力。

下面这张图表现了从 1971 年到 2014 年，为了保证晶体管密度按照摩尔定律稳定增长，半导体工业投入的有效研究者人数的变化——

Data on Moore's Law

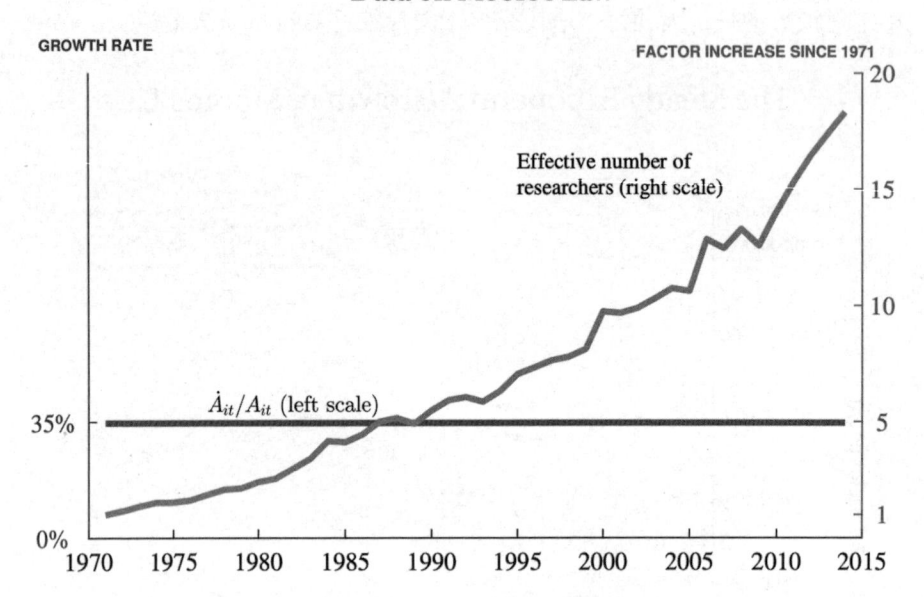

40 多年间，研究者人数扩大了 18 倍。

请注意，这些人是研究者不是生产者，他们的任务就是让晶体管密度增长。如果 40 多年前把晶体管数目提高一倍需要 1000 个人研究，而做研究的难度不变，那么今天再把晶体管数目提高一倍，应该也只需要 1000 个人，研究者人数应该不变才对。

可是完成同样的技术进步，今天需要的人数是过去的 18 倍——这说明每个研究者的生产率降低了 18 倍。如果不是这些研究者跟以前的人相比变笨了，那我们只能说现在做研究的难度增加了 18 倍。

考虑到研究人数的变化，过去这几十年来，各个主要领域的研究生产率都在降低。比如说农业，现在有科学育种、有更好的化肥、有转基因技术等，农业产量确实在进步——可是你投入的研发人数也增加了。这四位经济学家估计，育种方面的研究生产率大约每年下降 5%，而农业整体的研究生产率每年下降 3.7%。

医疗业也是这样。是，随着医学研究的进步，现在的医生面对癌症和心脏病有了更多的办法，病人更有希望了，病人的死亡率有所下降。但是这个进步是多大的代价换来的呢？美国每年往医学研究上投入天价的科研经费和海量的研究人员。现实情况是，病人死亡率下降很少，而研究人数增加很多——综合而论，医学研究的生产率，平均每年下降高达 8% 到 10%。

咱们再看制药业。美国制药业有个著名的"Eroom 定律"——这个词是把摩尔定律的"Moore"反过来写，所以叫"反向摩尔定律"：从 1950 年以来，研发一种新药的成本，每九年翻一倍[1]——

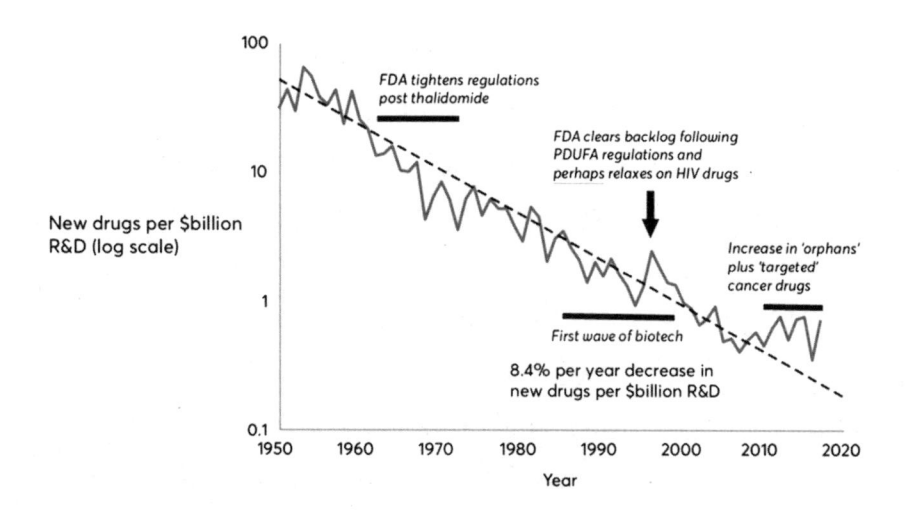

也是越来越贵。那要是按照这个趋势走下去，将来我们还搞得起新药研发吗？

过去 100 年间，美国的 GDP 增长率，每年都差不了多少，这主要是

---

[1] Scannell, J., Blanckley, A., Boldon, H. et al. Diagnosing the Decline in Pharmaceutical R&D Efficiency. Nat Rev Drug Discov 11, 191–200 (2012)，参见 https://doi.org/10.1038/nrd3681。

科技创新的贡献。另一方面，美国参与创新的研究人员一直都在增加，创新已经从少数人的贡献变成了很多人的职业，美国是个创新国家。但是你把这两件事儿放在一起考虑，问题就出来了——

创新水平没有增加，创新人数大大增加，这岂不就是说创新越来越难，创新者的生产率越来越低吗？

四位经济学家估计，美国的研究生产率，平均每年下降 5.3%。这就意味着，要想保持同样的 GDP 增长率，美国必须每 13 年就把研究人员的总人数增加一倍。

不可能有一天让所有美国人都去搞科研吧？这样的研发显然是不可持续的。

* * *

你看这个局面像不像挖比特币。比特币是人们用算法挖掘区块挖出来的。这种东西刚出来的时候，你拿个最土的个人电脑自己挖，也能随便就挖到好多个比特币。后来慢慢地人们就开始用挖矿专用计算机——"矿机"——去挖，现在用矿机也越来越贵，光是消耗的电费都已经跟得到的比特币的价值相当了。

这是因为中本聪故意把比特币设定成越来越难挖——每挖出 21 万个区块，比特币的发行速度就会降低一半。你挖掘比特币的投入产出比会越来越低。这个设定是人为的，目的是让比特币保值。

而现在我们看到，如果你把创新看作是对"想法"的挖掘，那么这就正好跟挖比特币一样。

没有人故意设定成这样，但是挖"想法"，现在越来越贵了。

* * *

咱们再看物理学。从卢瑟福那个时候开始，物理学家为了研究粒子的内部结构，就必须使用加速器或者对撞机把粒子加到高速，去撞击。而这个"游戏"越来越贵。卢瑟福发现了原子核，对人类知识是多大的贡献？研究经费才 70 英镑——注意是 **70**，不是 **70 亿**英镑。

然而等到 20 世纪 60 年代末，美国准备建设费米实验室，却要花费几**亿**美元建造一个加速器，这就已经到了需要动用国家力量的程度。为了说服政府花钱，有些人把费米实验室和国防联系起来，国会要求物理学家罗伯特·威尔逊（Robert R. Wilson）谈谈搞这个研究跟国防有什么关系，威尔逊说："它跟保卫我们国家没有直接的关系，只不过它能让我们国家更值得被保卫。"

这真是物理学家探索未知世界的伟大情怀！结果费米实验室不负众望，果然做出了发现底夸克和顶夸克、发现 τ 中微子等一系列成果——这些成就虽然没有什么经济价值，但是都是可以进教科书的重大突破，只不过跟卢瑟福发现原子核恐怕还是不能比的。

那好，等到进入 21 世纪，大型强子对撞机（LHC）的花费高达**上百亿**美元，它得到了什么呢？它**验证**了几十年前物理学家对希格斯玻色子的猜测。这甚至都不是一个知识上的进步，它只不过再次告诉我们，现有的物理理论——"标准模型"——是对的。

基本粒子物理学的投入以数量级的方式增加，可是产出却是以数量级的方式减少。

这不只是"盛宴已过"的问题。这是以后每一餐都会变得越来越少、越来越贵的问题。

费米实验室那是真情怀，是真正的国力象征。我们中国这时候再建一个对撞机，自然是要争论的了。

情怀不是无价的。知识不是无价的。就算我讲情怀，我要积极探索未知世界，那我是不是也应该好好算一算，把有限的资金投入到更有可能出成果的方向上去呢？我搞太空望远镜行不行？我发射探测器研究暗物质和暗能量行不行？我研究人工智能、攻克阿尔茨海默症行不行？我为什么非得盯住这一个明显已经是边际效应递减的方向呢？

而现在最可怕的故事是，也许所有方向都陷入了同样的困局。

* * *

为什么现在越来越多的人在搞研究，搞出来的研究结果却还不如以前的重要呢？斯坦福大学和麻省理工学院的论文出来之后，人们分析了很多原因[1]。有人说是不是有金融危机的影响？他们这个统计是不是忽略了数字经济？是不是没有考虑基础研究的占比？在我看来那些局部的、临时性的、技术性的因素，并不影响大局。

根本的原因，恐怕还是低垂的果实已经摘完了。而就研究结果的经济价值而言，低垂的果实不但更好摘，而且也更好吃。搞研究是一个边际效应递减的事情。

一个领地刚刚开辟的时候总是最容易拿到成果的时候，最好的东西往往也是最显眼的。就好像孙悟空进了蟠桃园，一开始根本就不用费劲，最大最甜的桃子随便拿。等到好摘的桃子都被摘完了，剩下的就都是又小又难吃，而且又不好找的。

传统农业主要靠农田水利。只要庄稼有人管，水给足，集中种植，弄点农家肥，产量基本上就差不多了。你再多付出三倍的劳动力搞精耕细作，产量也未必能提高 30%。植物的收获对耕作劳动越来越不敏感。

要想再获得真正的进步，必须开辟新维度，比如说搞化肥。化肥对产量的影响真是决定性的，但是研究化肥的难度比琢磨怎么怎么精耕细作可难太多了，根本就不是一个层面、不是一个时代的事情。那么现代农业已经普遍用上了化肥，你想再让产量继续提高，可就没那么容易了。你投入很多人力物力搞研发，搞了转基因，结果产量再也没有那么大幅度的提高。

现代医学对人类健康最大的贡献是发现了像青霉素、链霉素这些抗细

---

[1] John Horgan, Is Science Hitting a Wall? 参见 https://blogs.scientificamerican.com/cross-check/is-science-hitting-a-wall-part-1/。

菌类的药物。那真是药到病除、救人无数。它们治疗的是过去最常见的也是最容易死人的病，它们把人的预期寿命提高了一大截。

把细菌的问题解决了，现代人的最主要死亡原因是心脏病和癌症，而这些病的治疗难度可就高出了好几个层次。这些不但都是复杂的病，而且都是老年人才最容易得的病。这意味着不但难以攻克，而且就算攻克了其中一项，也不会把预期寿命一下子提高二十年。

* * *

越来越贵，而且越来作用越小。其实干很多事情都是这样。

你要想提高非洲儿童的学习成绩，最简单有效的办法不是给他们聘请最好的老师，而是给他们保证起码的营养，给他们发教科书。我看有的研究说非洲儿童最大的问题不是老师不行，而是连教科书都没有。正常孩子只要不是营养不良、有书读、能天天上学，考个60分是比较容易的。

在这个基础上，想要把成绩从60分提高到80分，家庭环境就比较重要了。家里得保证不但有吃的，而且父母要稍微监督一下学业，最起码有个不受打扰的写作业的地方，不能天天放学就在外面玩。

要从80分提高到90分，那恐怕就得选一个比较好的学区，孩子还得有点爱学习的天赋才行。要从90分提高到95分，那你也许得送名牌学校。要从95分提高到98分，孩子就得非常聪明非常努力才行。

每一步的投入越来越大，条件越来越苛刻，每一步的效果却越来越小。当然因为考大学是个"排位稀缺"问题，每年花20万元把成绩从95分提高到98分对某些人来说也许是值得的——但是本书前面说过，只多几分上了好大学和只差几分没上好大学，对一生的收入影响，其实非常不明显。

* * *

因为边际效应递减，现代世界的很多东西，其实已经是足够好的了。

比如说现在从中国飞到美国大约是 10 个小时，这段时间对绝大多数人来说，就是足够好的。如果你想把时间缩短一倍，需要多大的代价呢？你要知道民航客机的巡航速度已经是 0.8 倍音速，再想提速就必须超音速飞行——而超音速的代价是非常费油、非常贵、更不安全，而且对地面形成噪声污染。到底有多少人需要每周跨越一次太平洋，研发那样的客机值得吗？

人类曾经拥有过能以两倍音速巡航的大型客机，那就是协和式飞机。普通飞机从纽约飞巴黎需要 7 小时，协和式飞机只需要 3 小时 30 分钟——但是协和式飞机的票价比普通飞机头等舱还要贵很多。而且因为给地面造成的噪声太大，协和式飞机被多国禁飞。现在所有的协和式飞机都退役了，很少有人怀念它。

是，我们经常会低估技术进步的潜力。20 世纪 80 年代，比尔·盖茨曾经说，"640KB 的内存，应该对所有人都够用了"——这已经成了一个经典笑话，现在所有计算机都有好几个 GB 的内存。

但是，请注意，并不是所有东西都永远需要更快、更高、更强。至少公共交通这个项目，就不遵从计算机内存的逻辑，成本和安全是更重要的考虑。

也许在理论上存在又便宜、又安全、又能在一小时之内从北京到达华盛顿的技术，但是要研发那个技术必定需要投入巨大的成本、冒巨大的风险——而人们并没有那么强烈的愿望去付出那个代价。

人们没有必要把所有理论上能挖的比特币都挖完。人们会在挖掘比特币消耗的电量价值超过比特币本身的价值的时候停止挖掘。

* * *

要想打破边际效应递减的魔咒，唯一的办法就是开拓全新的领地。经济学家认为创新存在"S曲线"，公司发展到一定程度必须寻找新产品的"蓝海"，说的是同样的道理。

而人类未来面临的局面有可能是，新的蓝海还没有找到，可是旧的S曲线已经快到顶了。

如果创新真的停止了，经济增长也就没有了根本性的动力，那将是非常可怕的景象。

现代经济运行的根本假设就是经济会增长。企业家自己只投入很少的钱、甚至根本不花自己的钱就能开公司、招人、买机器、搞生产，是因为他能融资，比如从银行拿到贷款。银行敢给一个行业的很多企业家贷款，是因为它预期整个行业都能增长。而企业家之所以愿意开公司，是因为他认为赚钱的概率比较大。

但如果经济不增长，那么整个市场游戏就是零和博弈。一个公司多赚的钱就必然是另一个公司少赚的钱。如果行业总的赚钱预期是 0，银行发放贷款的风险可就太大了。银行不发贷款，或者贷款利率太高，企业家就开不成公司。

在这样的世界里，国家要集中力量办大事就等于是与民争利，上什么新项目就等于是寅吃卯粮瞎折腾。

而且在这样的世界里，马尔萨斯人口论就是真的。马尔萨斯千算万算，人口都能轻松达到指数增长，而粮食产量最多只能线性增长，粮食真的养活不了那么多人口。他唯一没算到的是农业技术创新，是化肥。

如果未来创新停止了，多生孩子就真的等于多占资源。

* * *

如果未来是那样的，那就太可怕了，不过还有另一种可能。两位美国科学作家和创业者，彼得·戴曼迪斯（Peter H. Diamandis）和史蒂芬·科特勒（Steven Kotler），2020 年出了一本新书叫《未来呼啸而来》（*The Future* is Faster Than You Think），提出了一个非常乐观的展望。

他们说，一直被人寄以厚望的无人驾驶汽车、人工智能、大数据、3D打印这些技术，为什么至今并没有对我们真实的生活带来什么明显改变呢？因为力量还在积蓄之中。而从 2020 年以后，巨变的时机可能就成熟了。关键在于各项新技术必须融合在一起，才能起大作用。

比如说科幻作品里那种 21 世纪到处都是的"飞行汽车"，为什么到现在还没出来？咱们可以做一番技术分析。

首先飞行汽车肯定得是某种垂直起降的东西——跑道毕竟太不方便了——说白了也就是直升机。但是传统直升机有三个重大缺陷。一是它不安全，比如篮球明星科比·布莱恩特就因为直升机事故身亡。二是噪声大，三是价格贵。

不安全和噪声大，都是因为直升机只有一个旋翼。它坏了，整个飞机就完了；它必须尺寸大频率高，所以噪声才大。解决问题的唯一办法是把一个旋翼变成多个旋翼。你要是有十几个旋翼，那即使坏了两个也能保证安全降落，这不就有了冗余吗？小旋翼体积小，噪声也会很小。

可是要做到这些，你同时需要好几项以前没有的技术。

一个是大数据和机器学习。像过去靠风洞实验设计有这么多个旋翼的飞行器是非常不现实的，那个空气动力学实在太复杂了。现在有了大数据和机器学习，就可以用计算机模拟，甚至在云端进行设计。

一个是材料科学。以前直升机的金属机身太重了，现在使用碳纤维材料，机身可以非常轻又足够结实。

一个是电池。汽油的能源转换效率只有 28%，提供飞行汽车水平的动力是不行的，必须得用电动，而电动的效率能达到 95%。现在锂电池技术正好刚刚成熟，特斯拉汽车上用得很好。

一个是人工智能。十几个旋翼同时转，它们怎么配合？哪个转得快些，哪个转得慢些，角度如何调整，全靠人来操控是不行的，必须得靠人工智能。你还需要随时了解飞行汽车的姿态，你需要加速仪、各种雷达和 GPS 系统，你需要同时处理大量的数据，这些只有今天才能够实现。

还有一个是 3D 打印。用 3D 打印能非常便宜地大规模生产飞行汽车的部件。

所有这些技术，以前都是在各自的路径上独自迭代，它们的确都在像摩尔定律一样加速进步，但是因为它们互相之间的配合太少，所以你就感受不到它们的力量。

而飞行汽车把它们连接在了一起，形成了技术的融合。融合是 1+1>2 的力量，能够带来巨大的改变。戴曼迪斯和科特勒说，截止到 2019 年，就已经有 25 家公司在做飞行汽车……2030 年之前，我们打飞行汽车就和今天打滴滴一样方便。

不仅仅是交通。戴曼迪斯和科特勒认为这几项关键技术的融合将会在 10 年之内彻底改变能源、娱乐、购物、医疗、食品各个方面。

我们有理由对此充满期待。但是请注意，这个预期只是对技术进步改变人类生活这个结果的乐观判断，是说我们至少还会再收获一波果实——但是研发越来越贵、越来越难这个趋势，仍然成立。

* * *

以前我看过一本物理教材，序言是严济慈先生写的，他说——

现在的大学生素质好、肯努力，男的想当爱因斯坦，女的想当居里夫人，……如果一个青年考进大学以后，……雄心壮志不是越来越大而是越来越小，从蓬勃向上到畏缩不前，那我们当老师的就是在误人子弟，对不起年轻人，对不起国家，……

严济慈肯定没想到，中国这么多年来，一个爱因斯坦和居里夫人都没出过。他可能更没想到，现在已经不是出爱因斯坦和居里夫人的时代了。现在的大学生学的物理知识比以前难得多，但是能做出的成就却是小得多。

如果没有经济学家给算算总账，看看总的趋势，你可能还以为每个物理博士都是潜在的爱因斯坦。殊不知博士越来越不值钱，爱因斯坦那样的成就却是越来越贵了。如果高等教育不能再带给年轻人真正的能力提升，这意味着什么呢？

以前哈佛校长有句话，说"如果你认为大学教育太贵了，那你试试无知的代价"——现在看这句话是有问题的。大学教育的价值也在边际效应递减。

美国大学学费越来越贵，上4年大学花掉的贷款得一直还到40岁，转头一看名校毕业生一年收入不到10万美元，而没上大学的那个高中同学当卡车司机一年也有7万美元，这样的大学还值得上吗？上大学值不值，其实也是可以讨论一下的。

非常抱歉这篇文章没有给出什么建议，更没有任何解决方案。如果有个历史趋势是真的，哪怕是个坏消息，我们也应该知道。如果不太可能是真的，那我们想一想，也是值得的。

这些分析最大的作用，可能是让我们意识到创新的可贵。当下一个蓝海的机会出现的时候，我们无论如何都要抓住。而如果一直没有那样的机会，那哪怕就这么靠追加更多的投入一点点压榨那些剩下的果实，只要还有利可图，我们也只能这么做。

也许创新终究会来，未来终究会更好，但**也许不会**。我听腻了"明天会更好""创新成就未来""认知升级带来财富自由"那些陈词滥调。我想说的全部意思，就是世界**没有义务**永远都给你提供进步。

排位稀缺：富足时代什么最贵？

很多人都有一个梦想，说随着生产力的不断发展，我们会迎来一个"物质极大丰富"的时代，到时候必定是人人平等，形成"大同世界"。这个梦想很合理，我们看到经济发展的趋势好像就是这样的：像私家汽车和乘飞机旅行这些以前只有少数人能享受的东西，现在普通人都可以拥有。

以前稀缺的东西，将来会变得不那么稀缺。经济学完全能解释这个趋势：既然稀缺，想要的人就多，那么愿意生产的人也会多，而生产多了，当然就不稀缺了。

而我要说的是，有些东西，就算整个社会的物质再怎么丰富，也会一直是稀缺的。而且可能物质越丰富，它就越稀缺。

比如说，世界杯足球赛的冠军。不管有多少人踢球，冠军只有一个。比赛奖金也好，出场费也好，广告代言也好，冠军的价值只会越来越高。冠军这个位置，哪怕从理论上来说，也是不可能变丰富的，它永远都是稀缺的。

这样的东西，才是我们这个富足时代最贵的东西。

一位供职于社会资本（Social Capital）公司的科技博客博主，Alex，最近提出一个有意思的概念[1]，叫作"排位稀缺"。

---

[1] Alex, Positional Scarcity, 参见 https://alexdanco.com/2019/09/07/positional-scarcity/。

＊　＊　＊

所谓排位稀缺，就是能让你在众人之中突出出来，把你的位置往前排的东西。社会越富足，排队的人越多，它只会越稀缺。参与排位的不是什么可以批量生产的实体商品，它只存在于人们的头脑之中，但是它是可经营的，而且常常是可购买的。

像顶级学术期刊和哈佛商学院这样的事物，如果你提起来只是充满崇敬之情，我希望你能换一个视角。它们之所以厉害，是因为它们拥有排位稀缺性。这个视角能让你对现代社会有个更清醒的认识，能识别到"好"东西，也许还能抓住商机。

你应该琢磨自己要争取什么和小心什么，而不是崇拜什么。

排位稀缺可以分为三种。我们称之为"优越感"（Prestige）、"进入权"（Access）和"引导力"（Curation）。

＊　＊　＊

优越感，代表能让你彰显比别人更高的"地位"的东西。比如满大街都是汽车，你要想突出出来，可能需要一辆高档的汽车。奢侈品的价值不在于使用，而在于发出正确的信号：我有钱，我不是一般人。所以奢侈品必须通过"限量"来保证自己的稀缺地位，有时候卖包的商家不是有钱就卖给你。

进入权，则是能在熙熙攘攘的人群之中给你某种特权的东西。比如你因为拿着头等舱的机票，或者因为是金卡会员，可以在普通乘客之前优先登机，这就是"特权"。再比如说有一条繁忙的公路，在常规的车道边上，专门开辟出一条收费通道，因为愿意花钱的人少，别人都堵车的时候这条通道的速度却很快，这也是特权。

搜索引擎的广告竞价排名，本质上就是在卖进入权。不管获取信息再怎么方便，搜索结果页面排第一的那个位置，永远都是稀缺的。

如果说很多优越感和进入权都是可以花钱买到的，那么引导力，则是必须自己经营，才能得到的一种宝贵的稀缺力量。

引导力，是给别人推荐什么东西，别人心悦诚服地接受的能力。中国新近流行的"网红带货"就是引导力的代表。传统上的引导力还包括什么购物指南类杂志、推荐引擎、音乐歌单定制、汽车或者各种东西的评测之类。

引导力能帮助人们做选择。物质越丰富，商品越多，人们越需要帮助选择。

更厉害的东西，则是这三种排位稀缺两两结合的产物。而这一结合，就可能让社会产生更多的不公平。

* * *

优越感 + 进入权 = 圈子（Proximity）

名车、名表、名牌包这些东西虽然贵，但还是不能跟好地段的房子相提并论。买好房子的价值不仅仅是享受房子带来的优越感，更是进入了一个好的社区圈子。你家邻居的素质很少能很高，你家小孩可以去好学校上学，连你家邻居的小孩素质也很高。

优越感和进入权的结合，加剧了社会的不平等。以前进名校聪明就行，现在得聪明又有钱才行。如果名校成了富人和精英的俱乐部，学问就可能成为奢侈品。

不过优越感和进入权的不平等还只能算是温和的不平等。它们跟引导力结合起来，却有可能形成扩张式的、侵略式的不平等。

引导力 + 优越感 = 正统（Legitimacy）

网红只能带货，富豪和明星只是引人注目，而如果你既引人注目，又能说服别人听你的，你就是时尚潮流的引领者。可能以前社会对某一种穿搭、某一种风格，甚至某一种行为并不认可，可是明星这么做了，社会就认可了,而且还引以为荣。比如霍金和《生活大爆炸》,居然把谈论物理学变成了"时尚"。

如果你比买房、买车那种消费层次更有钱,你可能想做一个"风险投资人"。这意味着你不但有钱,而且懂得最新的高科技,而且——请注意,这是最关键的一条——你能用自身的影响力推动你投资的公司。可能一项技术本来不为人知,因为你投资了,它火了。

如果你提的建议特别靠谱,而你自身又具有权威的地位,你就代表所谓的"正统"。为什么现在"咨询公司"这么赚钱呢?为什么那些大公司的管理层自己不好好决策,非得请咨询公司来出主意呢?因为咨询公司出的主意具有某种"正统性":CEO 可以对董事会说,麦肯锡公司都是这么建议的,我走这步能有什么错?——说白了,咨询公司能在关键时刻给你的决策"背锅"。

如果论文发表在了《自然》杂志上,著名大学的教授都在帮着鼓吹,最大的电视台都报道了,这个新药怎么可能不好呢?拥有"正统性"的机构会小心翼翼地维护自己的声望,但是并不介意偶尔把声望变现。

引导力 + 进入权 = 勒索(Extortion)

以前巴菲特曾经说过一个"收费桥"理论。城市的中间有一条河,河上只有一座桥,城里的人每天都要从这座桥上过,那你说如果你拥有这座桥,还能收费,这桥得值多少钱。

像 Google、Facebook 这些网站,现在在某种意义上就等于拥有了互联网上的收费桥。如果他们只是提供搜索服务,把消费者和商家连接在一起,那都无可厚非。我想吃兰州拉面不知道哪里有,打开一个 App 搜索一下就能找到,这很好。

但是如果把引导力和进入权结合在一起,这些拥有"收费桥"的公司可就厉害了。比如你可能知道,"Hulu"是美国的一个很大的在线视频网站。如果你在 Google 搜索"Hulu"这个关键词,搜索结果中排在第一位的是 Hulu 公司自己花钱给自己买的广告,第二位才是 Hulu 的官网——而这两个结果指向的地址是完全一样的——

```
[搜索框] hulu
All  News  Videos  Shopping  Images  More  Settings  Tools
About 119,000,000 results (0.83 seconds)

Hulu.com | Hulu Official Site | Start Your Free Trial
[Ad] www.hulu.com/
Hulu Has All the Stars. Catch Them This Fall. Sign up for Your 30 Day Free Trial! With HBO,
Showtime, & Cinemax Add-Ons, We Have Something For Everyone. Exclusive Content. 60+
Live TV Channels. Tons of TV Shows & Movies. Exclusive Originals.

Try 30 Days Free                        Starting at $5.99/Month
All Your Favorite Shows and Movies      Stream the Largest Library of
Anytime, With Ads or Without.           Shows. Try 30 Days Free!

Hulu Has Live Sports                    Wu-Tang: An American Saga
Stream Live Games from Top Networks     Formed in Battle, Bonded by Music.
Start Your Free Trial                   Watch Hulu's New Miniseries Today.

Hulu: Stream TV and Movies Live and Online
https://www.hulu.com
Watch TV shows and movies online. Stream TV episodes of South Park, Empire, SNL, Modern
Family and popular movies on your favorite devices. Start your ...

Log In                                  Hulu Free Trial | Stream TV ...
PASSWORD. Forgot your email or          Try Hulu for free and stream your
password? LOG IN. Don't have ...        favorite TV shows and movies ...
```

这是为啥呢？既然自己的官网已经排在第一位，何必再花钱买个广告位呢？答案是，如果 Hulu 不买这个广告位，这个广告位就可能被别人买走，那么读者看到的第一个结果可就不是 Hulu 官网了。

商家对 Google 的这个做法极为不满，但是必须得花这个钱。

Google 不但能让消费者找到你，而且能决定你出现的位置，所以 Google 可以"勒索"你。再比如现在你去书店逛，有些书会被摆在入口处最醒目的位置，而且一摆就是很多本。这可不是书店真诚的推荐——至少不是免费的推荐——而是书店和出版社之间交易的结果。

现在的购物网店，包括亚马逊在内，都不会老老实实地把最受欢迎、卖得最好的商品摆在首页。它们会用这个排位权"勒索"商家。

你可能觉得"勒索"这个词不太好听，那我觉得"绑架"可能是个好一点儿的词。比如你是一个杂志社，你的内容要想上 Facebook，你得满足 Facebook 对你提出的要求，其中包括这个内容得怎么写。外卖 App 会要求饭店按它的规范制作食物。

如果强行做个类比，这就相当于咱们《精英日课》专栏命令美国那些知名学者，按照咱们读者的口味去写书。不接受我的"绑架"，我就让你不被大多数读者看到，你就等于不存在。而 Google 就做到了这一点！现在有人统计，大约有一半的 Google 搜索，都没有带来用户对别的网站的点击：因为 Google 直接把用户问题的答案显示在了搜索结果之中。

那你说这不是作恶吗？我认为是的。这就是"稀缺"的力量。

那如果把优越感、进入权和引导力三项排位稀缺品加起来，是个什么业务呢？

* * *

Alex 认为，这个业务就是"**忠诚会员**"。比如你是某个航空公司的忠诚会员，你看它是不是同时具备三种排位稀缺——

- 分出什么"金卡""银卡"，弄各种"尊贵"的称号彰显身份，这就是制造优越感；
- 比别的乘客提前登机，以优惠价格提供更好的座位，这就是进入权；
- 而你对航空公司的忠诚，只坐这一家的飞机、购买飞机上的商品，就是它的引导力。

高端信用卡公司是这么做的，奢侈品商店是这么做的，亚马逊是这么做的，将来还会有很多公司这么做。他们想要的"忠诚"，我看跟某些教会要的"信仰"其实是一个意思。

希望这些概念能给你带来启发。因为排位稀缺的存在,我实在无法认同,物质极大丰富的时代就应该是人人平等、没有纠纷的美好时代。

平价的奢侈品

我们来分析一个社会现象，它说明了一个发展动力。

你说为什么每一代人，都感慨世界正在变得越来越俗气呢？

本来中国有个词叫"世风日下，人心不古"，意思是社会风气变坏了，人都不像以前那么淳朴厚道了。但是大概从二三十年前开始，就有人在文章中把"世风日下"给改成了"世风日俗"，这能更准确地描写当代社会的演变。人们并没有变坏，但是整个社会似乎正在消除"高级感"。

或者说，是高级感变低级了。我最近听说了一个新词，叫"premiocre"，意思是"premium mediocre"，也就是"高级的平庸"。

《大西洋月刊》的专栏作家阿曼达·穆尔（Amanda Mull）写文章[1]说，自己花不少钱买了一套模仿名牌但是又不是真名牌的高级家具，结果质量并不好，很无奈。可是你放眼望去，现在有很多产品和服务就是在把原本的奢侈品给平庸化，包括有些名牌厂商也在搞一些让普通人能买得起的东西。比如古驰（Gucci）的一个包要 3500 美元，一般人买不起，但是古驰出了一个只要 400 美元的皮带，人们就会为了能跟古驰建立"联系"而买这个皮带……真是"高级的平庸"啊。

穆尔是感叹社会的变化，但是如果你有数学敏感度，你会觉得这个现象有个问题。如果高级一直都在变平庸，社会就应该越来越扁平化，那这

---

[1] Amanda Mull, It's all so …premiocre, The Atlantic, April 2020.

个趋势似乎不应该长期存在才对：怎么能一代一代的人一直都在感叹"世风日俗"呢？等到所有高级都平庸了，高级又在哪里呢？

我认为这里面有个高级和平庸之间的动力学，而你可以用这个动力学赚钱。

* * *

2012 年，出版了一本书叫《巨富：全球超级新贵的崛起和其他人的没落》，作者是加拿大的一位政治记者，她有个中文名叫方慧兰（Chrystia Freeland）。方慧兰说，在当今这个时代要想成为巨富，有三个途径。

一个是你把控一个关键的位置或者资源，搞权力寻租。一个是像互联网新贵那样，抓住革命性的商业机会。这两个途径都不是你想走就能走的，前者需要你有背景，后者需要你正好赶上革命性的商业机会。

第三个途径也很难，但是我看也许可以是普通人努力的方向，那就是成为"超级明星"。这条途径对应两种赚钱方法。

第一个方法是 19 世纪的经济学家阿尔弗雷德·马歇尔（Alfred Marshall）总结的。他说工业革命让各种产品都变便宜了，机器不断地取代人，资本家越来越富，普通工人的谈判能力越来越弱，但是超级明星的收入，则是越来越高了。

而这是因为水涨船高。工业革命让社会总财富增加，富人更愿意花钱，而超级明星的服务是不可取代的。比如你是一个著名演员，你是纽约最好的律师，你是业内公认的顶级设计师，因为你占据了一个独一无二的位置，一种本书前面说过的"排位稀缺"，富人们会愿意花最高的价钱购买你的服务。

我们可以把这个方法叫"马歇尔效应"，它的本质是专门为富人阶层服务。马歇尔注意到，这些超级明星虽然很成功，但是毕竟不是巨富，因为他们不掌握"大规模生产"这个工业时代最能创造财富的手段。一个歌唱家再厉害，能到剧场的观众人数是有限的。

而到了现代，超级明星们有了一个新的赚钱方法，以至于能比那些工厂的老板赚更多的钱。这个方法是 20 世纪的经济学家舍温·罗森（Sherwin Rosen）先总结出来的，我们称之为"罗森效应"。

罗森效应是说，文化产品现在可以"量产"了。卓别林不必受到剧场大小的限制，他拍的电影可以在全世界的电影院播放并收钱。超级明星们现在不是只为富人服务了，而是要设法量产。罗森效应是文化的工业化。

而方慧兰的洞见是，文化的工业化并不仅限于电影和唱片之类的文化产品。高端品牌，本质上也是文化。

* * *

比如说服装。最早的时候衣服都是人们自己家做的。每个女性都会两手针线活儿，当然有钱人可以请裁缝定制衣服，不过再好的裁缝也赚不了多少钱。

19 世纪上半叶，巴黎出现了一种——或者应该说是一个——高端裁缝店。这家店不做普通人的生意，专门给贵族定制服装。这种定制不是像以前那样顾客说什么式样就做什么式样，而是由裁缝店设计各种新式样的服装。换句话说，这家裁缝店给贵族提供了一个一揽子"服装解决方案"。

这是一个新型的服务行业，立即就大受欢迎。贵族喜欢，就带动了新贵们——特别是一些来自美国的暴发户趋之若鹜，富人们愿意花巨资在这家店做服装。服装的时尚品牌，出现了。

不过一直到 20 世纪初，时尚服装都还仅仅是马歇尔式的明星，只能为少数富人定制而没有量产。为啥呢？一个是当时的自动化缝纫技术不过关，服装店做一件衣服并不比家里自己做便宜；一个是当时没有标准化的尺码，必须给每个人现量身材现做。

1941 年，美国农业部测量了 15000 个女性的身材，推出了一套标准尺码。与此同时，缝纫自动化技术也成熟了。时尚服装业进入了量产时代。原本服务富人的高端品牌抓住机会开始批量生产成衣，在商店里卖，你看好了直接就能穿走，明星的罗森效应出来了。

　　富人们可能会很感慨，以前我家堂前才有的燕子，怎么就飞入了寻常百姓家呢？真是世风日俗！但是服装品牌厂家可一点都不伤感：现在它们赚的钱是以前的百倍都不止。

* * *

　　这个道理是高端结合量产，是现代世界的赚钱之道。光有量产，你就是开血汗工厂的土老板；光有高端，你就是曲高和寡的时代感叹者。用马歇尔效应达到高端，再用罗森效应达到量产，你就是超级明星。

　　但是，这里面有个问题。量产和高端似乎是矛盾的。如果这个服装品牌已经量产了，满大街都穿这个品牌这个款式，它怎么还能高端呢？量产消灭高端。

　　这就是我们开头那个问题：量产消灭高端，平庸玷污高级，那高级又从哪里来呢？答案是你必须想办法创造高级。

* * *

　　我们用物理学的语言说可能更明白。高级的奢侈品，就好像是一块放在高处的大石头，它有一个势能。这个石头掉下来，势能就会变成动能，你就赚到钱了。普通的东西就好像是地面的石头，没有势能所以也没什么动能，你最多只能赚个加工费用。

　　品牌量产也好，"高级的平庸"也好，都是在把奢侈品的势能变成动能。那最初的势能又是从哪里来的呢？是马歇尔效应建立起来的——说白了，就是富人捧出来的。

　　你要真有钱，你要是真正的贵族、富人和明星，你的任务是制造时尚和引领时尚，而不是追逐时尚和模仿时尚。你应该是第一拨尝试新产品、新品牌、新生活方式的人，你要开风气之先。你帮着建立势能，花钱就等于是促进社会进步。

但品牌不会停留在只服务富人这个阶段，它一定要量产，石头一定要下来引发罗森效应。而管理得好的品牌会非常有节制地释放势能换取动能，最根本的办法就是限产。明明有很多钻石，但是要一点一点地投入市场，确保不降价；明明铂金包供不应求，也要限价，不让暴发户随便买。为什么这样呢？因为他们知道势能是很不容易建立的。

哈佛大学的名望是势能，哈佛商学院的营销是动能。方程式赛车是势能，民用跑车是动能。张艺谋策划奥运开幕式是势能，在各地搞《印象××》演出是动能。

你要推出一个什么全新的产品，最好像特斯拉出电动汽车一样：一上来先面向高端市场，建立一个势能，然后再慢慢获得动能。

* * *

根据这个模型，我们可以对世界做出如下预测：

第一，因为释放势能比建立势能容易，未来社会一定会越来越平等。这就好像热力学第二定律一样，熵只会增加，各地的温度只会越来越均匀。工业革命就是要把高级的变成平庸的，老百姓就是要用一用你以前用的那个什么好东西，这两个力量势不可挡。世界的总势能会越来越小。

第二，但是势能会越来越值钱。这座山上有块大石头，以前信息不发达，人们的眼界有限，人们根本就不在乎这个石头。20世纪中叶之前的普通人并没有追逐时尚服装的需求。我们这里说的一切势能都是文化势能，愿意为文化花钱的人越多，势能越值钱。

第三，在未来相当长的时间内，把势能变动能，都是好商业。

这个道理就如同宇宙终将归于热寂，可是生命作为一种有序的、逆熵的现象，却一定要在其中扮演一个重要角色一样。生命只会加快熵增，但是生命让宇宙更精彩。

把以前只有少数人才能享受的东西提供给多数人，制造平价的奢侈品，都是好生意。以前富人才有专职司机，现在人人可以打出租车、约专车。以前富人才有自己的厨师，现在人人可以从周围无数个餐馆点菜。以前富人才能捧演员，现在人人可以给主播打赏。现在人人都可以有私人医生、私人健身教练、私人营养师、私人助理服务、私人律师等。

与其感叹社会变化不如迎接社会变化。看看富人们还有什么好东西，能不能把它量产，这是一个长久不变的商业思路。

物质极大丰富的时代

我们正处在一个历史上前所未有的富足时代，而人类对此有点不太适应。首先，身体上不适应，过去食物一直是短缺的，所以人要尽可能地吸收和存储脂肪，而今天的身体仍然这么做就导致了肥胖症患者的增多。其次，大脑也不适应，过去信息短缺，很多人保留对任何印着字的东西都感兴趣的习惯，而今天如果还这么干就根本没时间处理真正有用的信息了。再者，很多人在精神上也不太适应，人们很难相信未来会比现在更好，悲观的预测总是很有市场，当今世界各国也许中国民众对未来最乐观。

2013年一个有意思的新闻[1]是瑞士准备搞一次全民公投，来决定是否给全民发钱——每人每月2500瑞士法郎（相当于1.7万元人民币）。白给，不必工作，只要你是合法居民。提案的支持者说："全民发工资计划的目的并不是不让人工作，而是让人做自己更想做的工作。"更有意思的是几乎没人讨论瑞士是不是出得起这笔钱，似乎所有人都认为这点钱不成问题，唯一的担心是，这么做会不会减少年轻人工作和学习的动力。

难道瑞士已经提前进入共产主义了吗？据说共产主义社会将是一个"物质极大丰富的时代"。我们显然还没到共产主义，不过现在已经在一定程度上是一个物质极大丰富的时代。

世界已经变了。很多适合短缺时代的运行规则，并不适合这个富足时

---

[1] 参见http://finance.sina.com.cn/world/20131218/114217672654.shtml。

代。总体来说，这个时代的贫富差距并没有减少，反而因为全球化、技术进步和更自由的经济制度而加大了，但是有一个现象却是过去任何时候都没有的。历史上一直都是富人享受安逸，而穷人终日辛苦劳作。但是据 2012 年出版的《巨富》(Plutocrats) 一书研究总结，现在富人比穷人累得多。他们工作时间超长，压力很大而且极不稳定。有的富豪认为自己必须每天凌晨 2 点半起床才能跟上世界变化的节奏。8 小时工作制几乎成了穷人的特权。跟上一代富豪相比，新一代富豪的钱大都是自己赚的而不是继承的，70% 以上的富豪的钱都是过去 10 年挣来的。哪怕是处在人口前 0.01% 的这些人，年收入超过 1000 万美元，其大部分收入也是来自工资和商业，而不是来自纯资本投资的。

与此同时，发达国家的"穷人"——美国 2013 年的贫困线是三口之家年收入不到 19530 美元——的日子则相当不错。美国并不是一个以高福利著称的国家，但我们仍然经常能听到中产阶级华人移民对福利制度的抱怨。一个华人用自己辛苦挣的钱买了几处投资房出租。租客中有的家庭根本不工作完全靠福利生活，政府直接给交房租还发钱，拿着食品券偶尔还能吃顿龙虾。这位房东冬天去修房子发现人家的暖气温度开得比自己家都高，而且因为正在开派对嫌进出麻烦连门都不关。他把这件事贴在中文论坛，所有跟帖者都表示了愤慨。这就难怪中产华人会要求减税：凭什么让我们工作养你们这些不工作的？

就凭现在是物质极大丰富的时代。事实上，把钱送给穷人消费有利于社会进步。更重要的是，这么做还有利于经济增长。

美国经济史学家詹姆斯·利文斯顿（James Livingston）在 2011 年出版的 *Against Thrift*（《反节俭》）一书中提出，消费，不管在经济上、政治上还是道德上，都未必就不如工作。这本书总结了美国过去 100 年经济增长的种种手段，非常值得当今中国借鉴。

经济学有一个"常识"：投资推动经济增长。资本家运营一个企业是为了获得利润，利润到手之后他并不是全都自己享受，而是把其中一部分投资出去搞扩大再生产，比如买机器和雇用更多的工人。这样不但资本家可以在未来获得更多利润，还刺激了就业。利润，是经济增长的动力，也许并非所有经济学家都认同这个常识。美国有很大一部分人支持的经济理论认为：国家需要减少投资税，这样资本家就会乐于扩大投资，经济和就业就会增长，而且你反过来可以收到更多的税。也许是根据这个原理，在包括美国在内的很多发达国家，投资收入的税率低于工资之类的所得税。

在消费和投资之间更鼓励投资，这个原理甚至与人类文明的传统美德暗合。你应该推迟享乐，不要有点钱就花了，省下来投资多好。

不过如果我们仔细想想，投资带来增长这个理论的背后其实有一个隐含的假设：市场是无限大的。只有多数投资生产出来的产品都能卖出去，不断投资才有意义。如果市场已经饱和，又没有新产品被发明出来，还投什么资？从物理学的角度看，"投资刺激增长"显然是一个简单线性理论，在非线性条件下并不成立。

利文斯顿认为，投资推动经济增长其实是个神话。不过他不需要发明任何物理学，因为在他看来经济学的思想巨变不是谁提一个新理论就能带来的，而必须是新的事实进来，必须是基于经验的——就如同哈勃发现宇宙膨胀和伽利略发现行星运动的模式一样。他要用历史事实来震动经济学。

利文斯顿考察美国历史经济数据，认为投资带动增长这件事，只在1919年以前成立。1920年以后，由于技术进步带来的生产自动化等因素，资本投入的重要性在单位产品中生产所占的比重就开始逐渐下降，社会已经不再需要更多的私人投资。1900年几乎所有投资都来自私人公司，而到2000年投资的大头来自政府投入和个人买房，私人公司投资对经济已经不那么重要了。生产率在提高，产出在增加，而本钱并不需要增加，那么结果就是利润增加。这些多出来的利润去了哪里呢？其并没有被投入到生产中，而是被投到了房地产、股市和其他国家。

这些进入股市和房地产的钱是泡沫和金融危机的根源。很多人抱怨2008年的金融危机是由于银行不负责任地把钱借给根本没有还款能力的人去买房，是由于华尔街的贪婪。但华尔街什么时候不贪婪？次贷问题的根本原因是钱如果不这么借出去，也没有更好的地方可去——是剩余利润实在太多了。传统上对20世纪30年代美国经济"大萧条"的解释是米尔顿·弗里德曼的说法：中央银行信用紧缩，在该宽松借钱的时候没有做。而利文斯顿则认为其实"大萧条"是剩余利润过多导致的。事实上，整个20世纪30年代银行和私人投资都是紧缩的，可是为什么经济从1933年就开始恢复增长了？

这个增长，以及从此之后美国经济的增长，都已经不是因为私人投资所代表的"效率"，而是因为"公平"。罗斯福新政做了两件事来增加工人工资。首先，联邦政府宁可增加赤字也要办一系列的工程项目来创造就业。这种政府"投资"，并不是以获得利润为目的，而是以拉动就业为目的。其次，罗斯福允许工会成立，这使得工人跟资本家讨价还价的能力变强了。再加上医保和退休金等福利的增加，从此之后政府在美国经济中扮演越来越重要的角色。给地方和联邦政府工作成了增长最快的就业渠道，到20世纪60年代，18%到20%的劳动力是受政府雇用的。

但是到了20世纪70年代中期，美国经济增长突然放慢了。放慢的原因这本书没有仔细说，我看了另一本书，*The Future Babble*[1]，其说法是因为当时发生了石油危机。政客们开始研究新的增长办法，达成的共识是用减税的办法刺激私人投资。这就是里根搞的一套。

历史证明"里根经济学"是好使的。但这一次的经济增长仍然不是私人投资的功劳。如果你仔细看数据，1981年从减税政策中获得最大好处的50家公司，其后两年的投资反而减少了。换句话说，私人公司被减税之后并没有把省下来的钱投到生产中去。里根经济学真正的作用是通过扩大财政赤字的方法让消费者有钱去买东西。

但不论如何，里根政策使得工资所占比重在减少，资方所得的占比在增加。那么为什么到了20世纪90年代经济仍然增长？这是因为有三个因素抵消了工资减少的效应：第一是社会福利等转移支付继续增加；第二是

---

[1] 作者Daniel Gardner，2010年出版。

美国家庭越来越不爱存款,继续扩大消费;第三,也是最重要的一点,是信用卡越来越普及,借贷消费成为普遍现象。不过接下来,工资减少的这个趋势却逐渐到了必然出问题的时候,而布什的减税政策加剧了这一点,于是最终导致经济衰退。

这样,利文斯顿讲了一个美国经济故事。这个故事的主题就是现在是消费在拉动经济增长,而不是投资。但利文斯顿还不满足于此。他还打算整合一下马克思和凯恩斯的经济学理论。

马克思经济学理论说任何商品都有两个价值:使用价值和交换价值。在资本主义出现之前,人们进行生产和商品买卖都是为了获得使用价值,而不是为了升值和存款。这个阶段被马克思称为"简单商品循环",以 C 代表商品,M 代表金钱,那么这个循环就是 C—M—C。而资本主义出现以后,人们把交换价值,也就是获得更多金钱,当成生产和交换的目的,商品循环变成 M—C—M,使用价值仅仅被当成获得交换价值的手段。简单地说就是,过去人们做事是为了消费,而现在人们做事是为了让自己的资产升值。在这个资本主义时代,如果一个人把自己的所有工资都花了,当"月光族",他就会受到众人的鄙视;而如果这个人把钱用于购买各种理财产品投资出去,不花钱专门等着升值,他就会受到众人的尊敬。

马克思经济学理论的贡献在于提出使用价值和交换价值的区别,而解释经济危机可借助凯恩斯经济学理论。1930 年凯恩斯出版《货币论》,提出导致经济危机的是那些既没有被用于扩大再生产,也没有用于给个人股东分红的剩余利润。这正是利文斯顿在此书中强调的关键论点。众所周知凯恩斯强调需求和消费对经济增长的作用,而利文斯顿告诉我们,凯恩斯还说过发达资本主义社会应该有一种新的道德观。凯恩斯曾经写文章说,现在工业化和自动化使得我们的劳动时间减少了,这其实不是坏事,而是好事。这说明经济问题被解决了,可以把人解放出来去消费。凯恩斯说人不应该为钱而工作。

这样把马克思和凯恩斯的部分经济学理论结合起来,利文斯顿对这个物质极大丰富的时代提出了四个论点。

第一，产生经济衰退的原因是剩余利润。增加私人投资已经不能带来经济增长，应该靠消费带来增长。

第二，为扩大消费，应该做好财富的再分配，比如增加社会福利。

第三，投资应该社会化。决定一个项目是否上马，不应该只看其能带来多少利润，而应该全社会一起评估它的社会价值，也就是说要追求使用价值。

第四，花钱是道德的，消费文化是个好东西。

这个"新道德标准"值得专门说说。传统上我们认为人应该勤劳致富，富了以后把钱用于投资。存款是有道德的，而举债消费好像不怎么道德。最起码，一个人花的钱应该都是他自己挣的。有统计表明美国一对退休夫妇平均一生之中对政府医保项目的贡献只有14万美元，而他们从这个医保中花掉的钱却高达43万美元。这道德吗？如果我们假设消费带来增长，那么举债消费和接受社会福利就都是道德的。利文斯顿提出，1990年以后美国经济的增长正是家庭债务带来的，债务降低了剩余利润的负面影响。

更进一步地，利文斯顿提出一个有点惊世骇俗的观点：消费其实比工作更好。不过我必须给他补充一点，他这里说的工作是纯粹以挣钱为目的的工作。人工作是为了追求交换价值，而消费追求的是使用价值。衣服买回来立即失去交换价值，买衣服很大程度上是为了换取别人对自己的认同——凭这一点消费就比工作光荣：为增加社会效益而牺牲自己的金钱！从只知道赚钱养家的工人变成一个消费者，这其实是对人的提升。他或她开始关注别人怎么看自己！就这个机制，就足以给整个社会增加爱心。我们的消费，在很多情况下纯粹是出于精神上的追求。往大了说就是追求更好的东西，这是灵魂的升华。这就是为什么越是广告泛滥、消费文化发达的地方，人们越有同情心。

事实上，美国之所以会发生民权运动这样的社会进步，很大程度上得归功于消费文化。本来，爵士、蓝调、摇滚这些黑人音乐只在南方少数地区存在，再加上其艺术水平比不上古典音乐，入不了上层社会之耳，也就成不了主流。然而 20 世纪以来品位没那么高的普通民众有钱了成了消费者了，而这时候正好唱片出现，黑人音乐才迅速流传开来。对黑人来说，这更意味着整体形象的提升，再加上媒体的广泛报道，黑人在全美国得到了广泛的同情。到 1980 年超级碗上出现黑人拍的广告，黑人文化正式进入美国主流文化。现在还有谁敢歧视黑人音乐？还有谁敢歧视黑人？马丁·路德·金这样的英雄人物当然有功，但是给他们带来战略机遇期的是消费者。

所有这些，都可以用更早时候美国左派的一个口号来概括：more。早在 1907 年，美国经济学家西蒙·帕顿（Simon Patten）就提出经济已经从短缺时代变成了过剩时代，过去是"疼痛经济"，现在则是"快乐经济"。帕顿的学生沃尔特·韦尔（Walter Weyl）则在 1912 年出了一本书（*The New Democracy*），提出在这个时代如果能够搞好收入的再分配和生产的社会化，那么就可以不要绝对的社会主义，而变成有条件的社会主义。与此同时，美国劳工联盟创始人塞缪尔·冈帕斯（Samuel Gompers），作为一个工人领袖，则提出他既不想推翻资本主义制度也不想搞垮大公司，他想要的是"合作社会"（coorperative society）。这是一种平行的社会结构，其发生在纯粹的资本主义之后，但又不是社会主义。冈帕斯说工人唯一要的就是 more：更高的工资、更好的工作条件、更多的休闲时间等。快乐经济会使得过去穷而无知的人变得富裕而有知识，那么民主也会加强，简直是一个非常理想的社会形态。

不敢质疑经济学理论的历史学家不是好作者，但此书对剩余利润的担忧和批评显然不是新思想，凯恩斯以降及整个需求派经济学不都这么说吗？最近丹尼尔·阿尔珀特（Daniel Alpert）还出了一本 *The Age of Oversupply*，也说这个问题，而且还被批评[1] 其并无新意。也许利文斯顿在这方面的贡献是用美国经济史给需求派提供了子弹。另一个可能的批评是，你如此推动"反节俭"，过度消费会不会导致资源不足和环境崩溃？但利文

---

1 参见 http://marginalrevolution.com/marginalrevolution/2013/09/the-age-of-oversupply.html。

斯顿真正推崇的是使用价值。今天的很多政府项目其实已经是投资社会化，不是单纯追求盈利而把各种因素综合考虑。可是如果不是让钱，也就是市场去配置资源，你这个"投资社会化"到底能否有效运行，利文斯顿没有给我们提供更多论证。还有一点，把财富再分配——对富人收更多的税来分给穷人——这一招也不能无限使用，现在美国排在前 10% 的富人已经承担了过半的联邦税[1]。我认为，提出消费文化是个好东西，是利文斯顿书的最大亮点，尤其是在这个很多人反对消费文化的时刻。

在我看来，所谓"消费文化"，其实是人类历史上"普通人"的一次进步。过去无论文化、科学、艺术还是政治进步大多是精英推动的，升斗小民整天为最基本的生存条件奔忙，对身外之物没什么可说的。普通人在原始社会是奴隶，在封建专制社会是农民，在资本主义社会是工人，换句话说都是劳动者的角色。而这个物质极大丰富的时代，给普通人带来一个新角色：消费者。作为消费者的普通人不必被压迫就有话可说。他们不再仅仅作为劳动力被社会选择，他们也有权做出选择。他们的喜好决定哪种艺术能够流行、哪种科技能够壮大，以及哪个精英能变富豪。他们变得有思想有个性，他们追求能取得别人认同的使用价值，并因此把同情心用于推动社会进步。

也许消费文化还时不时地表现得比较庸俗，也许消费者泛滥的同情心还时不时把政策搞坏，但是在更大的时间尺度上，只要有"more"——更多的物质、教育和休闲时间，世界必将进化到人人都是贵族的一天。消费文化，才是真正的"庶民的胜利"。

1　USA Today：Fact check: The wealthy already pay more taxes, By Stephen Ohlemacher, The Associated Press. Updated 9/20/2011.